"十三五"职业教育规划教材

U0287869

DIANQI KONGZHI YU PLC

电气控制与PLC

主　编　赵　威　汤素丽

副主编　杨　林　王　磊　吴　丹

参　编　苟　良　文　璇　乔鸿海　肖　刚

主　审　张　堃

中国电力出版社

CHINA ELECTRIC POWER PRESS

内 容 提 要

本书为"十三五"职业教育规划教材。

本书通过 20 个学习情境及众多课程任务，系统介绍了电气控制系统中常用的低压电器和典型控制电路、三相笼型异步电动机的各种控制方式；介绍了三菱 FX3U 系列 PLC 的硬件结构、基本逻辑控制、步进控制和功能指令应用等内容。

本书注重技能训练，所有学习情境都采用"情境任务""知识准备""任务实施"和"能力拓展"结构，符合高职教学任务引导、逐层递进的教学方式，具有较强的实用性和可读性。

本书适合作为高职高专院校自动化类、机电类、应用电子类专业的电气控制与 PLC 技术课程教材。

图书在版编目（CIP）数据

电气控制与 PLC/赵威，汤素丽主编．—北京：中国电力出版社，2017.8

"十三五"职业教育规划教材

ISBN 978－7－5198－0198－4

Ⅰ．①电…　Ⅱ．①赵…②汤…　Ⅲ．①电气控制－职业教育－教材②PLC 技术－职业教育－教材

Ⅳ．①TM571.2②TM571.6

中国版本图书馆 CIP 数据核字（2017）第 188547 号

出版发行：中国电力出版社

地　　址：北京市东城区北京站西街 19 号（邮政编码 100005）

网　　址：http：//www.cepp.sgcc.com.cn

责任编辑：罗晓莉（010－63412547）

责任校对：闫秀英

装帧设计：赵姗姗

责任印制：吴　迪

印　　刷：北京雁林吉兆印刷有限公司

版　　次：2017 年 8 月第一版

印　　次：2017 年 8 月北京第一次印刷

开　　本：787 毫米×1092 毫米　16 开本

印　　张：17.75

字　　数：429 千字

定　　价：39.00 元

前　言

省级示范性高职院校四川航天职业技术学院省级重点专业电气自动化的教学团队教师结合数年的教学改革和经验积累，同时吸取其他高职院校教学改革的成果和经验，结合最新的高等职业教育改革要求，精心编写本书。本书在内容选择、结构安排、情境设定等方面，多角度、全方位地体现了高职教育的特点。

1. 以情境任务引导学生学习

本书包括 20 个学习情境及众多课程任务。以任务为导向，每个学习情境分为"情境任务""知识准备""任务实施"和"能力拓展"四部分。"情境任务"先让学生知道要完成怎样的任务或解决什么问题，激发学生学习热情；"知识准备"引入解决问题所需的相关知识和方法；"任务实施"指导学生利用所学知识完成任务或解决问题；"能力拓展"则通过横向或纵向的知识拓展，让学生能力得到进一步提高。整个结构设计符合学生"做什么，怎么做"的认知规律，更加贴合高职高专的教学特点。

2. 从学生职业发展出发，选择实用性强的教学内容

电气控制部分介绍了电气控制系统中常用的低压电器和典型控制电路、三相笼型异步电动机的各种控制方式；PLC 部分选择日本三菱 FX3U 系列 PLC 为学习对象，详细介绍其硬件结构、基本逻辑控制、步进控制和功能指令应用等内容。

3. 突出应用能力，从学习情境走向实践训练

本书的学习情境针对电气控制与 PLC 应用中的具体知识点，精心选择情境任务，避免过大过繁。20 个学习情境的任务相对独立，但在知识上保持着紧密联系，由浅入深，循序渐进，满足了本课程知识与技能的系统性要求。本书配有众多的课程任务、实践训练、课后习题和自测试题，可满足教师课堂教学及学生课程设计、课后练习和考试复习的使用要求。

本书参考学时数为 80 学时，建议采用理实一体化方式开展教学，在使用时可根据具体情况对相关内容进行灵活选择。

本书由赵威、汤素丽主编。赵威对本书进行了总体结构策划和统稿，并编写学习情境 9～13；汤素丽编写了学习情境 1～8；杨林编写了学习情境 14～17；王磊编写了学习情境 18～20；吴丹编写了附录和实践训练部分。苟良、文璇、乔鸿海和肖刚老师协助编写了本书，西北工业大学张堃老师认真细致地审阅了全部书稿并提出宝贵意见，在此表示由衷的感谢。

为了方便教师教学，本书配有电子教学课件及更多的训练项目资料。

由于时间紧迫和编者水平有限，书中不足之处在所难免，敬请读者提出宝贵意见和建议。

编　者

2017 年 4 月

目　录

学习情境 1　电气控制环节的认识

情境任务：通过本任务的学习，需要掌握低压电器的基本知识；掌握按钮、行程开关、组合开关和接触器的工作原理和电气符号，并完成点动、长动控制环节的电气控制原理图。

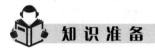
知识准备

1.1　低压电器的基本知识

凡是根据外界的特定信号和要求，自动或手动控制电路，断续或连续改变电路参数，实现对电路或非电对象的切换、控制、保护、检测和调节作用的电气设备统称为电器。按照我国现行标准规定，低压电器通常是指工作在交流 1200V 或直流 1500V 以下的电器。

1.1.1　低压电器的分类

低压电器种类繁多，分类方法有很多种。

1. 按动作方式分类

（1）手动控制电器：依靠外力（如人工）直接操作来进行切换的电器，如刀开关、按钮等。

（2）自动控制电器：依靠指令或物理量（如电流、电压、时间、速度等）变化而自动动作的电器，如接触器、继电器等。

2. 按用途分类

（1）低压控制电器：主要在低压配电系统及动力设备中起控制作用，控制电路的接通、分断以及电动机的各种运行状态，如刀开关、接触器、按钮等。

（2）低压保护电器：主要在低压配电系统及动力设备中起保护作用，保护电源和线路或电动机，使它们不至于在短路状态和过载状态下运行，如熔断器、热继电器等。

有些电器既有控制作用，又有保护作用，如行程开关既可控制行程，又能作为极限位置的保护元件；自动开关既能控制电路的通断，又能起短路、过载、欠压等保护作用。

3. 按执行机理分类

（1）有触点电器：这类电器具有动触点和静触点，利用触点的接触和分离来实现电路的通断。

（2）无触点电器：这类电器无触点，主要利用晶体管的开关效应，即导通或截止来实现电路的通断。

1.1.2　电磁式电器

低压电器一般都有两个基本部分。一个是感受部分，它感受外界信号，作出有规律的反应，在自动控制电器中，感受部分大多由电磁机构组成；在手动控制电器中，感受部分通常是操作手柄等。另一个是执行部分，如触点连同灭弧系统，它根据指令执行电路接通、切断

等任务。对于自动空气开关类的低压电器，还具有中间（传递）部分，它的任务是把感受和执行两部分联系起来，使它们协同一致，按一定的规律动作。

电磁式电器在电气控制系统中使用量最大，其类型也很多。各类电磁式电器在工作原理和构造上基本相同。就其结构而言，由两个主要部分组成，即：检测部分和执行元件，其中检测部分为电磁机构，执行部分为触点系统，其次还有灭弧系统和其他缓冲机构等。

1. 电磁机构

（1）电磁机构的结构形式及分类。

电磁机构由线圈、铁芯（也称静铁芯或磁轭）和衔铁（也称动铁芯）三部分组成。常用的磁铁结构有下列三种，如图 1.1 所示。

1）衔铁沿棱角转动的拍合式铁芯：如图 1.1（a）所示，这种结构广泛应用于直流电器中。

2）衔铁沿轴转动的拍合式铁芯：如图 1.1（b）所示，其铁芯形状有 E 形和 U 形两种，此结构多用于触点容量较大的交流电器中。

3）衔铁作直线运动的双 E 形直动式铁芯：如图 1.1（c）所示，多用于交流接触器、继电器以及其他交流电磁机构的电磁系统中。

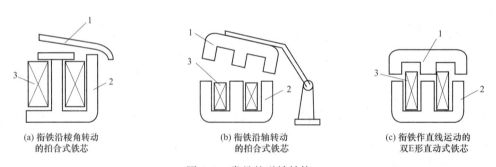

(a) 衔铁沿棱角转动　　　　　　(b) 衔铁沿轴转动　　　　　(c) 衔铁作直线运动的
　的拍合式铁芯　　　　　　　　的拍合式铁芯　　　　　　　双E形直动式铁芯

图 1.1　常见的磁铁结构
1—衔铁；2—铁芯；3—电磁线圈

电磁机构可分为直流和交流两大类。凡线圈中通以直流电的电磁铁都称之为直流电磁铁。通常直流电磁铁的衔铁和铁芯均由软钢或工程纯铁制成。因其铁芯不发热，只有线圈发热，所以直流电磁铁的电磁线圈做成高而薄的瘦高型，且不设线圈骨架，使线圈与铁芯直接接触，易于散热。

交流电磁铁由于其线圈通过的激磁电流为交流，其铁芯存在磁滞和涡流损耗，这样线圈和铁芯都要发热，所以交流电磁铁的电磁线圈设有骨架，使铁芯与线圈隔离，并将线圈制成短而厚的矮胖型，有利于线圈和铁芯的散热。交流电磁铁的铁芯由电工钢片叠压而成，以减少涡流。

另外，根据电磁线圈在电路中的连接方式可分为串联线圈（又称电流线圈）和并联线圈（又称电压线圈）。

串联（电流）线圈串接于线路中，流过的电流较大，为减少对电路的影响，所用的线圈导线粗，匝数少，线圈的阻抗较小；而并联（电压）线圈并联在线路上，为减小分流作用，降低对原电路的影响，需较大的阻抗，所以线圈导线细而匝数多。

（2）吸力特性与反力特性的配合。电磁式电器的基本工作原理示意图如图 1.2 所示。当磁线圈中通入电流时，线圈中产生磁通作用于衔铁，产生电磁吸力，从而使衔铁产生机械位移，带动触点动作。当线圈断电后，衔铁失去电磁吸力，由复位弹簧将其拉回原位。因此作用在衔铁上的力有两个，即电磁吸力与反力。电磁吸力由电磁机构产生，反力则由复位弹簧和触点弹簧产生。

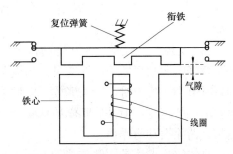

图 1.2　电磁式电器工作原理示意图

电磁吸力

$$F = \frac{10^7}{8\pi} B^2 S \tag{1-1}$$

式中，F 为电磁吸力，N（牛顿）；B 为气隙磁感应强度，T（特斯拉）；S 为磁极截面积，m^2（平方米）。

当线圈中通以直流电时，电磁吸力 F 为恒定值。当线圈通中以交流电时，由于外加正弦交流电压，其气隙磁感应强度也按正弦规律变化，即

$$B = B_m \sin \omega t \tag{1-2}$$

带入式（1-1）中可得

$$F = \frac{10^7}{8\pi} S B_m^2 \sin^2 \omega t = \frac{10^7}{8\pi} S B_m^2 \frac{1 - \cos 2\omega t}{2} \tag{1-3}$$

由式（1-3）可见电磁吸力最大值为

$$F_{max} = \frac{10^7}{8\pi} S B_m^2$$

电磁吸力的最小值为

$$F_{min} = 0$$

所谓吸力特性，是指电磁吸力随衔铁与铁芯间气隙而变化的关系曲线。不同的电磁机构，有不同的吸力特性。图 1.3 表示一般电磁铁的吸力特性。

对于直流电磁铁，其励磁电流的大小与气隙无关，衔铁动作过程中为恒磁势工作，电磁吸力随气隙的减小而增加，所以吸力特性曲线比较陡峭（见图 1.3 中的曲线 1）。而交流电磁铁的励磁电流与气隙成正比，在动作过程中为恒磁通工作，但考虑到漏磁通的影响，其吸力随气隙的减小略有增加，所以吸力特性比较平坦（见图 1.3 中的曲线 2）。

所谓反力特性是指反作用力 F_r 与气隙 δ 的关系曲线，如图 1.3 中的曲线 3 所示。为了使电磁机构能正常工作，其吸力特性与反力特性配合必须得当。在衔铁吸合过程中，其吸力特性必须位于反力特性上方，即吸力要大于反力，反之衔铁释放时，吸力特性必须位于反力特性下方，即反力要大于吸力（此时的吸力是由剩磁产

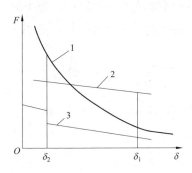

图 1.3　电磁吸力特性与反力特性
1—直流电磁铁吸力特性；2—交流电磁铁吸力特性；3—反力特性

生的）。在吸合过程中还须注意吸力特性位于反力特性上方不能太高，否则会影响电磁铁寿命。

（3）交流电磁机构上短路环的作用。由式（1-3）可看出，交流电磁机构的电磁吸力是一个两倍电源频率的周期性变量。当电磁吸力的瞬时值大于反力时，衔铁吸合；当电磁吸力的瞬时值小于反力时，衔铁释放。电源电压变化一个周期，衔铁吸合两次、释放两次，随着电源电压的变化，衔铁周而复始地吸合与释放，使得衔铁产生振动和噪声，为此需采取有效措施，消除振动与噪声。

具体解决办法是在铁芯端面开一个小槽，在槽内嵌入铜质短路环（分磁环），如图 1.4

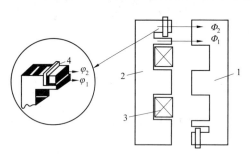

图 1.4　交流电磁铁的短路环

1—衔铁；2—铁芯；3—线圈；4—短路环

所示。加上短路环后，铁芯中的磁通被分成两部分，即不穿过短路环的 φ_1 和穿过短路环的 φ_2，φ_1 和 φ_2 大小接近，而相位差约 90° 电角度，因而两相磁通不会同时过零。由于电磁吸力与磁通的平方成正比，所以由两相磁通产生的合成电磁吸力始终大于反力，使衔铁与铁芯牢牢吸合，这样就消除了振动和噪声。

一般短路环包围 2/3 的铁芯端面，通常用黄铜、康铜或镍铬合金等材料制成。它是一个无断点的铜环，且没有焊缝。

2. 触点系统

（1）触点材料。触点是电器的执行机构，它在衔铁的带动下起接通和分断电路的作用。因此，要求触点导电、导热性能良好。触点通常用铜制成，但铜质触点表面容易产生氧化膜，使触点的接触电阻增大，从而使触点的损耗增大，温度上升。所以有些电器，如继电器和小容量的电器，其触点常采用银质材料，与铜质触点相比，银质触点除具有更好的导电、导热性能外，触点的氧化膜电阻与纯银相差无几，而且氧化膜的生成温度很高，所以，银质触点具有较低且稳定的接触电阻。对于中等容量的低压电器，在结构设计上，触点采用滚动接触，可将氧化膜去掉，这种结构的触点也常采用铜质材料。

（2）触点的结构形式。触点主要有两种结构形式：桥式触点和指形触点（见图 1.5）。触点的接触形式有三种，即点接触、线接触和面接触。图 1.5（a）是两个点接触的桥式触点，它主要适用于电流不大且压力小的场合。图 1.5（b）是两个面接触的桥式触点，两个触点串于同一电路中，电路的接通和断开由两个触点共同完成。桥式触点多为面接触，适用于大容量、大电流的场合（如交流接触器）。图 1.5（c）为指形触点，其接触方式为线接触，接触区为一直线，触点接通或分断时产生滚动摩擦，既可消除触点表面的氧化膜，又可缓冲触点闭合时的撞击，改善触点的电器性能。这种指形触点适用于接电次数多、电流大的场合。

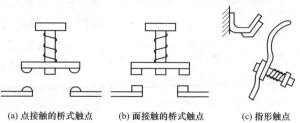

(a) 点接触的桥式触点　　(b) 面接触的桥式触点　　(c) 指形触点

图 1.5　触点的结构形式图

电器的触点又有动合和动断之分，在无外力作用而处于静止状态时，触点间是断开状态

的称为动合触点，反之称为动断触点。

3. 灭弧系统

（1）电弧。在通电状态下，动、静触点脱离接触时，如果开断电路的电流超过某一数值（根据触点材料的不同其值在 0.25～1A 间），开断后加在触点间隙（或称弧隙）两端电压超过某一数值（根据触点材料的不同其值在 12～20V 间）时，则触点间隙中就会产生电弧。电弧实际上是触点间气体在强电场下产生的放电现象，产生高温并发出强光和火花。电弧的存在既会烧损触点金属表面，降低电器的寿命，又延长了电路的分断时间，严重时会引起火灾或其他事故，因此应采取措施迅速熄灭电弧。

（2）常用的灭弧方法。在电器中常用的灭弧方法和灭弧装置有以下几种。

1）电动力灭弧：桥式触点在分断时本身就具有电动力吹弧功能，不用任何附加装置，便可使电弧迅速熄灭。图 1.6 是一种桥式结构双断口触点。当触点打开时，在断口中产生电弧，电弧电流在断口中电弧周围产生图中以"→"表示的磁场（由右手定则确定），在该磁场作用下，电弧受力为 F，其方向指向外侧，如图 1.6 中所示（由左手定则确定）。在 F 的作用下，电弧向外运动并拉长，冷却而迅速熄灭。这种灭弧方法结构简单，无需专门的灭弧装置，多用于小容量交流接触器中。

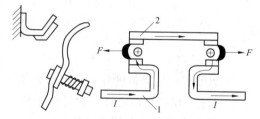

图 1.6　电动力灭弧示意图
1—静触点；2—动触点

2）磁吹灭弧：磁吹灭弧的原理如图 1.7 所示。在触点电路中串入一个吹弧线圈，设电弧电流为 I，方向如图 1.7 所示，该线圈产生的磁通由铁芯 3 经过导磁夹板 5 引向触点周围，其方向如图中"×"符号所示（由右手定则确定）；当触点断开产生电弧后，电弧电流所产生的磁通方向如图中"⊕"和"⊙"符号所示。这两个磁通在电弧下方方向相同（叠加），在电弧上方方向相反（相减）。因此，电弧下方的磁场强于上方的磁场。在下方磁场作用下，电弧受电动力 F 的作用（F 的方向如图 1.7 所示）被吹离触点，经引弧角 4 进入灭弧罩，并将热量传递给罩壁，使电弧冷却熄灭。

这种灭弧方式称为串联磁吹灭弧方式，它利用电弧电流本身灭弧，因而电弧电流越大，吹弧能力也越强。磁吹力的方向与电流方向无关。磁吹灭弧广泛应用于直流接触器中。

3）栅片灭弧：栅片灭弧装置示意图如图 1.8 所示，当电器触点分开时，所产生的电弧在吹弧电动力的作用下被推向一组静止的金属片内。这组金属片称为栅片，由多片镀锌薄钢片组成，它们彼此间相互绝缘。当电弧进入栅片后，被分割成一段段串联的短弧，而栅片就是这些短弧的电极，且交流电弧在电弧电流过零瞬间会使每两片灭弧栅片间出现 150～250V 的介质强度，使整个灭弧栅的绝缘强度大大加强，以致外加电压无法维持，电弧迅速熄灭。此外栅片还能吸收电弧热量，使电弧迅速冷却。这样当电弧进入栅片后就会很快熄灭。由于栅片灭弧的灭弧效果在交流时要比直流时强得多，所以交流电器宜采用栅片灭弧。

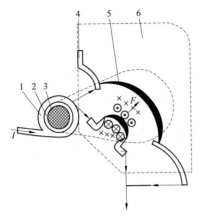

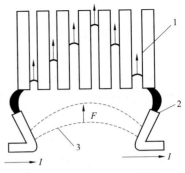

图 1.7　磁吹灭弧示意图　　　　　　　　　　图 1.8　栅片灭弧示意图

1—磁吹线圈；2—绝缘套；3—铁芯；4—引弧角；　　　　1—灭弧栅片；2—触点；3—电弧

5—导磁夹板；6—灭弧罩

4）灭弧罩：比灭弧栅片更简单的灭弧装置是采用由陶土和石棉水泥做的耐高温的灭弧罩，用以降温和隔弧。它可用于交直流灭弧。

1.1.3　低压电器的主要技术参数

1. 额定电压

（1）额定工作电压：额定条件下，保证电气正常工作的工作电压值。

（2）额定绝缘电压：规定条件下，用来度量电器及其部件的绝缘强度、电气间隙和漏电距离的标称电压值，除非另有规定，一般为电气最大额定电压。

（3）额定脉冲耐受电压：反映电路当其所在系统发生最大过电压时所能耐受的能力，额定绝缘电压和额定脉冲耐受电压共同决定绝缘水平。

2. 额定电流

（1）额定工作电流：在规定条件下，保证开关电器正常工作的电流值。

（2）约定发热电流：在规定条件下试验时，电器处于非封闭状态下，开关电器在 8h 工作制下，各部件的温升不超过极限值时所承载的最大电流。

（3）约定封闭发热电流：电路处于封闭状态下，在所规定的最小外壳内，开关电器在 8h 工作制下，各部件的温升不超过极限值时所承载的最大电流。

（4）额定持续电流：在规定的条件下，开关电器在长期工作制下，各部件的温升不超过规定极限值时所能承载的最大电流值。

3. 操作频率与通电持续率

开关电器每小时内可能实现的最高操作循环次数称为操作频率。通电持续率是电器工作于断续周期工作制时有载时间与工作周期之比，通常以百分数表示。

4. 机械寿命和电寿命

机械开关电器在需要修理或更换机械零件前所能承受的无载操作次数，称为机械寿命。在正常工作条件下，机械开关电器无需修理或更换零件的负载操作次数称为电寿命。

对于有触点的电器，其触头在工作中除机械磨损外，尚有比机械磨损更为严重的电磨损。因而，电器的电寿命一般小于其机械寿命。设计电器时，要求其电寿命为机械寿命的

$20\% \sim 50\%$。

1.1.4　低电压的选用原则

目前，国产低压电器有 130 多个系列，品种规格繁多。在对低压电器的设计和制造上，国家规定有严格的标准。选用的一般原则如下。

1. 安全原则

安全可靠是对任何电器的基本要求，保证电路和用电设备的可靠运行是正常生活与生产的前提。例如，用手操作的低压电器要确保人身安全；金属外壳要有明显接地标志等。

2. 经济原则

经济性包括电器本身的经济价值和使用该种电器产生的价值。前者要求合理适用，后者必须保证运行可靠，不能因故障而引起各类经济损失。

3. 选用低压电器的注意事项

（1）明确控制对象的分类和使用环境。

（2）明确有关的技术数据，如控制对象的额定电压、额定功率、操作特性、起动电流倍数和工作制等。

（3）了解电器正常工作的条件，如周围温度、湿度、海拔高度、震动和防御有害气体等方面的能力。

（4）了解电器的主要技术技能，如用途、种类、控制能力、通断能力和使用寿命等。

1.2　低压主令电器

主令电器是在电气控制系统中用来发送或转换控制指令的电器。

1. 控制按钮

按钮是一种手动电器，通常用来接通或断开小电流控制的电路。它不直接去控制主电路的通断，而是在控制电路中发出"指令"去控制接触器、继电器等电器，再由它们去控制主电路。

按钮根据触点结构的不同，可分为动合按钮、动断按钮，以及将动合和动断封装在一起的复合按钮等几种。按钮的结构示意图如图 1.9 所示，电气符号如图 1.10 所示。

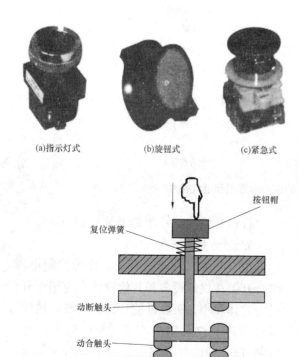

(a)指示灯式　　(b)旋钮式　　(c)紧急式

图 1.9　按钮的外形结构及结构原理图

(a)动合按钮　　(b)动断按钮　　(c)复合按钮

图 1.10　按钮的电气符号

按钮的型号含义如图 1.11 所示。

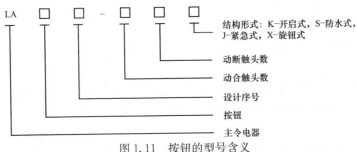

图 1.11　按钮的型号含义

2. 行程开关

行程开关，又称限位开关或位置开关，它可以完成行程控制或限位保护。其作用与按钮相同，只是其触头的动作不是靠手指的按压即手动操作，而是利用生产机械某些运动部件上的挡块的碰撞或碰压使触头动作，以此来实现接通或分断某些电路，达到一定的控制要求。

行程开关的结构示意图和电气符号如图 1.12 所示。

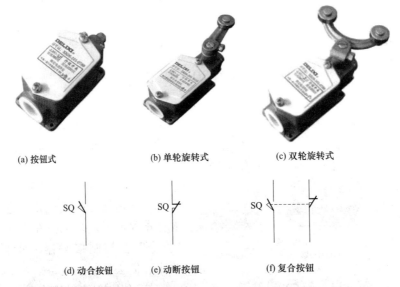

(a) 按钮式　　　　　(b) 单轮旋转式　　　　　(c) 双轮旋转式

(d) 动合按钮　　　　　(e) 动断按钮　　　　　(f) 复合按钮

图 1.12　行程开关的结构示意图和电气符号

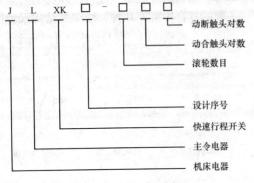

图 1.13　行程开关的型号含义

行程开关的型号含义如图 1.13 所示。

3. 万能转换开关

组合开关又称转换开关，作为控制电器，组合开关在机床设备和其他设备中使用十分广泛。它体积小，灭弧性能比刀开关好，接线方式有多种。它常用于交流 380V 以下，直流 220V 以下的电气线路中，可手动不频繁地接通或分断电路，也可控制小容量交、直流电动机的正反转及星—三角起动和变速换向等。它

的种类很多，有单极、双极、三极和四极等几种。常用的是三极的组合开关，其外形、结构示意图、符号和型号含义如图 1.14～图 1.17 所示。

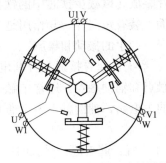

图 1.14　LW6 系列万能转换开关的结构示意图

图 1.15　万能转换开关的外形

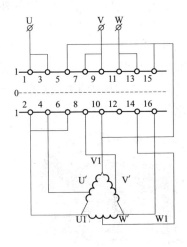

(a)

触头	手柄位置		
	1	0	1
1—2	+	−	−
3—4	−	−	+
5—6	−	−	+
7—8	−	−	+
9—10	+	−	−
11—12	+	−	−
13—14	−	−	+
15—16	−	−	+

(b)

图 1.16　LW6 系列万能转换开关的符号

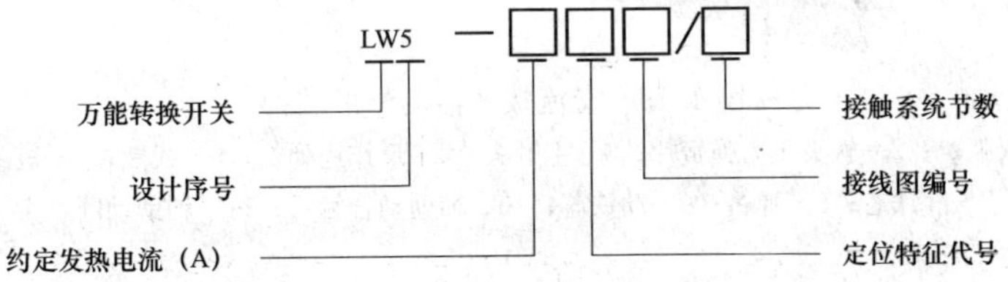

图 1.17　LW5 系列万能转换开关的型号含义

1.3　接　触　器

接触器是利用电磁吸力及弹簧反力的配合作用，使触头闭合与断开的一种电磁式自动切换电器。

1. 接触器的结构和工作原理

（1）交流接触器的组成。交流接触器动作原理示意图如图 1.18 所示，外形结构如图 1.19 所示，由以下四部分组成。

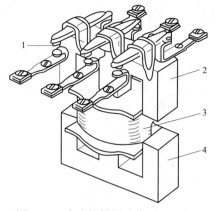

图 1.18　交流接触器动作原理示意图

1—主触头；2—动铁芯；3—电磁线圈；4—静铁芯

1）电磁系统：用来操作触头闭合与分断。它包括静铁芯、吸引线圈、动铁芯（衔铁）。铁芯用硅钢片叠成，以减少铁芯中的铁损耗，在铁芯端部极面上装有短路环，其作用是消除交流电磁铁在吸合时产生的振动和噪声。

2）触点系统：起着接通和分断电路的作用。它包括主触点和辅助触点。通常主触点用于通断电流较大的主电路，辅助触点用于通断小电流的控制电路。

3）灭弧装置：起着熄灭电弧的作用。

4）其他部件：主要包括恢复弹簧、缓冲弹簧、触点压力弹簧、传动机构及外壳等。

（2）交流接触器的工作原理。交流接触器的工作原理如图 1.20 所示。接触器电磁机构的线圈通电后，在铁芯中产生磁通。在衔铁气隙处产生吸力，使衔铁产生闭合动作，主触头在衔铁的带动下也闭合，于是接通了电路。与此同时，衔铁还带动辅助触头动作，使动合触头闭合，动断触头断开。当线圈断电或电压显著降低时，吸力消失或减弱，衔铁在释放弹簧作用下打开，主、辅触头又恢复到原来状态。交流接触器的电气符号如图 1.21 所示。

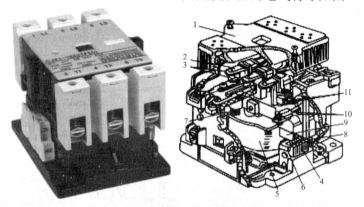

图 1.19　交流接触器的外形结构

1—灭弧罩；2—触头压力弹簧片；3—主触头；4—反作用弹簧；5—线圈；6—短路环；
7—静铁芯；8—弹簧；9—动铁芯；10—辅助动合触头；11—辅助动断触头

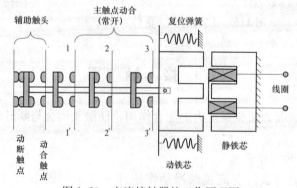

图 1.20　交流接触器的工作原理图

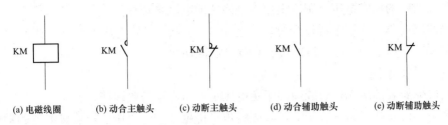

图 1.21 交流接触器的电气符号

直流接触器与交流接触器的工作原理基本相同。

2. 接触器的主要技术参数和型号含义

（1）主要技术参数。

1）额定电压：接触器铭牌上的额定电压是指主触点能承受的额定电压。通常用的电压等级：直流接触器有 110、220、440V；交流接触器有 110、220、380、500V 等档次。

2）额定电流：接触器铭牌上的额定电流是指主触点的额定电流，即允许长期通过的最大的电流，有 5、10、20、40、60、100、150、250、400、600A 几个等级。

3）电磁线圈的额定电压：交流有 36、110、220、380V；直流有 24、48、220、440V。

4）电寿命和机械寿命：以万次表示。

5）额定操作频率：以次/h 表示。

（2）型号含义。

接触器的型号含义如图 1.22 所示。

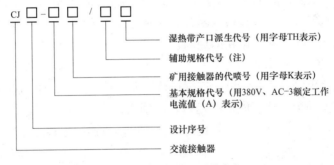

图 1.22   接触器的型号含义

3. 接触器的选择和使用

（1）接触器的选择。

1）接触器类型的选择：接触器的类型有交流和直流两类，应根据负载电流的类型和负载的轻重来选择。

2）接触器操作频率的选择：操作频率是指接触器每小时通断的次数。当通断电流较大及通断频率较高时，会使触头过热甚至熔焊。操作频率若超过规定值，应选用额定电流大一级的接触器。

3）接触器额定电压和电流的选择：

① 触点的额定电流（或电压）应大于或等于负载电路的额定电流（或电压）。若接触器控制的电动机起动或正反转频繁，一般将接触器主触头的额定电流降一级使用。

② 吸引线圈的额定电压，则应根据控制回路的电压来选择。

③ 当线路简单、使用电器较少时，可选用 380V 或 220V 电压的线圈；当线路较复杂、使用电器超过 5 个时，应选用 110V 及以下电压等级的线圈。

（2）接触器的使用。

1）接触器安装前应先检查线圈的额定电压是否与实际需要相符。

2）接触器的安装多为垂直安装，其倾斜角不得超过 5°，否则会影响接触器的动作特性；安装有散热孔的接触器时，应将散热孔放在上下位置，以降低线圈的温升。

3）接触器安装与接线时应将螺钉拧紧，以防震动松脱。

4）接线器的触头应定期清理，发现触头表面有电弧灼伤时，应及时修复。

 任 务 实 施

用前面学的低压电器的知识，实施点动、长动和两地控制环节。

1.4　点动、长动控制环节

1. 点动控制线路

点动俗称"点车"，其特点是按下按钮电动机就转动，松开按钮电动机就停转。它用于机床的刀架调整、试车、电动葫芦的起重电机控制等。

图 1.23 所示是采用接触器控制的单向运行点动控制线路，分作主电路和控制电路两大部分，主电路由接触器的主触点接通与断开；控制电路由按钮、接触器吸引线圈组成，控制接触器线圈的通断电，实现对主电路的通断控制。

2. 长动控制线路

一般生产机械要求电动机起动后能连续运行，即为长动。显然采用点动控制线路是实现不了长动的，为使电动机起动后能连续运行，必须采用自锁环节。长动控制线路如图 1.24 所示，按下起动按钮 SB2，线圈 KM 得电并自锁，电动机连续运转。

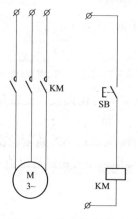

图 1.23　点动控制线路

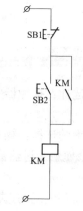

图 1.24　长动控制线路

3. 单向运行既能点动也能长动的控制线路

实际生产中，同一机械设备有时候需要长时间运转，即电动机持续工作；有时候需要手动控制间断工作，这就需要能方便地操作点动和长动的控制线路。图 1.25 即为既能点动又能长动的控制线路，其中图（a）为手动按钮实现，图（b）为复合按钮实现。

4. 两地控制环节

在大型生产设备上，为使操作人员在不同位置均能进行起、停操作，常常要求组成多地控制线路，接线的原则是将各起动按钮的动合触点并联，各停止按钮的动断触点串联，分别安装在不同的地方，即可进行多地操作。如图 1.26 所示电路，SB2、SB3、SB4 均为起动按钮，SB1、SB5、SB6 均为停止按钮。

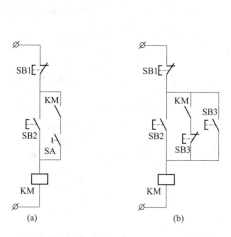

图 1.25 既能点动又能长动的控制线路

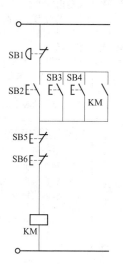

图 1.26 多地控制线路

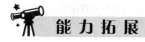 能 力 拓 展

1.5 接触器常见故障及处理方法

故障现象	可能原因	处理办法
不动或动作不可靠	1. 电源电压过低或波动过大 2. 操作回路电源容量不足或发生断线、接线错误及控制触头接触不良 3. 控制电源电压与线圈电压不符 4. 产品本身受损（如线圈断线或烧毁，机械可动部分被卡死，转轴歪斜等） 5. 触头弹簧压力与超程过大 6. 电源离接触器太远，连接导线太细	1. 调节电源电压 2. 增加电源容量，纠正、修理控制触头 3. 更换线圈 4. 更换线圈，排除卡住故障 5. 按要求调整触头参数 6. 更换较粗的连接导线

续表

故障现象	可能原因	处理办法
不释放或释放缓慢	1. 触头弹簧压力过大 2. 触头熔焊 3. 机械可动部分被卡死，转轴歪斜 4. 反力弹簧损坏 5. 铁芯极面有油污或灰尘 6. E形铁芯使用时间太长，去磁气隙消失，剩磁增大，使铁芯不释放	1. 调整触头参数 2. 排除熔焊故障，修理或更换触头 3. 排除卡死故障，修理受损零件 4. 更换反力弹簧 5. 清理铁芯极面 6. 更换铁芯
线圈过热或烧损	1. 电源电压过高或过低 2. 线圈技术参数（如额定电压、频率、负载因数及适用工作制等）与实际使用条件不符 3. 操作频率过高 4. 线圈制造不良或由于机械损伤、绝缘损坏等产生故障 5. 使用环境条件特殊：如空气潮湿，含有腐蚀性气体或环境温度过高 6. 运动部分卡住 7. 交流铁芯极面不平或去磁气隙过大 8. 交流接触器派生直流操作的双线圈，因动断联锁触头熔焊不释放而使线圈过热	1. 调整电源电压 2. 调换线圈或接触器 3. 选择其他合适的接触器 4. 更换线圈，排除引起线圈机械损伤的故障 5. 采用特殊设计的线圈 6. 排除卡住现象 7. 清除极面或调换铁芯 8. 调整联锁触头参数及更换烧坏线圈
电磁铁（交流）噪声大	1. 电源电压过低 2. 触头弹簧压力过大 3. 磁系统歪斜或机械上卡住，使铁芯不能吸平 4. 极面生锈或因异物（如油垢、尘埃）黏附铁芯极面 5. 短路环断裂 6. 铁芯极面磨损过度而不平	1. 提高操作回路电压 2. 调整触头弹簧压力 3. 排除机械卡住故障 4. 清理铁芯极面 5. 调换铁芯或短路环 6. 更换铁芯
触头熔焊	1. 操作频率过高或产品超负荷使用 2. 负载侧短路 3. 触头弹簧压力过小 4. 触头表面有金属颗粒突起或有异物 5. 操作回路电压过低或机械上卡住，致使吸合过程中有停滞现象，触头停顿在刚接触的位置上	1. 调换合适的接触器 2. 排除短路故障，更换触头 3. 调整触头弹簧压力 4. 清理触头表面 5. 提高操作电源电压，排除机械卡住故障，使接触器吸合可靠
八小时工作制触头过热或灼伤	1. 触头弹簧压力过小 2. 触头上有油污，或表面高低不平，金属颗粒突出 3. 环境温度过高或使用在密闭的控制箱中 4. 铜触头用于长期工作制 5. 触头的超程太小	1. 调高触头弹簧压力 2. 清理触头表面 3. 接触器降容使用 4. 接触器降容使用 5. 调整触头超程或更换触头
短时内触头过度磨损	1. 接触器选用欠妥，在以下场合时，容量不足： (1) 反接制动 (2) 有较多密接操作 (3) 操作频率过高 2. 三相触头不同时接触 3. 负载侧短路 4. 接触器不能可靠吸合	1. 接触器降容使用或改用适于繁重任务的接触器 2. 调整至触头同时接触 3. 排除短路故障，更换触头 4. 见动作不可靠处理办法
相间短路	1. 可逆转换的接触器联锁不可靠，由于误动作，致使两台接触器同时投入运行而造成相间短路，或因接触器动作快，转换时间短，在转换过程中发生电弧短路 2. 尘埃堆积或粘有水气、油垢，使绝缘变坏 3. 产品零部件损坏（如灭弧罩碎裂）	1. 检查电气联锁与机械联锁；在控制线路上加中间环节延长可逆转换时间 2. 经常清理，保持清洁 3. 更换损坏零部件

1.6 新型低压电器

新型低压电器也称无触点电器，弥补了有触点电器的缺点，由它们组成的无触点控制线路具有较高的开关速度、抗震、无火花、耐腐蚀、使用寿命长，控制的可靠性高、体积小、重量轻，其最大的优点是可用计算机很方便地改变控制程序，灵活性好，所以发展迅速并越来越受到人们的重视。

1. 接近开关

行程开关是有触点开关，在操作频繁时，易产生故障，工作可靠性也较低。接近开关是无触点开关，它的用途除行程控制和限位保护外，还可检测金属体的存在、高速计数、测速、定位、变换运动方向、检测零件尺寸、进行液面控制及用作无触点按钮等。它具有工作可靠、寿命长、无噪声、动作灵敏、体积小、耐震、操作频率高和定位精度高等优点。

接近开关按工作原理来区分，有高频振荡型、电容型、感应电桥型、永久磁铁型、霍尔效应型等多种，其中最常用的是高频振荡型。高频振荡型接近开关的电路由振荡器、晶体管放大器和输出电路三部分组成。其基本工作原理是：当装在运动部件上的金属物体接近高频振荡器的线圈 L（称为感辨头）时，由于该物体内部产生涡流损耗，使振荡回路等效电阻增大，能量损耗增加，从而使振荡减弱直至终止，输出控制信号。通常把接近开关刚好动作时感辨头与检测体之间的距离称为动作距离。接近开关的组成方框图如图 1.27 所示。

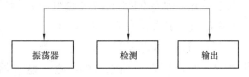

图 1.27 接近开关的组成方框图

常用的接近开关有 L11、L12 和 LXJ0 等系列。图 1.28 为 LXJ0 型晶体管接近开关电路图。图中 L 为磁头的电感，与电容 C_1、C_2 组成了电容三点式振荡回路。

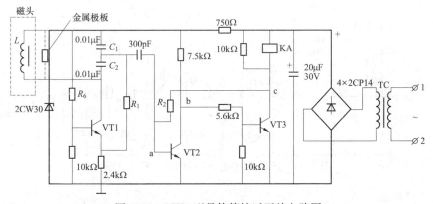

图 1.28 LXJ0 型晶体管接近开关电路图

正常情况下，晶体管 VT1 处于振荡状态，晶体管 VT2 导通，使集电极 b 点电位降低，VT3 基极电流减小，其集电极 c 点电位上升，通过 R_2 电阻对 VT2 起正反馈，加速了 VT2 的导通和 VT3 的截止，继电器 KA 的线圈无电流通过，因此开关不动作。

当金属物体接近线圈时，则在金属体内产生涡流，此涡流将减小原振荡回路的品质因数 Q 值，使之停振。此时 VT2 的基极无交流信号，VT2 在 R_2 的作用下加速截止，VT3 迅速

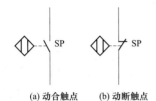

(a) 动合触点　　(b) 动断触点

图 1.29　接近开关的电气符号

导通，继电器 KA 的线圈有电流流过，继电器 KA 动作。其动断触头断开，动合触头闭合。

接近开关的电气符号如图 1.29 所示。

2. 电子式时间继电器

电子式时间继电器的种类很多，最基本的有延时吸合和延时释放两种。它们大多是利用电容充放电原理来达到延时目的的。

JS20 系列电子式时间继电器具有延时时间长、线路较简单、延时调节方便、性能稳定、延时误差小、触点容量较大等优点。图 1.30 为 JS20 系列电子式时间继电器电路图。刚接通电源时，电容器 C_2 尚未充电，此时 $U_S=0$，场效应管 VT6 的栅极与源极之间电压 $U_{cs}=-U_5$。此后，直流电源经电阻 R_{10}、RP_1、R_2 向 C_2 充电，电容 C_2 上电压逐渐上升，直至 u_C 上升到 $|u_C-U_S|<|U_p|$（U_p 为场效应管的夹断电压）时，VT7 开始导通，由于 I_p 在 R_3 上产生电压降，D 点电位开始下降，一旦 D 点电位降低到 VT7 的发射极电位以下时，VT7 将导通。VT1 的集电极电流 I_C 在 R_1 上产生压降，使场效应管 U_S 降低。使负栅偏压越来越小，R_1 起正反馈作用。VT7 迅速地由截止变为导通，并触发晶闸管 VT 导通，继电器 KA 动作，由以上可知，从时间继电器接通电源开始 C_2 被充电到 KA 动作为止的这段时间即为通电延时动作时间，KA 动作后，C_2 经 KA 动合触点对电阻 R_7 放电，同时氖泡 Ne 起辉，并使场效应管 VT7 和晶体管 VT7 都截止，为下次工作做准备，此时晶闸管 VT 仍保持导通，除非切断电源，使电路恢复到原来的状态，继电器 KA 才释放。

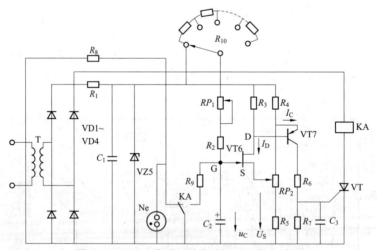

图 1.30　JS20 系列电子式时间继电器电路图

3. 光电继电器

光电继电器是利用光电元件把光信号转换成电信号的光电器件，广泛用于计数、测量和控制等方面。光电继电器分亮通和暗通两种电路，亮通是指光电原件受到光照射时，继电器 KA 吸合。暗通是指光电原件不受光照射时，继电器 KA 不吸合。

图 1.31 是 JG-D 型光电继电器电路图。此电路属亮通电路，适用于自动控制系统中，指示工件是否存在或所在位置。继电器的动作电流 >1.9mA，释放电流 <1.5mA，发光头与接收头的最大距离可达 50m。

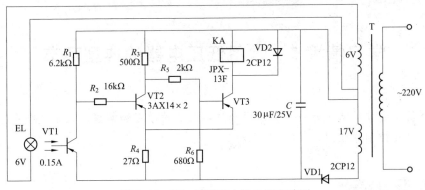

图 1.31　JG - D 型光电继电器电路图

工作原理：220V 交流电经变压器 T 降压、二极管 VD1 整流、电容器 C 滤波后作为继电器的直流电源。T 的次级另一组 6V 交流电源直接向发光 EL 供电。晶体管 VT2、VT3 组成射极耦合双稳态触发器。在光线没有照射到光敏三极管 VT1 上时，VT2 基级处于低电位而导通，VT3 截止，继电器 KA 不吸合，当光照射到 VT1 上，VT2 基极变为高电位而截止，VT3 就导通，KA 吸合，能准确地反映被测物是否到位。必须指出，光电继电器安装、使用时，应避免振动及阳光、灯光等其他光线的干扰。

4．温度继电器

在温度自动控制或报警装置中，常采用带电触点的水银温度计或热敏电阻、热电偶等制成的各种温度继电器。

图 1.32 是用热敏电阻作为感温原件的温度继电器。晶体管 VT1、VT2 组成射极耦合双稳态电路。晶体管 VT3 之前串连接入稳压管 VZ1，可提高反相器开始工作的输入电压值，使整个电路的开关特性更加良好。适当调整电位器 RP_2 的电阻。可减小双稳态电路的回差，RT 采用负温度系数的热敏电阻器，当温度超过极限值时，使 A 点电位上升到 2～4V，触发双稳态电路翻转。

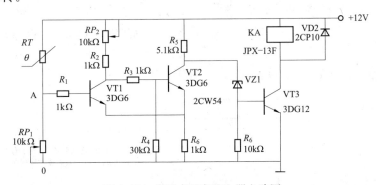

图 1.32　电子式温度继电器电路图

电路的工作原理：当温度在极限值以下时，RT 呈现很大电阻值，使 A 点电位在 2V 以下，VT1 截止，VT2 导通，VT2 的集成极电位约 2V，远低于稳压管 VZ1 5～6.5V 的稳定电压值，VT3 截止，继电器 KA 不吸合，当温度上升到超过极限值时，RT 阻值减小，使 A 点电位上升到 2～4V，VT1 立即导通，迫使 VT2 截止，VT2 集电极电位上升，VZ1 导通，VT3 导通，KA 吸合。

学习情境2 常用低压电器的典型环节

情境任务：通过对低压开关、熔断器和热继电器的学习和掌握，来完成顺序控制和自动循环控制的电气控制原理图。

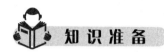 **知识准备**

2.1 低 压 开 关

2.1.1 低压隔离器

低压隔离器是低压电器中结构比较简单，应用十分广泛的一类手动操作电器，主要有低压刀开关、熔断器式刀开关和组合开关。其结构示意图如图2.1所示。低压刀开关的图形、文字符号如图2.2所示。

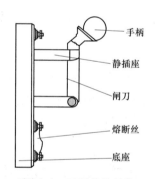
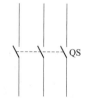

图2.1 刀开关的结构   图2.2 低压刀开关的图形、文字符号

刀开关的型号含义如图2.3所示。

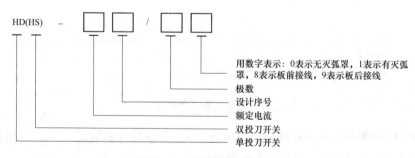

图2.3 刀开关的型号含义

刀开关在分断有负载的电路时，其触刀与插座之间会立即产生电弧，必须注意在安装刀开关时应将手柄朝上，不得倒装或平装。安装方向正确，可使作用在电弧上的电动力和热空

气上升的方向一致，电弧被迅速拉长而熄灭；否则
电弧不易熄灭，严重时会使触点及刀片烧伤，甚至
造成极间短路。另外如果倒装，手柄可能因自重下
落而引起误合闸事故。其安装示意图如图 2.4
所示。

2.1.2　低压断路器

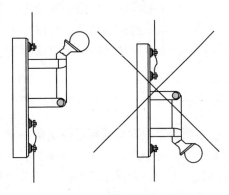

图 2.4　刀开关的安装示意图

低压断路器也称为自动空气开关，可用来分配
电能，接通和分断正常负载电流、短路电流，不频
繁地起动异步电动机等，对电源线路及电动机起到
保护作用，而且在分断故障电流后一般不需要更换
零部件，因而获得了广泛的应用。

1. 低压断路器的结构及工作原理

低压断路器的工作原理如图 2.5 所示。触头和灭弧系统是执行电路通断的主要部件，各
种脱扣器具有不同的功能，可以组合
成不同性能的低压断路器，自由脱扣
器和操作机构是触头、灭弧系统和各
种脱扣器的中间传递部件。低压断路
器的触头一般由耐弧合金（如银钨合
金）制成，采用灭弧栅片灭弧，主触
头是由操作机构和自由脱扣器操纵其
通断的，可以用操作手柄操作，也可
用电磁机构远距离操作。在正常情况
下，触头可接通、分断工作电流，当
出现故障时，能快速及时地切断高达
数十倍额定电流的故障电流，从而保
护电路及电路中的电器设备。

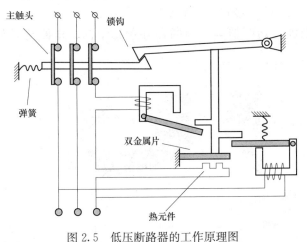

图 2.5　低压断路器的工作原理图

2. 低压断路器的类型及主要参数

（1）类型。低压断路器有不同的分类方法。按灭弧介质可分为空气式断路器和真空式断
路器；按采用的灭弧技术分为零点灭弧式断路器和限流式断路器；按结构分为万能式、塑壳
式和小型模数式；按操作方式分为人力操作、动力操作和储能操作；按极数可分为单极、二
极、三极和四极式；按安装方式可分为固定式、插入式和抽屉式等。比较常见的分类方式是
按结构来划分的。

（2）低压断路器的主要参数。低压断路器的主要参数包括额定电压、额定电流、通断能
力和分断时间。

3. 低压断路器的选择及使用注意事项

低压断路器的选择及使用注意事项主要有以下几点。

（1）低压断路器的额定电压和额定电流应大于或等于线路、设备正常工作电压和
电流；

（2）低压断路器的极限通断能力应大于或等于电路最大短路电流；

（3）欠电压脱扣器的额定电压等于线路的额定电压；

（4）过电流脱扣器的额定电流大于或等于线路的最大负载电流。

2.2　熔　断　器

熔断器是根据电流超过规定值一定时间后，以其自身产生的热量使熔体熔化，从而使电路断开的原理制成的一种电流保护器。熔断器广泛应用于低压配电系统和控制系统及用电设备中，作为短路和过电流保护，是应用最普遍的保护器件之一。

1. 熔断器的结构和分类

熔断器是一种过电流保护电器。熔断器主要由熔体和熔管两个部分及外加填料等组成。使用时，将熔断器串联于被保护电路中，当被保护电路的电流超过规定值，并经过一定时间后，由熔体自身产生的热量熔断熔体，使电路断开，起到保护作用。

熔断器的产品系列、种类很多，常用产品系列有 RL 系列螺旋式熔断器、RC 系列插入式熔断器、R 系列玻璃管式熔断器、RT 系列有填料密封管式熔断器、RM 系列无填料密封管式熔断器、NT 系列高分断能力熔断器等。熔断器外形、结构与电路符号如图 2.6 所示。

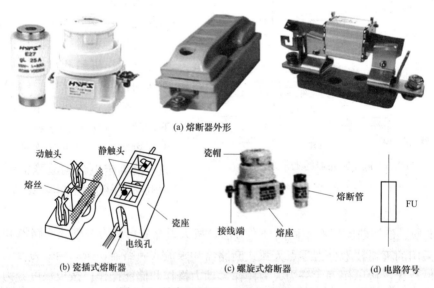

图 2.6　熔断器外形、结构与电路符号

2. 熔断器的保护特性

熔体熔断时间和熔体电流的关系，称为熔断器的保护特性，也称安秒特性。

发生过流有两种情况：一种是过载，通常是指发生小于 10 倍额定电流的过电流，这时过电流越大要越早切断电路，即需要反时限保护特性；另一种是短路，有超过 10 倍额定电流的过电流，这时需及时切断电路，即需要瞬动保护特性。

熔断器的保护特性如图 2.7 所示。因为熔体熔化需要一定的热量，流过熔体的电流越大，单位时间里产生的热量越大，熔断时间就越短，所以具有反时限保护特性。图中当电流为 I_R 时，熔断时间为无限大，此电流称为临界电流。I_R 与熔体额定电流 I_N 的比值，称为熔化系数 K_R。熔体通过额定电流时不应被熔断，故 K_R 大于 1，一般 K_R 在 1.5 左右。可见熔断器适用于过载保护。但由于其结构简单，价格便宜，也常用作短路保护。

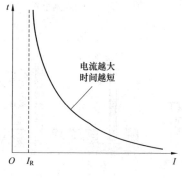

图 2.7　熔断器的保护特性

熔断器的型号含义如图 2.8 所示。

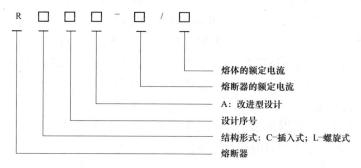

图 2.8　熔断器的型号含义

3. 熔断器的技术参数

熔断器的主要技术参数有额定电压、熔断器额定电流、极限分断能力和熔体额定电流。

（1）额定电压是指熔断器分断前能长期承受的电压。

（2）熔断器额定电流是指熔断器在长期工作之下，各部件温升不超过规定值时所能承载的电流。

（3）极限分断能力是指熔断器在规定的工作条件（电压和功率因数）下，能分断的最大电流值。

（4）熔体额定电流是由其安秒特性确定的。

4. 熔断器的选择

在选择熔断器时，首先应根据实际使用条件确定熔断器的类型，选用合适的使用类型和分断范围，在保证熔断器的最大分断电流大于线路中可能出现的峰值短路电流有效值的前提下，选定熔断体的额定电流，同时应使熔断器的额定电压不低于线路额定电压。

2.3　热　继　电　器

1. 热继电器的工作原理

热继电器是一种利用电流热效应原理工作的电器，其工作原理如图 2.9 所示，它主要由热元件、双金属片和触点等部分组成。双金属片是热继电器的感测元件，由两种线膨胀系数不同的金属片用机械碾压而成，线膨胀系数大的称为主动层，线膨胀系数小的称为被动层。

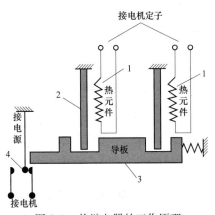

图 2.9 热继电器的工作原理

1—发热元件；2—主双金属片；

3—推动导板；4—触电

在加热之前，两金属片长度基本一致。当串接在电动机定子电路中有电流通过时，热元件产生的热量使两金属片伸长，双金属片发生弯曲。当电动机正常运行时，双金属片的弯曲程度不足以使热继电器动作；当电动机过载时，热元件中电流增大，加上时间效应，双金属片受的热量大大增加，弯曲程度加大，使双金属片推动导板带动触点动作，切断电动机的控制回路，使用时，它主要与接触器配合。

2. 常用热继电器产品

常用的热继电器有 JR20、JRS1、JR36、JR21、T、3UA、LR1 - D 等系列。其中，JR20，JRS1，JR36 系列是我国自行设计的新产品；T 系列是引进德国 ABB 公司技术生产的；3UA 系列是引进德国西门子公司技术生产的；LR1 - D 系列是引进法国 TE 公司技术生产的。需要注意的是，每一系列的热继电器一般只能和相适应系列的接触器配套使用。

3. 热继电器的选用

选用热继电器时，应根据使用条件、工作环境、电动机的形式及其运行条件及要求、电机起动情况及负荷情况等几个方面综合考虑。

4. 热继电器的图形、文字符号

热继电器的文字符号为 FR，图形符号如图 2.10 所示。型号含义如图 2.11 所示。

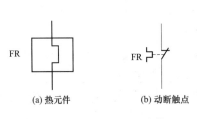

图 2.10 热继电器的电路符号

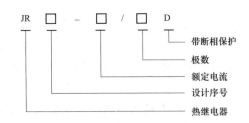

图 2.11 热继电器的型号含义

 任务实施

用前面学的低压电器的基本知识，实施顺序与自动循环控制环节。

2.4 顺序起、停控制电路

具有多台电动机拖动的机床在操作时为了保证设备的安全运行和工艺过程的顺利进行，对电动机的起动、停止，必须按一定顺序来控制，这就称为电动机的联锁控制或顺序控制。这种情况在机床电路图中是常见的。例如，油泵电动机要先于主电动机起动，主轴电动机又先于切削液泵电动机起动等。

电动机联锁控制可采用控制开关、接插器来直接操作，也可采用按钮、接触器的控制电路来实现。如图 2.12 所示，电动机 M2 必须在 M1 起动后方能起动，这就构成了两台电动机的联锁控制电路图，其中，图 2.12（b）为顺序起动、同时停止，其动作顺序是：合上开关 QS，电路中只有电动机 M1 起动后使 KM1 的动合触点闭合，自锁，才为起动电动机 M2 作好准备。

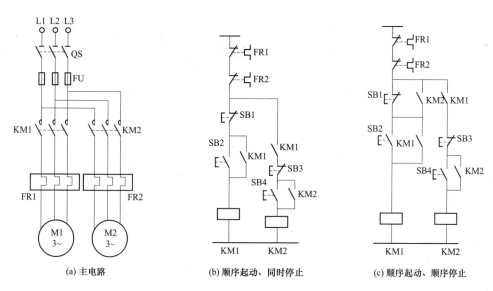

(a) 主电路 　　　　　　　(b) 顺序起动、同时停止 　　　　　(c) 顺序起动、顺序停止

图 2.12　两台电动机顺序起停控制电路

按下停车按钮 SB3，电动机 M2 可单独停止；若按下 SB1，M1、M2 同时停止。也就是说，若 M2 工作，M1 是不能单独停止的，从而实现了 M2 工作时 M1 必定工作，以及 M1 停止时 M2 必定停止的联锁关系。

图 2.12（c）为顺序起动、顺序停止，其起动过程与图 2.12（b）相似，但停车时，只有 M2 停止之后，M1 才能停车。

2.5　自动循环控制

在机床电气设备中，有些是通过工作台自动往复循环工作的，如龙门刨床的工作台前进、后退。电动机的正、反转是实现工作台自动往复循环的基本环节，要实现自动往复循环，通常采用限位开关（或行程开关），主要包括机械式限位开关、光电式限位开关。自动循环控制线路按照行程控制原则，利用生产机械运动的行程位置实现控制。一般的工作台自动循环控制线路如图 2.13 所示。

图中的 SQ3 和 SQ4 分别为正、反向终端保护限位开关，防止限位开关 SQ1 和 SQ2 失灵时造成工作台从床身上冲出的事故。

图 2.14 为自动往复运动控制电路。电路工作原理如下，合上电源开关 QS，按

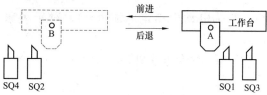

图 2.13　工作台自动循环控制示意图

下正转起动按钮 SB2，KM1 线圈通电并自锁，电动机正转，拖动运动部件向左运动。当加工到位时，撞块 B 按压 SQ2，其动断触点断开、动合触点闭合，使 KM1 断电、KM2 通电，电动机由正转变为反转，拖动运动部件由前进变为后退。当后退到位时，撞块 A 按压 SQ1，使 KM2 断电，KM1 通电，电动机由反转变为正转，拖动运动部件变后退为前进，如此周而复始自动往复工作。按下停止按钮 SB1 时，电动机停止，运动部件停下。

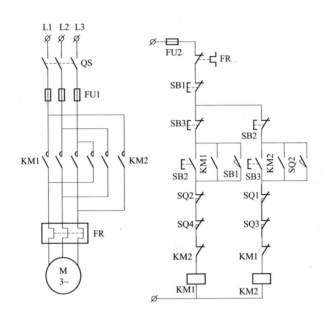

图 2.14　自动往复运动控制电路

2.6　熔断器额定电流的选用

熔体额定电流的选择可以分下列几种情况。

(1) 对于变压器、电炉和照明等负载，熔体额定电流应略大于或等于负载电流。

(2) 对于输配电线路，熔体额定电流应小于或等于线路的安全电流。

(3) 保护一台电动机时，考虑到起动电流的影响，选择时

$$I_{fu} \geqslant (1.5 \sim 2.5) I_N \qquad (2-1)$$

式中，I_N 为电动机额定电流（A）。对于频繁起动的电动机，式 (2-1) 中的系数可选 2.5～3.5。

(4) 保护多台电动机时，选择时

$$I_{fu} \geqslant (1.5 \sim 2.5) I_{N.max} + \sum I_N \qquad (2-2)$$

式中，$I_{N.max}$ 为容量最大的一台电动机额定电流；$\sum I_N$ 为其余电动机额定电流的总和。

2.7 热继电器的选用

（1）长期工作制下，按电动机的额定电流来确定热继电器的型号与规格。热继电器元件的额定电流 I_{RT} 应接近或略大于电动机的额定电流 I_N，即

$$I_{RT} = (0.95 \sim 1.05)I_N \tag{2-3}$$

使用时，热继电器的整定旋钮应调到电动机的额定电流值处，否则将不起保护作用。

（2）对于星形接法电动机，因其相绕组电流与线电流相等，选用两相或三相普通的热继电器即可。

（3）对于三角形接法的电动机，当在接近满载的情况下运行时，如果发生断相，最严重一相绕组中的相电流可达额定值的 2.5 倍左右，而流过热继电器的线电流也达其额定值的 2 倍以上，此时普通热继电器的动作时间已能满足保护电动机的要求。当负载率为 58% 时，若发生断相则流过承受全电压的相绕组的电流等于 1.15 倍额定相电流，处于过载运行，但此时未断相的线电流正好等于额定线电流，所以热继电器不会动作，最终电动机会损坏。因此，三角形接法的电动机在有可能不满载工作时，必须选用带断相保护功能的热继电器。当负载小于 50% 额定功率时，由于电流小，一相断线时也不会损坏电动机。

（4）频繁正反转及频繁通断工作和短时工作的电动机不宜采用热继电器来保护。

（5）如遇到下列情况，选择热继电器的整定电流要比电动机额定电流高一些来进行保护：

① 电动机负载惯性转矩非常大，起动时间长；

② 电动机所带动的设备不允许任意停电；

③ 电动机拖动的为冲击性负载，如冲床、剪床等设备。

学习情境 3　三相笼型异步电动机的起动控制电路与实训

情境任务: 通过前面对几种低压电器的学习,本任务将介绍如何分析和绘制三相笼型异步电动机的起动控制电路。

3.1　基本理论电气控制线路的绘制原则及阅读方法

电力拖动电气控制线路主要由各种电器元件(如接触器、继电器、电阻器、开关)和电动机等用电设备组成。为了设计、研究分析、安装维修时阅读方便,在绘制电气控制线路图时,必须使用国家统一规定的电气图形符号和文字符号。

电气设备图样有以下三种。

1. 电气原理图

电气原理图表示电气控制线路的工作原理以及各电器元件的作用和相互关系,而不考虑各电路元件实际安装的位置和实际连线情况。电气原理图一般由主电路、控制电路、照明电路、信号指示电路和保护电路等几部分组成。

(1)绘制电气原理图遵循的规则。

1)电气控制线路分为主电路和控制电路。主电路用粗实线画出,而控制电路用细实线画出。一般主电路画在左侧,控制电路画在右侧。

2)电气控制线路内的所有电机、电器和其他元件的通电部分均应在原理图中画出。

3)电器元件的各部件不按实际位置画出,而是以阅读和分析线路工作原理的需求为主画出。

4)同一电器的不同部件可画在线路的不同地方,但为了表示是同一元件,电器的不同部件要用同一文字符号来表示。

5)图中电器的各个部件,均以"常态"画出,即以电器未受激时的状态画出。

6)在原理图中,若有几个同一种类的电器,在表示名称的文字符号后加上一个数字序号,以示区别。

7)控制线路的各分支线路,基本上按动作顺序由上而下平行排列,两根以上的导线连接处要用黑点标明。

(2)元器件绘制。

电路图中的所有电气元件不画出实际外形图,而是采用国家标准规定的图形符号和文字符号表示,同一电气元件的组成部分采用同一文字符号标明。

所有元件的图形符号,均按电器未通电和没有受外力作用时的状态绘制。使触点动作的外力方向必须是:当图形垂直放置时为从左到右,即在垂线左侧的触点为动合触点,在垂线

右侧的触点为动断触点；当图形水平放置时为从下到上，水平线下方为动合触点，水平线上方为动断触点。保护类元器件应处在设备正常工作状态，特殊情况应说明。

（3）图区的划分。

为了阅读查找，在图纸下方（或贮方）沿棱坐标方向划分，并用数字 1，2，3…标明图区，在图区编号的上方标明该区的功能。如图 3.1 所示，1 区所对应的为"电源开关"，使读者能清楚地知道某个元件或某部分电路的功能，以便于理解整个电路的工作原理。

（4）触点位置的索引。

元件的相关触点位置的索引用图号、页次和图区号组合表示如下。

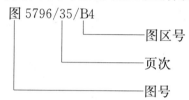

$$图\ 5796/35/B4$$

当某图号仅有一页图样时，可只写图号和图区号；当只有一个图号多页图样时，则图号可省略，当元件的相关触点只出现在一张图样上时，只标图区号。

（5）电气原理图的阅读方法。

1）清楚电路中所用到的各个电器元件及电器元件的各导电部件在电路中的位置。对于复杂的控制线路，应首先阅读电气元件目录表。

2）先看主电路，再看控制电路，最后再看照明、信号指示及保护电路。

3）总体检查：化整为零，集零为整。

电气图常用图形及文字符号新旧对照表如表 3.1 所示。

表 3.1　　　　　　　　电气图常用图形及文字符号新旧对照表

	旧符号			新符号	
名称	图形符号 （GB 312—64）	文字符号 （GB 7159—87）	名称	图形符号 （GB 4728—85）	文字符号 （GB 1203—75）
直流电	——		直流电	——	
交流电	∿		交流电	∿	
交直流电	≂		交直流电	≂	
正、负极	＋　—		正、负极	＋　—	
三角形连接的 三相绕组	△		三角形连接的 三相绕组	△	
星形连接的 三相绕组	Y		星形连接的 三相绕组	Y	
导线	——		导线	——	
三根导线	⫻　☰		三根导线	⫻	
导线连接	•　━●━		导线连接	•　━●━	

	旧符号			新符号	
名称	图形符号 (GB 312—64)	文字符号 (GB 7159—87)	名称	图形符号 (GB 4728—85)	文字符号 (GB 1203—75)
端子	○		端子	○	
可拆卸的 端子	⌀		可拆卸的 端子	⌀	
端子板	0 2 3 4 5 6 7 8	XT	端子板	0 2 3 4 5 6 7 8	JX
接地		E	接地		
阴接触件		XS	阴接触件		CZ
插头		XP	插头		CT
滑动（滚动） 连接器		E	滑动（滚动） 连接器		
电阻器 一般符号		R	电阻器 一般符号		R
可变（可调） 电阻器		R	可变（可调) 电阻器		R
滑动触点 电位器		RR	滑动触点 电位器		W
电容器 一般符号		C	电容器 一般符号		C
极性电容器		C	极性电容器		C
电感器、 线圈、绕组、 扼流圈		L	电感器、 线圈、绕组、 扼流圈		L
带铁芯的 电感器		L	带铁芯的 电感器		L
电抗器		L	电抗器		K
可调压的 单相自耦 变压器		T	可调压的 单相自耦 变压器		ZOB
有铁芯的双 绕组变压器		T	有铁芯的双 绕组变压器		B

续表

	旧符号			新符号	
名称	图形符号 (GB 312—64)	文字符号 (GB 7159—87)	名称	图形符号 (GB 4728—85)	文字符号 (GB 1203—75)
三相自耦 变压器 星形连接		T	三相自耦 变压器 星形连接		ZOB
电流互感器		TA	电流互感器		LH
电机放大机		AG	电机放大机		JF
串励直流 电动机		M	串励直流 电动机		ZD
并励直流 电动机		M	并励直流 电动机		ZD
他励直流 电动机		M	他励直流 电动机		ZD
三相笼型 异步电动机		M 3~	三相笼型 异步电动机		JD
三相绕线型 异步电动机		M 3~	三相绕线型 异步电动机		JD
永磁式直流 测速发电机		BR	永磁式直流 测速发电机		SF
普通刀开关		QS	普通刀开关		K

续表

旧符号			新符号		
名称	图形符号 (GB 312—64)	文字符号 (GB 7159—87)	名称	图形符号 (GB 4728—85)	文字符号 (GB 1203—75)
普通三相 刀开关		QS	普通三相 刀开关		K
按钮开关 动合触点 （起动按钮）		SB	按钮开关 动合触点 （起动按钮）		QA
按钮开关 动断触点 （停止按钮）		SB	按钮开关 动断触点 （停止按钮）		TA
位置开关 动合触点		SQ	位置开关 动合触点		XK
位置开关 动断触点		SQ	位置开关 动断触点		XK
熔断器		FU	熔断器		RD
接触器 动合主触点			接触器 动合主触点		
接触器 动合辅助 触点		KM	接触器 动合辅助 触点		C
接触器 动断主触点			接触器 动断主触点		
接触器 动断辅助 触点		KM	接触器 动断辅助 触点		C

续表

旧符号			新符号		
名称	图形符号 (GB 312—64)	文字符号 (GB 7159—87)	名称	图形符号 (GB 4728—85)	文字符号 (GB 1203—75)
继电器 动合触点		KA	继电器 动合触点		J
继电器 动断触点		KA	继电器 动断触点		J
热继电器 动合触点		FR	热继电器 动合触点		JR
热继电器 动断触点		FR	热继电器 动断触点		JR
延时闭合的 动合触点		KT	延时闭合的 动合触点		SJ
延时断开的 动触点		KT	延时断开的 动触点		SJ
延时闭合的 动断触点		KT	延时闭合的 动断触点		SJ
延时断开的 动断触点		KT	延时断开的 动断触点		SJ

旧符号			新符号		
名称	图形符号 (GB 312—64)	文字符号 (GB 7159—87)	名称	图形符号 (GB 4728—85)	文字符号 (GB 1203—75)
接近开关 动合触点		SQ	接近开关 动合触点		XK
接近开关 动断触点		SQ	接近开关 动断触点		XK
气压式 液压继电器 动合触点		SP	气压式 液压继电器 动合触点		YJ
气压式 液压继电器 动断触点		SP	气压式 液压继电器 动断触点		YJ
速度继电器 动合触点		KV	速度继电器 动合触点		SDJ
速度继电器 动断触点		KV	速度继电器 动断触点		SDJ
操作器件 一般符号 接触器线圈		KM	操作器件 一般符号 接触器线圈		C
缓慢释放 继电器 的线圈		KT	缓慢释放 继电器 的线圈		SJ
缓慢吸合 继电器 的线圈		KT	缓慢吸合 继电器 的线圈		SJ
热继电器的 驱动器件		FR	热继电器的 驱动器件		JR
电磁离合器		YC	电磁离合器		CH

续表

旧符号			新符号		
名称	图形符号 （GB 312—64）	文字符号 （GB 7159—87）	名称	图形符号 （GB 4728—85）	文字符号 （GB 1203—75）
电磁阀		YV	电磁阀		YD
电磁制动器		YB	电磁制动器		ZC
电磁铁		YA	电磁铁		DT
照明灯 一般符号		EL	照明灯 一般符号		ZD
指示灯/ 信号灯 一般符号		HL	指示灯/ 信号灯 一般符号		ZSDXD
电铃		HA	电铃		DL
电喇叭		HA	电喇叭		LB
蜂鸣器		HA	蜂鸣器		FM
电警笛/ 警报器		HA	电警笛/ 警报器		JD
普通二极管		VD	普通二极管		D
普通晶闸管		VT	普通晶闸管		TSCRKP

旧符号			新符号		
名称	图形符号 (GB 312—64)	文字符号 (GB 7159—87)	名称	图形符号 (GB 4728—85)	文字符号 (GB 1203—75)
稳压二极管		V	稳压二极管		DWCW
PNP 三极管		V	PNP 三极管		BG
NPN 三极管		V	NPN 三极管		BG
单结晶体管		V	单结晶体管		BT
运算放大器		N	运算放大器		BG

图 3.1 为 CW6132 型普通车床电气控制线路的工作原理图。

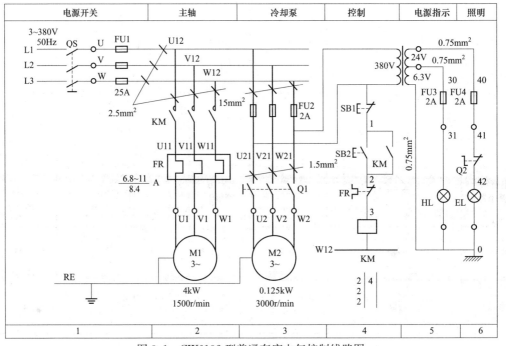

图 3.1　CW6132 型普通车床电气控制线路图

2. 电气设备安装布置图

电气设备安装布置图表示各种电气设备在机床机械设备和电气控制柜的实际安装位置。CW6132 型车床电气设备安装布置图如图 3.2 所示。各电气元件的安装位置是由机床的结构和工作要求决定的，如电动机要和被拖动的机械部件在一起，行程开关应放在要取得信号的地方，操作元件要放在操作方便的地方。一般电气元件应放在控制柜内，CW6132 型车床控制柜电器布置图如图 3.3 所示。

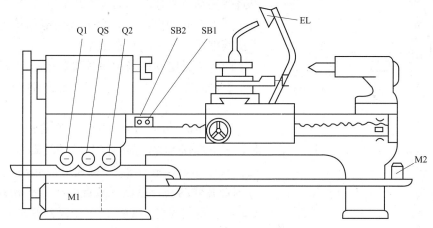

图 3.2　CW6132 型车床电气设备安装布置图

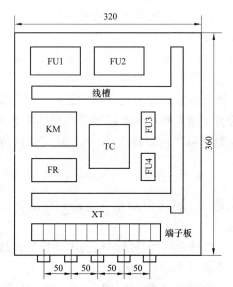

图 3.3　CW6132 型车床控制柜电器布置图

3. 电气设备接线图

表示各电气设备之间实际接线情况。绘制接线图时应把各电器元件的各个部分（如触点与线圈）画在一起；文字符号、元件连接顺序、线路号码编制都必须与电气原理图一致。电气设备安装图和接线图是用于安装接线、检查维修和施工的。

3.2　笼型异步电动机全压起动控制电路

　　起动不同型号、功率和负载的电动机，往往有不同的起动方法，因而控制线路也不同。异步电动机一般有直接起动和减压起动两种方法。

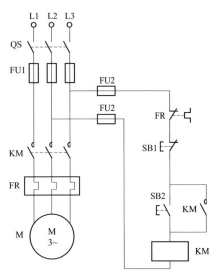

图 3.4　单向全压起动控制线路

　　在供电变压器容量足够大时，小容量异步电动机可直接起动。直接起动的优点是电气设备少，线路简单；缺点是起动电流大，会引起供电系统电压波动，干扰其他用电设备的正常工作。

　　图 3.4 是电动机采用接触器直接起动线路，许多中小型卧式车床的主电动机都采用这种起动方式。

　　1. 工作原理

　　电动机起动时，合上电源开关 QS，引入三相电源，按下按钮 SB2，接触器 KM 的线圈通电吸合，主触点 KM 闭合，电动机 M 接通电源起动运转。同时与 SB2 并联的动合触点 KM 闭合。当手松开按钮后，SB2 在自身复位弹簧的作用下恢复到原来断开的位置时，接触器 KM 的线圈仍可通过 KM 的动合触点使接触器线圈继续通电，从而保持电动机的连续运行。这种依靠接触器自身动合触点而使其线圈保持通电的现象称为自锁。起自锁作用的辅助触点称为自锁触点。

　　电动机停止时，只要按下停止按钮 SB1，将控制电路断开即可。这时接触器 KM 的线圈断电释放，KM 的动合主触点将三相电源切断，M 停止旋转。当手松开按钮后，SB1 的动断触点在复位弹簧的作用下，虽又恢复到原来的动断状态，但接触器线圈已不再能依靠自锁触点通电了，因为原来闭合的自锁触点早已随着接触器线圈的断电而断开了。

　　这个电路是单向自锁控制电路，它的特点是，起动、保持、停止，所以称为"起、保、停"控制电路。

　　2. 保护环节

　　（1）短路保护。熔断器 FU1、FU2 分别作主电路和控制线路的短路保护，当线路发生短路故障时能迅速切断电源。

　　（2）过载保护。通常生产机械中需要持续运行的电动机均设过载保护，其特点是过载电流越大，保护动作越快，但不会受电动机起动电流影响而动作。

　　（3）失压和欠压保护。在电动机正常运行时，如果因为电源电压的消失而使电动机停转，那么在电源电压恢复时电动机就可能自行起动，电动机的自起动可能会造成人身事故或设备事故。防止电源电压恢复时电动机自起动的保护叫做失压保护，也叫零电压保护。在电动机正常运行时，电源电压过分降低会引起电动机转速下降和转矩降低，若负载转矩不变，使电流过大，会造成电动机停转和损坏电动机。由于电源电压过分降低可能会引起一些电器释放，造成电路不正常工作，可能会产生事故，因此需要在电源电压下降到最小允许的电压值时将电动机电源切除，这样的保护叫做欠压保护。图 3.4 中依靠接触器自身电磁机构实现

失压和欠压保护。当电源电压由于某种原因而严重欠电压或失电压时，接触器的衔铁自行释放，电动机停止运转。而当电源电压恢复正常时，接触器线圈也不能自动通电，只有在操作人员再次按下起动按钮后电动机才会起动。

3.3 笼型异步电动机正反转控制电路

生产实践中，许多设备均需要两个相反方向的运行控制，如机床工作台的进退、升降及主轴的正反向运转等。此类控制均可通过电动机的正转与反转来实现。由电动机原理可知，电动机三相电源进线中任意两相对调，即可实现电动机的反向运转。通常情况下，电动机正反转可逆运行操作的控制线路如图 3.5 所示。

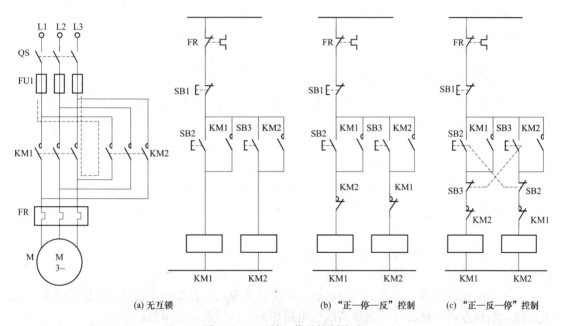

(a) 无互锁　　　　　　(b) "正—停—反" 控制　　　　(c) "正—反—停" 控制

图 3.5　正反转工作的控制线路

1. 正反转控制

如图 3.5（a）所示，接触器 KM1、KM2 主触点在主电路中构成正、反转相序接线，从而改变电动机转向。按下正向起动按钮 SB2，KM1 线圈得电并自锁，电动机正转。按下停止按钮 SB1 电动机正转停止。按下反向起动按钮 SB3，KM2 线圈得电并自锁，使电动机定子绕组与正转时相比相序反了，则电动机反转。按下停止按钮 SB1，电动机反转停止。

从主回路看，如果 KM1、KM2 同时通电动作，就会造成主回路短路。在图 3.5（a）中，如果按下 SB2，又按下 SB3，就会造成上述事故，因此这种线路是不能采用的。

2. "正—停—反" 控制

接触器 KM1 和 KM2 触点不能同时闭合，以免发生相间短路故障，因此需要在各自的控制电路中串接对方的动断触点，构成互锁。如图 3.5（b）所示，电动机正转时，按下正向起动按钮 SB2，KM1 线圈得电并自锁，KM1 动断触点断开，这时按下反向按钮 SB3，

KM2也无法通电。当需要反转时，先按下停止按钮SB1，令KM1断电释放，KM1动合触点复位断开，电动机停转。再按下SB3，KM2线圈才能得电，电动机反转。由于电动机由正转切换成反转时，需先停下来，再反向起动，故称该电路为"正—停—反"控制电路。利用接触器动断触点互相制约的关系称为互锁或联锁，而这两个动断触点称为互锁触点。

在机床控制线路中，这种互锁关系应用极为广泛，凡是有相反动作，如工作台上下、左右移动都需要有类似的这种联锁控制。

3. "正—反—停"控制

图3.5（b）中，电动机由正转到反转，需先按停止按钮SB1，在操作上不方便，为了解决这个问题，可利用复合按钮进行控制。将图3.5（b）中的起动按钮均换为复合按钮，则该电路为按钮、接触器双重联锁的控制电路，如图3.5（c）所示。

假定电动机正在正转，此时，接触器KM1线圈吸合，主触点KM1闭合。欲切换电动机的转向，只需按下复合按钮SB3即可。按下SB3后，其动断触点先断开KM1线圈回路，KM1释放，主触点断开正序电源。复合按钮SB3的动合触点闭合，接通KM2的线圈回路，KM2通电吸合且自锁，KM2的主触点闭合，负序电源送入电动机绕组，电动机作反向起动并运转，从而直接实现正、反向切换。

若欲使电动机由反向运转直接切换成正向运转，操作过程与上述类似。

采用复合按钮，还可以起到联锁作用，这是由于按下SB2时，只有KM1可得电动作，同时KM2回路被切断。同理按下SB3时，只有KM2可得电动作，同时KM1回路被切断。

但只用按钮进行联锁，而不用接触器动断触点之间的联锁，是不可靠的。在实际中可能出现这样的情况，由于负载短路或大电流的长期作用，接触器的主触点被强烈的电弧"烧焊"在一起，或者接触器的机构失灵，使衔铁卡住总是在吸合状态，这都可能使主触点不能断开，这时如果另一接触器动作，就会造成电源短路事故。

如果用的是接触器动断触点进行联锁，不论什么原因，只要一个接触器是吸合状态，它的联锁动断触点就必然将另一接触器线圈电路切断，这样能避免事故的发生。

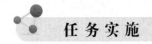

任务实施

3.4 电动机单向运转控制电路调试和技能训练

1. 目的

学会安装按钮和接触器控制的电动机单向运转控制电路，并能排除简易故障。

2. 电路原理图

参考图3.4电动机单向运转控制电路。

3. 工具、仪表与器材

万用表、螺钉旋具、钢丝钳、电工刀、动合按钮、动断按钮、交流接触器、电动机、热继电器、熔断器、隔离开关、导线适量。

4．讲述内容

元件布置图及接线图绘制工艺要求、布硬线工艺要求以及调试与检修方法。

5．训练步骤与工艺要点

（1）单向运转原理参考图 3.4，清理并检测所需元件，将元件型号、规格、质量检查情况记入表 3.2 中。

表 3.2　　　　　　　　　　　　　电动机单向运转材料清单

元件名称	型号	规格	数量	是否合适
接触器				
起动按钮				
停止按钮				
热继电器				
主电路熔断器				
隔离开关				
电动机				

（2）参照单向运转原理图画出元件布置接线图，将元器件按实际安装图和接线图画于下面的空格栏中。

（3）在事先准备好的配电板上，如图 3.6 所示，进行元件安装固定，并按布硬线工艺要求完成板面布线。

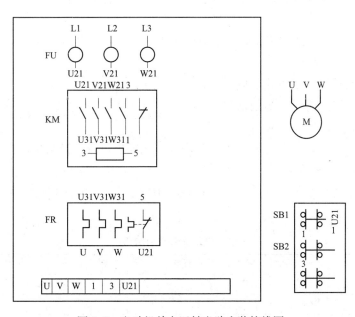

图 3.6　电动机单向运转电路安装接线图

（4）通电调试。线路完成后，经检查无误后方可合闸试验动作功能，完成调试。

（5）在已安装完工经检查合格的电路上，人为设置故障，通电运行，观察故障现象，并将故障现象记入表 3.3 中。

表 3.3　　　　　　　　　　　**电动机单向连续运转控制电路故障设置情况统计表**

故障设置元件	故障点	故障现象
动合触点	触头不能接触	
接触器主触点	U 相接线松脱	
接触器自锁触点	接线松脱	
停止按钮	线头接触不良	
热继电器动断触点	接线松脱	
起动按钮	两接线柱之间短路	

6. 注意事项

(1) 按电路图接线，接线时注意按工艺要求进行，先主电路、后控制电路，先板内线、后板外线。

(2) 线路接完后，经检查无误后方可通电调试，绝对避免未经检查合闸调试，调试完毕，立即切断电源开关。

(3) 注意人身、器材、设备安全。

3.5　电动机正反转控制电路调试和技能训练

1. 目的

学会安装用辅助触头作联锁的电动机正、反转控制电路，并能排除简易故障。

2. 电路原理图

参考图 3.5 (b)，辅助触头作联锁的电动机正、反转控制电路。

3. 工具、仪表与器材

万用表、螺钉旋具、钢丝钳、电工刀、动合按钮、动断按钮、交流接触器、电动机、热继电器、熔断器、隔离开关、导线适量。

4. 讲述内容

元件布置图及接线图绘制工艺要求、布硬线工艺要求以及调试与检修方法。

5. 训练步骤与工艺要点

(1) 正反转原理参考图 3.5 (b)，清理并检测所需元件，将元件型号、规格、质量检查情况记入表 3.4 中。

表 3.4　　　　　　　　　　　　　　　**电动机正反转材料清单**

元件名称	型号	规格	数量	是否合适
接触器				
起动按钮				
停止按钮				
热继电器				
主电路熔断器				
隔离开关				
电动机				

（2）在事先准备好的配电板上，如图 3.7 所示，按电气原理图布置元件，按布硬线工艺方法连好电路，将元件实际位置和布线示意图画于下面的空格栏中。

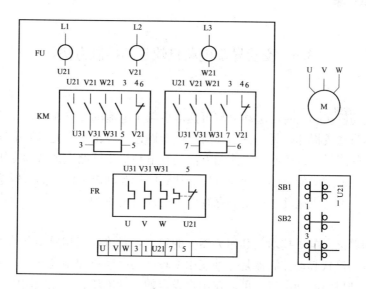

图 3.7　电动机触头联锁正反转电路安装图

（3）在已经安装完工经检查合格、通电能正常运行的电路上，人为设置故障并通电运行，观察故障现象，并将故障现象记入表 3.5 中。

表 3.5　　　　　　　　　　电动机正反转控制电路故障设置情况统计表

故障设置元件	故障点	故障现象
动合触点	触头不能接触	
正转接触器	联锁触头不能接触	
接触器自锁触点	接线松脱	
反转接触器	一相主触头不能接触	
停止按钮	线头接触不良	
热继电器动断触点	接线松脱	
起动按钮	两接线柱之间短路	

6. 注意事项

（1）按电路图接线，接线时注意按工艺要求进行，先主电路、后控制电路，先板内线、后板外线。

（2）线路接完后，经检查无误后方可通电调试，绝对避免未经检查合闸调试，调试完毕，立即切断电源开关。

（3）注意人身、器材、设备安全。

3.6　交流异步电动机软起动控制方法

1. 简述

交流异步电动机在起动时，起动电流可达电机额定电流的8倍左右，大的起动电流一方面会对电动机本身造成损坏，另一方面会对供电电网造成冲击，因此抑制电动机的起动电流是必需的。传统的降低电动机起动电流的方法是在电动机主回路上加自耦变压器、电抗器采用星—三角接法，通过降低电动机起动电压，达到降低起动电流的目的。但这些方法的电压调节是不连续的，电动机起动过程中仍存在较大的冲击电流和冲击转矩，没有根本解决起动冲击的问题。

近年来，随着电力电子技术及其相关器件的发展，对普通三相异步电动机的控制逐步成为热点，其中电动机软起动控制器是一种使用率较高的电动机控制设备。软起动控制器的主要作用是减小电动机的起动电流，可以在用户设定的起动电压、电流范围内，实现电动机的平滑软起动、软停止，消除冲击电流、冲击力矩对电网、设备的负面影响。软起动控制器还监视电动机整个运行过程，将电动机的控制、监测、保护功能集于一体，是传统电动机控制的理想产品。

图3.8是传统电动机控制电路和软起动器控制电路的结构示意图。

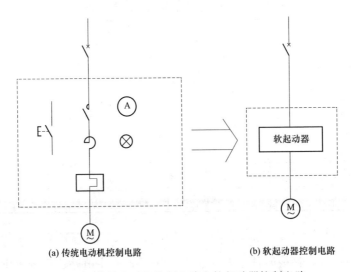

(a) 传统电动机控制电路　　　　　　　　　　(b) 软起动器控制电路

图3.8　传统电动机控制电路和软起动器控制电路

2. 软起动控制器的工作原理

图3.9为ICM系列软起动器工作原理框图。电动机软起动器主要由电压检测回路、电流检测回路、微处理器（CPU）、存储器、可控硅（SCR）、触发回路、内置接触器（KM）、显示器、操作键盘等部分组成。

电动机起动时，CPU 接收键盘输入命令，检测电动机回路的可靠性，调用存储器预置的数据，控制 SCR 导通角，以改变电动机输入电压，从而达到限制回路起动电流，保证电动机平稳起动的目的。CPU 还通过内部检测回路，判断电动机起动是否结束，当起动结束时，将内置 KM 触点无流合上，电动机进入正常工作状态。

电动机软停止时，SCR 投入工作，将电流切换到 SCR 回路。KM 触点无流断开，CPU 通过控制 SCR 导通角，使电动机电压慢慢降到零，

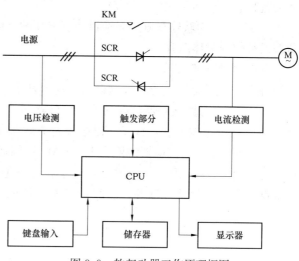

图 3.9　软起动器工作原理框图

电动机平稳停机。电动机工作时，软起动器内的检测器一直监视电动机的运行状态，并将监测到的参数送给 CPU 进行处理，CPU 将监测参数进行分析、存储、显示。因此，电动机软起动器还具有测量回路参数及对电机提供可靠保护的功能。

3. 主要起动、停车方式

图 3.10（a）为电压斜坡起动方式。电动机起动时，电压迅速上升到初始电压 U_1，然后依设定起动时间 t 逐渐上升，直至电网额定电压 U_e。

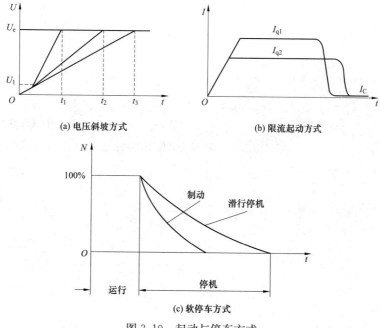

(a) 电压斜坡方式　　　　　(b) 限流起动方式

(c) 软停车方式

图 3.10　起动与停车方式

图 3.10（b）为限流起动方式。电动机起动时，输入电压从零迅速增加，直到输出电流上升到设定的限流值 I_c 然后保证输出电流在不大于 I_q 下，电压逐渐上升，电动机加速，完

成起动过程。

图 3.10（c）为软停车方式。通过控制电压的下降时间，延长停车时间以减轻停车过程中负载的移位或物体温升。

4. 基本控制电路接线

M 系列软起动器的端子包括起动出等信号端子。

图 3.11 为带旁路接触器软起动器控制电路图。图 3.11（a）为主电路，图 3.11（b）为控制回路。当 SB1 按下后，软起动器按设定方式工作，电动机在设定电流和电压方式下起动；起动结束后，KA 继电器线圈通电，KM1 线圈通电，KM1 动合触点闭合、旁路接触器 KM1 无流闭合，SCR 退出。当要停止电动机工作时，按下 SB2，此时软起动器投入工作，KA 线圈断电，KM1 无流断开，软起动器按设定方式对电动机进行制动减速。

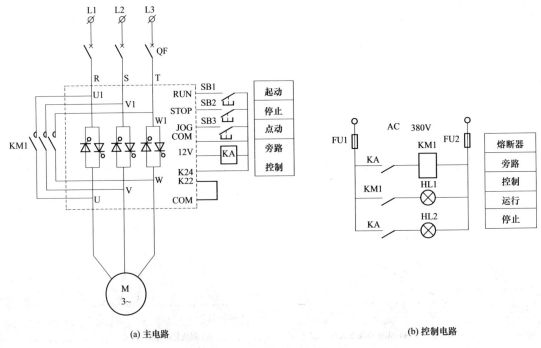

(a) 主电路　　　　　　　　　　　　　　　　　(b) 控制电路

图 3.11　软起动器控制电路

学习情境 4　三相笼型异步电动机的降压起动控制电路与实训

情境任务：通过对电磁式继电器的学习，实现笼型异步电动机的降压起动控制，并对其三种降压起动控制线路进行分析。

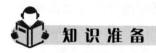 知识准备

4.1　电 磁 式 继 电 器

继电器是一种根据某种输入信号的变化来接通或断开控制电路，实现自动控制和保护的电器。其输入量可以是电压、电流等电气量，也可以是温度、时间、速度、压力等非电气量。

继电器种类很多，常用的有电压继电器、电流继电器、功率继电器、时间继电器、速度继电器、温度继电器等。本节仅介绍电力拖动和自动控制系统常用的继电器。

4.1.1　继电器的继电特性

无论继电器的输入量是电气量还是非电气量，其工作方式都是当输入量变化到某一定值时，继电器触点动作，接通或断开控制电路。从这一点来看，继电器与接触器是相同的，但它与接触器又有区别：首先，继电器主要用于小电流电路，触点容量较小（一般在 5A 以下），且无灭弧装置，而接触器用于控制电动机等大功率、大电流电磁及主电路；其次，继电器的输入信号可以是各种物理量，如电压、电流、时间、速度、压力等，而接触器的输入量只有电压。

尽管继电器的种类繁多，但它们都有一个共性，即继电特性，其特性曲线如图 4.1 所示。当继电器输入量由零增加至 x_2 以前，继电器输出量为零。当输入量增加到 x_2 时，继电器吸合，通过其触点的输出量突变为 y_1，若 x 继续增加，y 值不变。当 x 减小到 x_1 时，继电器释放，输出由 y_1 突降到零，x 再减小，y 值仍为零。

在图 4.1 中，x_2 称为继电器的吸合值，欲使继电器动作，输入量必须大于此值。x_1 称为继电器的释放值，欲使继电器释放，输入量必须小于此值。将 $k=x_1/x_2$ 称为继电器的返回系数，它是继电器的重要参数之一。不同场合要求不同的 k 值，k 值可根据不同的使用场合进行调节，调节方法随着继电器结构不同而有所差异。下面介绍几种常用的继电器。

4.1.2　电磁式继电器

电磁式继电器是应用得最早、最多的一种继电器，其结构和工作原理与接触器大体相同，也由铁

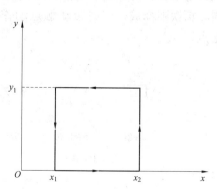

图 4.1　继电器特性曲线

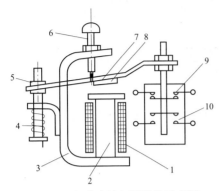

图4.2 电磁式继电器结构示意图
1—线圈；2—铁芯；3—磁轭；4—弹簧；
5—调节螺母；6—调节螺钉；7—衔铁；
8—非磁性垫片；9—动断触点；
10—动合触点

芯、衔铁、线圈、复位弹簧和触点等部分组成。其典型结构如图4.2所示。电磁式继电器按输入信号的性质可分为电磁式电流继电器、电磁式电压继电器和电磁式中间继电器。

1. 电磁式电流继电器

触点的动作与线圈的电流大小有关的继电器称为电流继电器，电磁式电流继电器的线圈工作时与被测电路串联，以反应电路中电流的变化而动作，电流继电器外形和结构如图4.3所示。为降低负载效应和对被测量电路参数的影响，其线圈匝数少、导线粗、阻抗小。电流继电器常用于按电流原则控制的场合，如电动机的过载及短路保护、直流电动机的磁场控制及失磁保护。电流继电器又分为过电流继电器和欠电流继电器，其电气符号如图4.4所示。

（1）过电流继电器。过电流继电器用作电路的过电流保护。正常工作时，线圈电流为额定电流，此时衔铁为释放状态；当电路中电流大于负载正常工作电流时，衔铁才产生吸合动作，从而带动触点动作，断开负载电路。所以电路中常用过电流继电器的常闭触点。

由于在电力拖动系统中，冲击性的过电流故障时有发生，因此常采用过电流继电器作电路的过电流保护。通常，交流过电流继电器的吸合电流调整范围为 $I_x = (1.1-1.4)I_N$，直流过电流继电器的吸合电流调整范围为 $I_x = (0.7\sim3.5)I_N$。

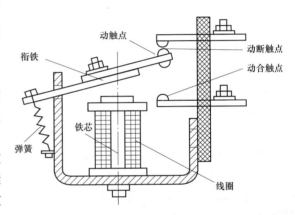

图4.3 电流继电器的外形和结构

（2）欠电流继电器。欠电流继电器在电路中作欠电流保护。正常工作时，线圈电流为负载额定电流，衔铁处于吸合状态；当电路的电流小于负载额定电流，达到衔铁的释放电流时，衔铁则释放，同时带动触点动作，断开电路。所以电路中常用欠电流继电器的动合触点。

图4.4 电流继电器的电气符号

电流继电器的型号含义如图 4.5 所示。

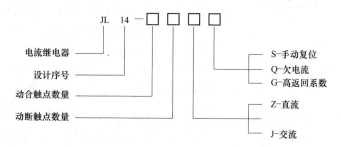

图 4.5　电流继电器的型号含义

在直流电路中，由于某种原因而引起负载电流的降低或消失，往往会导致严重的后果，如直流电动机的励磁回路断线，会产生飞车现象。因此，欠电流继电器在有些控制电路中是不可缺少的。当电路中出现低电流或零电流故障时，欠电流继电器的衔铁由吸合状态转入释放状态，利用其触点的动作而切断电气设备的电源。直流欠电流继电器的吸合电流与释放电流的调整范围分别为 $U_x=(0.3\sim0.65)U_N$ 和 $U_f=(0.1\sim0.2)U_N$。

2. 电磁式电压继电器

触点的动作与线圈的电压大小有关的继电器称为电压继电器。它可用于电力拖动系统中的电压保护和控制，使用时电压继电器的线圈与负载并联，其线圈的匝数多、线径细、阻抗大。按线圈电流的种类可分为交流型和直流型；按吸合电压相对额定电压的大小又分为过电压继电器和欠电压继电器，其电气符号如图 4.6 所示。

(1) 过电压继电器。在电路中用于过电压保护。过电压继电器线圈在额定电压时，衔铁不产生吸合动作，只有当线圈的电压高于其额定电压的某一值时衔铁才产生吸合动作，所以称为过电压继电器。过电压继电器衔铁吸合而动作时，常利用其动断触点断开需保护的电路的负荷开关，起到保护的作用。交流过电压继电器吸合电压的调节范围为 $U_x=(1.05\sim1.2)U_N$。因为直流电路不会产生波动较大的过电压现象，所以产品中没有直流过电压继电器。

(2) 欠电压继电器。在电路中用作欠电压保护。当电路中的电气设备在额定电压下正常工作时，欠电压继电器的衔铁处于吸合状态；如果电路出现电压降低至线圈的释放电压时，衔铁由吸合状态转为释放状态，同时断开与它相连的电路，实现欠电压保护。所以控制电路中常用欠电压继电器的动合触点。

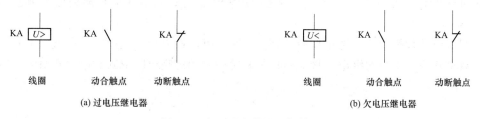

图 4.6　电压继电器的电气符号

电压继电器的型号很多，其中 JT4 系列常用在交流 50Hz、380V 及以下的控制电路中，用作零电压、过电压保护等。电压继电器的型号含义如图 4.7 所示。

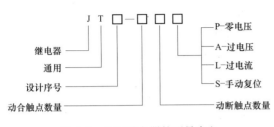

图 4.7　电压继电器的型号含义

3. 电磁式中间继电器

中间继电器的吸引线圈属于电压线圈，但它的触点数量较多（一般有 4 对动合、4 对动断），触点容量较大（额定电流为 5～10A），且动作灵敏。其主要用途是当其他继电器的触点数量或触点容量不够时，可借助中间继电器来扩大触点容量（触点并联）或触点数量，起到中间转换的作用。

电磁式继电器在运行前，必须将它的吸合值和释放值调整到控制系统所要求的范围内。一般可通过调整复位弹簧的松紧程度和改变非磁性垫片的厚度来实现。在可编程控制器控制系统中，电压继电器、中间继电器常作为输出执行器件。

常用的中间继电器有 JZ7 系列。以 JZ7 - 62 为例，JZ 为中间继电器的代号，7 为设计序号，有 6 对动合触点、2 对动断触点。JZ7 系列中间继电器的主要技术数据如表 4.1 所示。

表 4.1　　　　　　　　　　　　　JZ7 系列中间继电器的主要技术数据

型号	触点数量及参数						操作频率/(次/h)	线圈消耗功率/W	线圈电压/V
	动合	动断	电压/V	电流/A	断开电流/A	闭合电流/A			
JZ - 44	4	4	380	5	3	13	1200	12	12，24，36，48，110，127，220，380，420，440，500
JZ - 62	6	2	220		4	13			
JZ - 80	8	0	127		5	20			

电磁式中间继电器在电路中的一般图形符号和文字符号如图 4.8 所示。

4.1.3　时间继电器

在敏感元器件获得信号后，执行器件要延迟一段时间才动作的继电器叫做时间继电器。这里指的延时区别于一般电磁式继电器从线圈通电到触点闭合的固有动作时间。时间继电器常用于按时间原则进行控制的场合。时间继电器可分为通电延时型和断电延时型。通电延时型当有输入

图 4.8　电磁式中间继电器的电气符号

信号后，延迟一定时间，输出信号才发生变化；当输入信号消失后，输出信号瞬时复原。断电延时型当有输入信号时，瞬时产生相应的输出信号；当输入信号消失后，延迟一定时间，输出信号才复原。

时间继电器种类很多，按工作原理划分，时间继电器可分为电磁式、空气阻尼式、晶体管式和数字式等。下面对继电—接触器控制系统中常用的空气阻尼式和电磁式时间继电器进行介绍。

1. 空气阻尼式时间继电器

空气阻尼式时间继电器是利用空气阻尼原理达到延时的目的。它由电磁机构、延时机构和触点组成。其中电磁机构有交、直流两种。通电延时型和断电延时型两种原理和结构基本相同，只是将其电磁机构翻转 180°安装。当衔铁位于铁芯和延时机构之间时为通电延时型；当铁芯位于衔铁和延时机构之间时为断电延时型。JS7 - A 系列时间继电器如图 4.9 所示，

图 4.9（a）为通电延时型，图 4.9（b）为断电延时型。

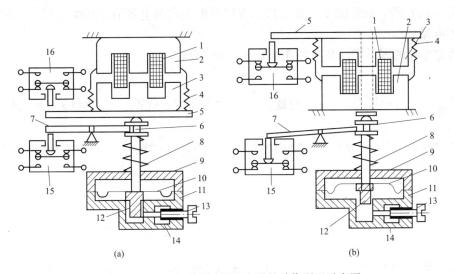

图 4.9　JS7 - A 系列时间继电器的动作原理示意图

1—电磁线圈；2—静铁芯；3—动铁芯；4、8、9—弹簧；5—推板；6—活塞杆；7—杠杆；10—橡皮膜；
11—缸体；12—活塞；13—螺钉；14—进气孔；15—延时微动开关；16—瞬时微动开关

以通电延时型为例，当线圈 1 得电后，动铁芯 3 吸合，活塞杆 6 在塔形弹簧 8 作用下带动活塞 12 及橡皮膜 10 向上移动，橡皮膜下方空气室内的空气变得稀薄，形成负压，活塞杆只能缓慢移动，其移动速度由进气孔气隙大小来决定。经一段延时后，活塞杆通过杠杆 7 压动微动开关 15，使其触点动作，起到通电延时作用。

当线圈断电时，衔铁释放，橡皮膜下方空气室内的空气通过活塞肩部所形成的单向阀迅速排出，使活塞杆、杠杆、微动开关等迅速复位。由线圈得电至触点动作的一段时间即为时间继电器的延时时间，其大小可以通过调节螺钉 13 调节进气孔气隙大小来改变。在线圈通电和断电时，微动开关 16 在推板 5 的作用下都能瞬时动作，其触点即为时间继电器的瞬动触点。

空气阻尼式时间继电器的优点是延时范围大、结构简单、寿命长、价格低廉；缺点是延时误差大，没有调节指示，很难精确地整定延时值，在延时精度要求高的场合，不宜使用。国产 JS7 - A 系列空气阻尼式时间继电器技术数据如表 4.2 所示。

表 4.2　　　　　　　　　　JS7 - A 系列空气阻尼式时间继电器技术数据

型号	瞬时动作触点数量		有延时的触点数量				触点额定电压/V	触点额定电流/A	线圈电压/V	延时范围/s	额定操作频率/（次/h）
			通电延时		断电延时						
	动合	动断	动合	动断	动合	动断					
JS7 - 1A	—	—	1	1	—	—	380	5	24，36 110，127 220，380 420	0.4～60 及 0.4～180	600
JS7 - 2A	1	1	1	1	—	—					
JS7 - 3A	—	—			1	1					
JS7 - 4A	1	1			1	1					

2. 电磁式时间继电器

电磁式继电器是应用得最早、最多的一种形式。其结构及工作原理与接触器大体相同。

由电磁系统、触点系统和释放弹簧等组成。由于继电器用于控制电路，流过触点的电流比较小（一般 5A 以下），故不需要灭弧装置。常用的电磁式继电器有电压继电器、中间继电器和电流继电器。

时间继电器的图形符号和文字符号如图 4.10 所示。

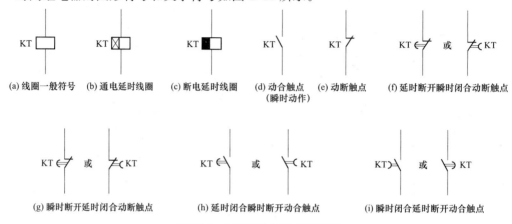

图 4.10　时间继电器的电气符号

时间继电器的型号含义如图 4.11 所示。

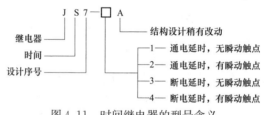

图 4.11　时间继电器的型号含义

4.2　笼型异步电动机降压起动控制电路

容量大于 10kW 的笼型异步电动机直接起动时，起动冲击电流为额定值的 4～7 倍，故一般均需采取相应措施降低电压，即减小与电压成正比的电枢电流，从而在电路中不至于产生过大的电压降。常用的降压起动方式有定子电路串电阻降压起动、星形-三角形（Y-△）降压起动和自耦变压器降压起动。

4.2.1　星形-三角形降压起动控制电路

正常运行时，定子绕组为三角形连接的笼型异步电动机，可采用星形-三角形的降压起动方式来达到限制起动电流的目的。

起动时，定子绕组首先连接成星形，待转速上升到接近额定转速时，将定子绕组的连接由星形连接成三角形，电动机便进入全压正常运行状态。

主电路由 3 个接触器进行控制，KM1、KM3 主触点闭合，将电动机绕组连接成星形；KM1、KM2 主触点闭合，将电动机绕组连接成三角形。控制电路中，用时间继电器来实现电动机绕组由星形向三角形连接的自动转换。图 4.12 给出了星形-三角形降压起动控制电路。

控制电路的工作原理为：按下起动按钮 SB2，KM1 通电并自锁，接着时间继电器 KT、

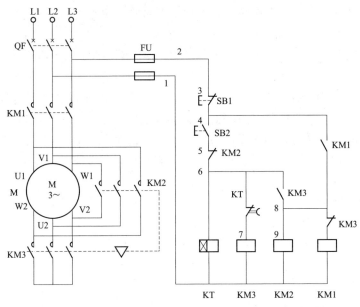

图 4.12　自动控制星形-三角形降压起动电路（三接触器）

KM3 的线圈通电，KM1 与 KM3 的主触点闭合，将电动机绕组连接成星形，电动机降压起动。待电动机转速接近额定转速时，KT 延时完毕，其动断触点动作断开，动合触点动作闭合，KM3 失电，KM3 的动断触点复位，KM2 通电吸合，将电动机绕组连接成三角形连接，电动机进入全压运行状态。

4.2.2　定子串电阻降压起动控制电路

电动机串电阻降压起动是电动机起动时，在三相定子绕组中串接电阻分压，使定子绕组上的压降降低，起动后再将电阻短接，电动机即可在全压下运行。这种起动方式不受接线方式的限制，设备简单，常用于中小型设备和用于限制机床点动调整时的起动电流。

图 4.13 给出了串电阻降压起动的控制电路。图中主电路由 KM1、KM2 两组接触器主

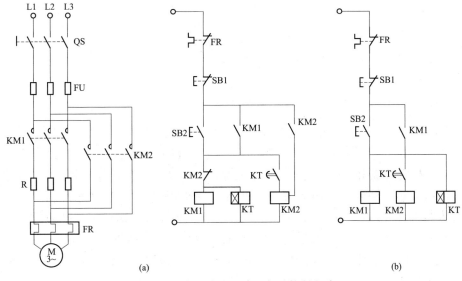

图 4.13　定子串电阻降压起动控制电路

触点构成串电阻接线和短接电阻接线，并由控制电路按时间原则实现从起动状态到正常工作状态的自动切换。

控制电路的工作原理为：按下起动按钮 SB2，接触器 KM1 通电吸合并自锁，时间继电器 KT 通电吸合，KM1 主触点闭合，电动机串电阻降压起动。经过 KT 的延时，其延时动合触点闭合，接通 KM2 的线圈回路，KM2 的主触点闭合，电动机短接电阻进入正常工作状态。电动机正常运行时，只要 KM2 得电即可，但在电动机起动后，如果 KM1 和 KT 一直得电动作，这是不必要的，图 4.13（b）就解决了这个问题，KM2 得电后，其动断触点将 KM1 及 KT 断电，KM2 自锁，这样在电动机起动后，只要 KM2 得电，电动机便能正常运行。

4.2.3 自耦变压器降压起动控制电路

在自耦变压器降压起动控制电路中，电动机起动电流的限制是依靠自耦变压器的降压作用来实现的。电动机起动时，定子绕组得到的电压是自耦变压器的二次电压。一旦起动结束，自耦变压器便被切除，额定电压通过接触器直接加于定子绕组，电动机进入全压运行的正常工作。

图 4.14 为自耦变压器降压起动的控制线路。KM1 为降压接触器，KM2 为正常运行接触器，KT 为起动时间继电器。

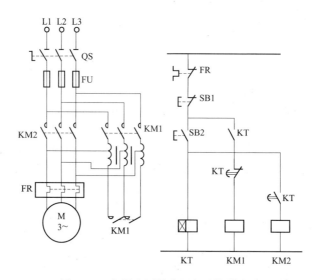

图 4.14 自耦变压器降压起动控制电路

电路的工作原理为：起动时，合上电源开关 QS，按下起动按钮 SB2，接触器 KM1 的线圈和时间继电器 KT 的线圈通电，KT 瞬时动作的动合触点闭合，形成自锁，KM1 主触点闭合，将电动机定子绕组经自耦变压器接至电源，这时自耦变压器连接成星形，电动机降压起动。KT 延时后，其延时动断触点断开，使 KM1 线圈失电，KM1 主触点断开，从而将自耦变压器从电网上切除。而 KT 延时动合触点闭合，使 KM2 线圈通电，电动机直接接到电网上运行，从而完成了整个起动过程。该电路的缺点是时间继电器一直通电，耗能多，且缩短了器件寿命，请读者自行设计并分析断电延时的控制电路。

自耦变压器降压起动方法适用于容量较大的、正常工作时连接成星形或三角形的电动

机。其起动转矩可以通过改变自耦变压器抽头的连接位置得到改变。它的缺点是自耦变压器价格较贵，而且不允许频繁起动。

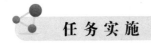
任 务 实 施

4.3   电动机Ｙ－   降压起动电路板制作调试与检修技能实训

1. 目的

学会安装电动机自动式Ｙ-△降压起动电路（通电延时或断电延时电路）。

2. 电路原理图

参考图 4.12 Ｙ-△降压起动电路原理图。

3. 工具、仪表与器材

万用表、螺钉旋具、钢丝钳、电工刀、接触器、控制按钮、热继电器、主电路的控制电路熔断器、隔离开关、绕组为△接电机、导线适量。

4. 讲述内容

元件布置图及接线图绘制工艺要求、行线槽布线工艺要求以及调试与检修方法。

5. 训练步骤与工艺要求

（1）按照接触器自动控制的Ｙ-△起动电路的原理图，安装接触器自动控制的Ｙ-△降压起动控制电路，先清理并检测所需元件，并将元件型号、规格、质量检测情况记入表4.3中。

表 4.3   电动机Ｙ-△降压起动电路材料清单

元件名称	型号	规格	数量	是否合适
起动按钮				
停止按钮				
电源接触器				
星形接触器				
三角形接触器				
热继电器				
主电路熔断器				
隔离开关				
电动机				

（2）在事先准备好的配电板上，如图 4.15 所示，按电气原理图布置元件，按布硬线工艺方法连好电路，将元件实际位置和布线示意图画于下面的空格栏中。

（3）在已经安装完工经检查合格、通电能正常运行的电路上，人为设置故障并通电运行，观察故障现象，并将故障现象记入表4.4。

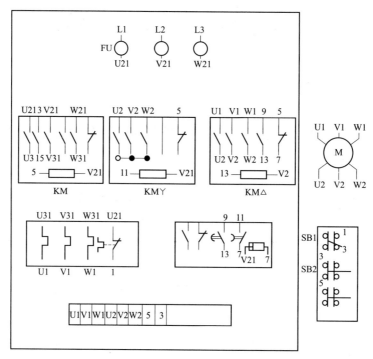

图 4.15　Y-△降压起动电路安装图

表 4.4　　　　　　　　　　Y- 降压起动电路故障设置情况统计表

故障设置元件	故障点	故障现象
接触器 KM	线圈端子接触松脱	
接触器 KM	自锁触头不能接触	
接触器 KMY	联锁触头不能接触	
接触器 KMY	一相主触头不能接触	
接触器 KM△	自锁触头不能接触	

6. 注意事项

（1）按电路图接线，接线时注意按工艺要求进行，先主电路、后控制电路，先板内线、后板外线。

（2）线路接完后，经检查无误后方可通电调试，绝对避免未经检查合闸调试，调试完毕，立即切断电源开关。

（3）注意人身、器材、设备安全。

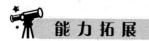

4.4　绕线式异步电动机起动控制电路

绕线转子异步电动机可以通过集电环在转子绕组中串接外加电阻来达到减小起动电流并

提高转子电路的功率因数及增加起动转矩的目的。

串接在转子绕组中的外加电阻，常用的有铸铁电阻片和用镍铬电阻丝绕制成的板形电阻，且一般都联成Y结。在起动前，外加电阻全部接入转子绕组。随着起动过程的结束，外接电阻被逐段短接。

1. 按时间原则控制

控制过程中选择时间作为变化参量进行控制的方式称为时间原则。图 4.16 中采用时间继电器控制绕线转子异步电动机的起动。这个控制电路是用三个时间继电器依次将转子电路中的三级电阻自动切除。

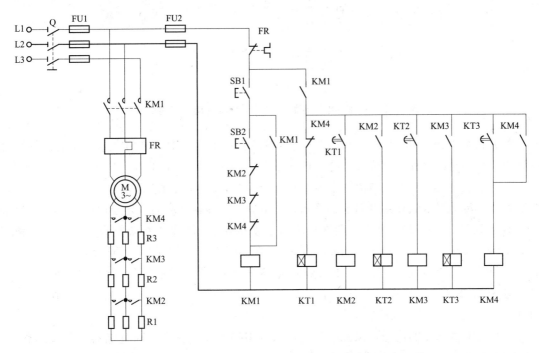

图 4.16　时间继电器控制绕线转子异步电动机的起动电路

起动时合上电源开关 Q，按下起动按钮 SB2，接触器 KM1 线圈获电吸合且自锁，KM1 主触点闭合，电动机 M 串三级电阻起动；时间继电器 KT1 线圈获电吸合。KT1 动合触点延时闭合，接触器 KM2 线圈获电吸合，KM2 主触点闭合，切除一级起动电阻 R1；同时时间继电器 KT2 线圈获电吸合，KT2 动合触点延时闭合，使接触器 KM3 线圈获电吸合，KM3 主触点闭合，又切除第二级起动电阻；KT3 动合触点延时闭合，使接触器 KM4 线圈获电吸合，KM4 主触点闭合，切除最后一级起动电阻 R3，同时 KM4 的动断触点依次将 KT1、KT2、KT3 和 KM2、KM3 的电源切除，使 KT1、KT2、KT3 和 KM2、KM3 的线圈断电释放，电动机起动结束。

2. 按电流原则控制

控制过程中选择电流作为变化参量进行控制的方式称为电流原则。图 4.17 中采用电流继电器控制绕线转子异步电动机的起动。这个控制电路是根据电动机转子电流的变化，利用电流继电器来自动切除转子绕组中串的外加电阻。

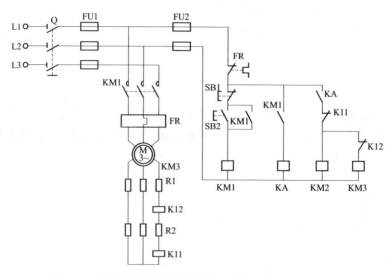

图 4.17 　电流继电器控制绕线转子异步电动机的起动电路

　　图中 K11 和 K12 是电流继电器,其线圈串接在转子电路中。这两个电流继电器的吸合电流的大小相同,但释放电流不一样,K11 的释放电流大,K12 的释放电流小,刚起动时,转子绕组中起动电流很大,电流继电器 K11 和 K12 都吸合,它们接在控制电路中的动断触点都断开,转子绕组的外接电阻全部接入;待电动机的转速升高后,转子电流减小,电流继电器 K11 先释放,K11 的动断触点恢复闭合,使接触器 KM2 线圈获电吸合。转子电路中 KM2 的动合触点闭合,切除电阻 R1;当 R1 电阻被切除后,转子电流重新增大,但当转速继续上升时,转子电流又会减小,使电流继电器 K12 释放,它的动断触点 K12 又恢复闭合,接触器 KM3 线圈又获电吸合,转子电路中 KM3 的动合触点闭合,把第二级电阻 R2 又短接切除,电动机起动完毕,正常运转。

　　中间继电器 KA 的作用是保证起动时全部电阻接入,只有在中间继电器 KA 线圈获电,KA 的动合触点闭合后,接触器 KM2 和 KM3 线圈方能获电,然后才能逐级切除电阻,这样就保证了电动机在串入全部电阻下起动。

4.5 　直流电动机的起动控制电路

1. 单向运转起动控制电路

　　直流电动机起动控制要求与交流电动机类似,即保证足够大的起动转矩条件下,尽可能减小起动电流。直流电动机起动特点之一是起动冲击电流大,可达额定电流的 $10\sim20$ 倍,这样大的电流可能导致电动机换向器和电枢绕组的损坏。因此,一般在电枢回路中串电阻起动,以减小起动电流。另一特点是他励和并励直流电动机在弱磁或零磁时会产生"飞车",因而在施加电枢电源前,应先接入或至少同时施加额定励磁电压,这样一方面可减小起动电流,另一方面也可防止"飞车"事故。为了防止弱磁或零磁时会产生"飞车",励磁回路中有欠磁保护环节。

　　并励直流电动机串电阻起动控制电路如图 4.18 所示。电枢串二级电阻,按时间原则起动。

图中 KA1 为过电流继电器，对电动机进行过载和短路保护；KM1 为起动接触器，KM2、KM3 为短接起动电阻接触器，KT1、KT2 为时间继电器；KA2 为欠电流继电器，作励磁绕组的失磁保护，以免励磁绕组因断线或接触不良引起"飞车"而产生事故；电阻 R3 为电动机停转时，励磁绕组的放电电阻；VD 为截流二极管，使励磁绕组正常工作时，电阻 R3 上没有电流流入。

起动时合上电源开关 QS1 和控制开关 QS2，励磁绕组获电励磁，欠电流继电器 KA2 线圈获电吸合，KA2 动合触点闭合，时间继电器 KT1 线圈获电吸合，KT1 动断触点瞬时断开，切断 KM2、KM3 电路，

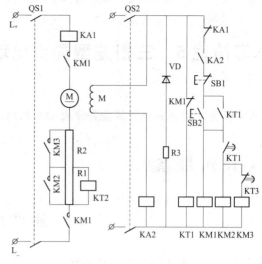

图 4.18　直流电动机串电阻起动控制电路

以保证电阻 R1 和 R2 串在电枢回路起动，然后按下起动按钮 SB2，接触器 KM1 线圈获电吸合，KM1 主触点闭合，电动机 M 串电阻 R1 和 R2 起动，KM1 的动断触点断开，KT1 线圈断电释放，为 KM2、KM3 通电短接电枢回路电阻做准备。在电动机起动的同时，并接在 R1 两端的时间继电器 KT2 通电，其动断触点打开，使 KM3 不能通电，确保 R2 电阻串入起动。经过一段延时时间，KT1 延时闭合触点闭合，接触器 KM2 线圈获电吸合，KM2 动合触点闭合将 R1 短接，KT2 线圈断电。经过一段延时时间，KT2 动断触点闭合，接触器 KM3 线圈获电吸合，KM3 动合触点闭合将 R2 短接，电动机正常运行，起动过程结束。

2. 可逆运转起动控制电路

直流电动机在许多场合要求频繁正反转方向起动和运转，常采用改变电枢电流方向来实现，其控制电路如图 4.19 所示。图中 KM1、KM2 为正反转接触器，KM3、KM4 为短接电枢电阻接触器，KT1、KT2 为时间继电器，其工作原理与图 4.18 类似，此处不再重复。

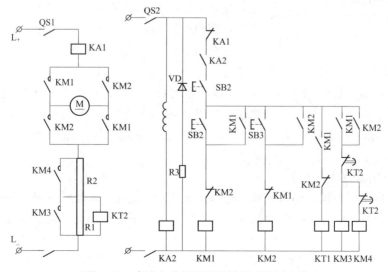

图 4.19　直流电动机可逆运转起动控制电路

学习情境5 三相笼型异步电动机的制动控制电路与实训

情境任务：绘制和分析笼型异步电动机的电气制动控制线路图。

 知识准备

5.1 速度继电器

1. 速度继电器的结构与工作原理

速度继电器是利用速度原则对电动机进行控制的自动电器，常用作笼型异步电动机的反接制动控制，因此也称之为反接制动继电器。

速度继电器原理结构图如图 5.1 所示。它主要由转子、定子和触点三部分组成。转子是一个圆柱形永久磁铁，其轴与被控制电动机的轴相连接。定子是一个笼型空心圆环，由硅钢片叠成，并装有笼型绕组。定子空套在转子上，能独自偏摆。当电动机转动时，速度继电器的转子随之转动，这样就在速度继电器的转子和定子圆环之间的气隙中产生旋转磁场而感应电势并产生电流，此电流与旋转的转子磁场作用产生转矩，使定子偏转，其偏转角度与电动机的转速成正比。当偏转到一定角度时，与定子连接的摆锤推动动触点，使动断触点分断，当电动机转速进一步升高后，摆锤继续偏摆，使动触点与静触点的动合触点闭合。当电机转速下降时，摆锤偏转角度随之下降，动触点在簧片作用下复位（动合触点打开、动断触点闭合）。

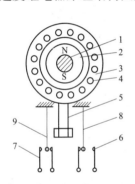

图 5.1 速度继电器原理示意图

1—转轴；2—转子；3—定子；4—定子导体；
5—摆锤；6、7—静触点；8、9—动触点

2. 速度继电器的主要产品及技术数据

常用的速度继电器有 JY1 型和 JFZ0 型，它的触点运动速度不受定子摆锤偏摆的影响，两组触点改用了两组微动开关。一般速度继电器的动作速度为 120r/min，触点的复位速度在 100r/min 以下，转速在 3000～3600r/min 以下能可靠地工作，允许操作频率每小时不超过 30 次。

3. 速度继电器的选择与使用

速度继电器主要根据电动机的额定转速来选择。使用时，速度继电器的转轴应与电动机同轴连接，安装接线时，正反向的触点不能接错，否则不能起到反接制动时接通和断开反向电源的作用。

4. 速度继电器的图形、文字符号

速度继电器的文字符号为 KS，其外形结构及符号如图 5.2 所示，型号含义如图 5.3 所示。

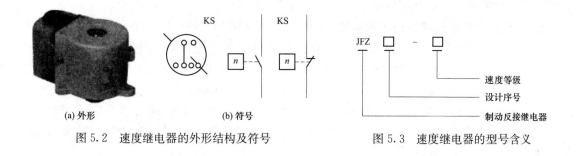

(a) 外形　　　　　(b) 符号

图 5.2　速度继电器的外形结构及符号

图 5.3　速度继电器的型号含义

5.2　反接制动控制

反接制动是利用改变电动机电源相序，使定子绕组产生的旋转磁场与转子惯性旋转方向相反，因而产生制动作用的一种制动方法。

5.2.1　单向运行反接制动控制电路

图 5.4 为单向运行反接制动控制电路，电路工作原理如下。

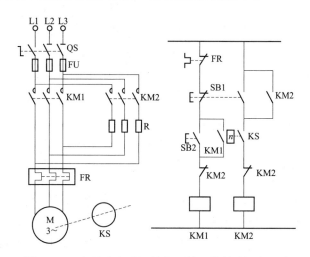

图 5.4　三相异步电动机单向运转反接制动控制电路

起动时，合上电源开关 QS，按下起动按钮 SB2，接触器 KM1 线圈获电吸合，KM1 主触点闭合，电动机起动运转。当电动机转速升高到一定数值时，速度继电器 KS 的动合触点闭合，为反接制动作准备。

停车时，按停止按钮 SB1，接触器 KM1 线圈断电释放，而接触器 KM2 线圈获电吸合，KM2 主触点闭合，串入电阻 R 进行反接制动，电动机产生一个反向电磁转矩（即制动转矩），迫使电动机转速迅速下降，当转速降至 100r/min 以下时，速度继电器 KS 的动合触点断开，接触器 KM2 线圈断电释放，电动机断电，防止了反向起动。由于反接制动时转子与反向旋转磁场的相对速度接近于两倍的同步转速，所以以定子绕组中流过的反接制动电流相当于全压直接起动时电流的两倍。为此，一般在 10kW 以上的电动机上采用反接制动时，应在主电路中串接一定的电阻，以限制反接制动电流。这个电阻称为反接制动电阻。反接制动电

阻有三相对称和二相不对称两种接法。

5.2.2　可逆运行的反接制动控制电路

图 5.5 为可逆运行反接制动控制电路。图中电阻 R 是反接制动电阻，同时还具有限制起动电流的作用；KS1 和 KS2 分别为速度继电器正反两个方向的两副动合触点，当按下 SB2 时，电动机正转，速度继电器的动合触点 KS2 闭合，为反接制动做准备；同样，当按下 SB3 时，电动机反转，速度继电器的另一副动合触点 KS1 闭合。为反接制动做准备。应该注意的是，KS1 和 KS2 两动合触点接线时不能接错，否则就达不到反接制动的目的。

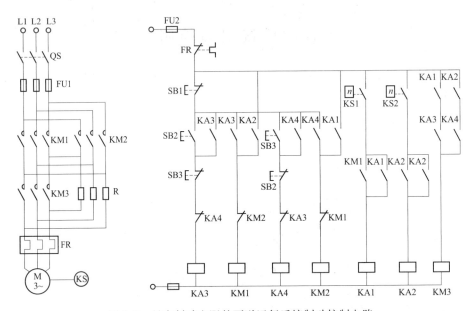

图 5.5　具有制动电阻的可逆运行反接制动控制电路

可逆运行反接制动控制电路的工作原理如下：合上电源开关 QS，按下起动按钮 SB2，正转中间继电器 KA3 线圈通电并自锁，其动断触点断开，互锁了反转中间继电器 KA4 的线圈电路；KA3 动合触点闭合，接触器 KM1 线圈获电吸合，KM1 主触点闭合，使定子绕组串接电阻 R 接通正序三相电源，电动机 M 开始减压起动。此时虽然中间继电器 KA1 线圈电路中 KM1 辅助动合触点已闭合，但 KA1 线圈仍无法得电，因为速度继电器 KS1 的正转动合触点尚未闭合。当电动机转速上升到一定值时，速度继电器的 KS1 的正转动合触点闭合，中间继电器 KA1 通电并自锁，这时由于 KA1、KA3 等中间继电器的动合触点均处于闭合状态，接触器 KM3 线圈通电，于是电阻 R 被短接，定子绕组全压运行，电动机转速上升到稳定的工作速度。在电动机正常运行的过程中，若按下停止按钮 SB1，则 KA3、KM1、KM2 三个线圈都断电。由于此时电动机转子的惯性转速仍然很高，速度继电器 KS1 的正转动合触点尚未复原，中间继电器 KA1 仍处于工作状态，因此接触器 KM1 动断触点复位后，接触器 KM2 线圈便通电，其动合主触点闭合，使定子绕组串接电阻 R 获得反相序的三相交流电源，对电动机进行反接制动。转子速度迅速下降，当其转速小于 100r/min 时，KS 的正转动合触点恢复断开状态，KA1 线圈断电，接触器 KM2 释放，反接制动过程也就结束了。电动机反向起动和制动的过程和正向的相似。

5.3   能 耗 制 动 控 制

所谓能耗制动，就是在电动机定子绕组与三相电源脱离以后，立即使其二相定子绕组接上一直流电源，于是在定子绕组中产生一个静止磁场，转子在这个磁场中继续旋转（由于惯性）产生感应电动势，转子电流与固定磁场所产生的转矩阻碍了转子的转动，产生制动作用，使电动机迅速停止。

图 5.6 为用时间继电器控制进行能耗制动的线路。

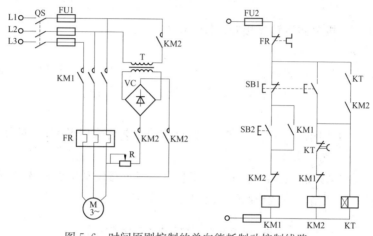

图 5.6   时间原则控制的单向能耗制动控制线路

起动控制时，合上电源开关 QS，按下起动按钮 SB2，接触器 KM1 线圈获电吸合，KM1 主触点闭合，电动机 M 起动运转。

欲停止进行能耗制动时，按下停止按钮 SB1，接触器 KM1 线圈断电释放，KM2 和时间继电器 KT 线圈获电吸合，KM2 主触点闭合，电动机 M 定子绕组通入全波整流脉动直流电进行能耗制动；能耗制动结束后，KT 动断触点延时断开，接触器 KM2 线圈断电释放，KM2 主触点断开全波整流脉动直流电源。

图 5.7 为速度原则控制的单向能耗制动控制线路，请读者自行分析。

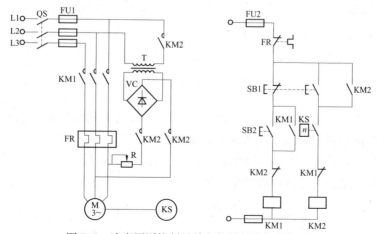

图 5.7   速度原则控制的单向能耗制动控制线路

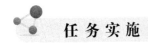

任务实施

5.4 电动机单向运转反接制动安装与调试

1. 目的
学会安装电动机单向运转反接制动控制电路。

2. 电路原理图
参考图5.4电动机单向运转反接制动控制电路。

3. 工具、仪表与器材
万用表、螺丝旋具、钢丝钳、电工刀、起动按钮、停止按钮、接触器、速度继电器、热继电器、限流电阻、电路熔断器、隔离开关、电动机、导线适量。

4. 讲述内容
元件布置图及接线图绘制工艺要求、行线槽布线工艺要求以及调试与检修方法。

5. 训练步骤与工艺要点
(1) 按照反接制动控制电路的原理图，安装电动机反接制动电路，先清理并检测所需元件，并将元件型号、规格、质量检测情况记入表5.1中。

表 5.1 电动机反接制动控制电路元件清单

元件名称	型号	规格	数量	是否适用
速度继电器				
接触器				
起动按钮				
停止按钮				
限流电阻				
热继电器				
熔断器				
刀开关				
电动机				

(2) 在事先准备好的配电板上，如图5.8所示，按反接制动电路布置元件并连接好电路，再将元件实际位置和布线示意图画于下面的空格栏中。

(3) 在安装完工后检查无误的配电板电路上，先通电试运行，然后人为设置故障并通电运行，观察故障现象，并将故障现象记入表5.2中。

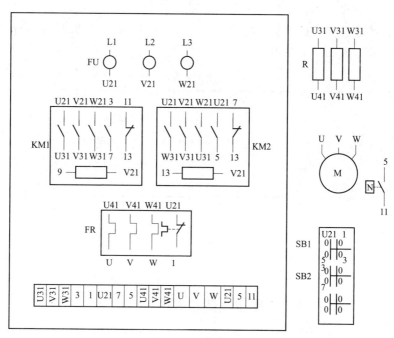

图 5.8 电动机单向运转反接制动控制电路实际安装图

表 5.2 电动机反接制动控制电路故障设置情况统计表

故障设置元件	故障点	故障现象
速度继电器	动合触头不能接触	
接触器 KM1	自锁触头不能接触	
接触器 KM1	联锁触头不能接触	
接触器 KM2	自锁触头不能接触	
接触器 KM2	联锁触头不能接触	
按钮 SB2	动合触头不能接触	

6. 注意事项

(1) 按电路图接线，接线时注意按工艺要求进行，先主电路、后控制电路，先板内线、后板外线。

(2) 线路接完后，经检查无误后方可通电调试，绝对避免未经检查合闸调试，调试完毕，立即切断电源开关。

(3) 注意人身、器材、设备安全。

7. 实训成绩

量化考核包括：考勤、卫生，实操考核，实习报告组成，各占 30%、50% 和 20%。

(1) 实操：将前面几种实训过的电路进行单人抽签后独立完成接线，调试直到运行正常，根据所需的时间长短给予实操成绩，占总成绩的 50%。一般要求如表 5.3 所示。

(2) 实训报告占总成绩的 20%。

实训报告：①实训时间、地点、目的。②实训内容、方法、步骤、注意事项。③心得体

会。实习报告按优、良、中、及格、不及格计算。

（3）劳动纪律占总成绩的 30%。对当天每个人的劳动及纪律情况进行登记，最后汇总，打分为优、良、中、及格、不及格。

表 5.3   实操评分表

项目	内容	完成所用时间
1	长动电路	6 分钟为优，然后 2 分钟递减成绩，下降一个档次
2	正反转触头互锁电路	15 分钟为优，而后超 5 分钟递减一个档次
3	行程控制电路	18 分钟为优，而后超 5 分钟递减一个档次
4	反接制动电路	同正反转

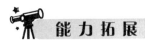能 力 拓 展

5.5 直流电动机制动控制电路

1. 直流电动机的能耗制动控制

并励直流电动机的单向起动能耗制动控制电路如图 5.9 所示。

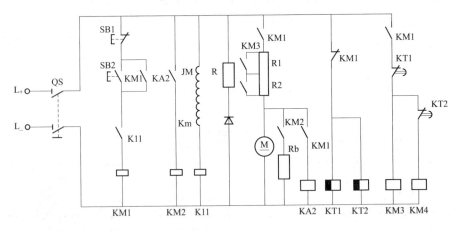

图 5.9 并励直流电动机的单向起动能耗制动控制电路

起动时合上电源开关 QS，励磁绕组获电励磁，欠电流继电器 K11 线圈获电吸合，K11 动合触点闭合；同时时间继电器 KT1 和 KT2 线圈获电吸合，KT1 和 KT2 动断触点瞬时断开，保证起动电阻 R1 和 R2 串入电枢回路中起动。

按下起动按钮 SB2，接触器 KM1 线圈获电吸合，KM1 动合触点闭合，电动机 M 串 R1 和 R2 电阻起动，KM1 两个动断触点分别断开 KT1、KT2 和中间继电器 KA2 线圈电路；经过一定时间的整定，KT1 和 KT2 的动断触点先后延时闭合，接触器 KM3 和 KM4 线圈先后获电吸合，起动电阻 R1 和 R2 先后被短接，电动机正常运行。

停止能耗制动时，按下停止按钮 SB1，接触器 KM1 线圈断电释放，KM1 动合触点断

开，使电枢回路断电，而 KM1 动断触点闭合，由于惯性运转的电枢切割磁力线（励磁绕组仍接在电源上），在电枢绕组中产生感应电动势，使并励在电枢两端的中间继电器 KA2 线圈获电吸合，KA2 动合触点闭合，接触器 KM2 线圈获电吸合，KM2 动合触点闭合，接通制动电阻 Rb 回路；这时电枢的感应电流方向与原来方向相反，电枢产生的电磁转矩与原来反向成为制动转矩，使电枢迅速停转。

当电动机转速降低到一定值时，电枢绕组的感应电动势也降低，中间继电器 KA2 释放，接触器 KM2 线圈和制动回路先后断开，能耗制动结束。

2. 直流电动机正反向反接制动控制电路

并励直流电动机的正反向反接制动控制电路如图 5.10 所示。

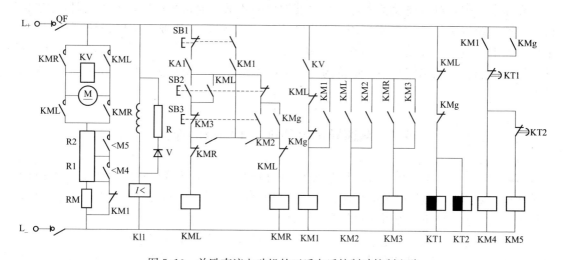

图 5.10　并励直流电动机的正反向反接制动控制电路

起动时合上断路器 QF，励磁绕组获电开始励磁，同时欠电流继电器 KI1 线圈获电吸合，时间继电器 KT1 和 KT2 线圈获电吸合，它们的动断触点瞬时断开，使接触器 KM4 和 KM5 线圈处于断电状态，以保证电动机串电阻起动。按下正转起动按钮 SB2，接触器 KML 线圈获电吸合，KML 主触点闭合，电动机串电阻 R1 和 R2 起动，KML 动断触点断开，时间继电器 KT1 和 KT2 线圈断电释放，经过一定的整定时间，KT1 和 KT2 动断触点先后延时闭合，使接触器 KM4 和 KM5 线圈先后获电吸合，它们的动合触点先后切除 R1 和 R2，直流电动机正常运行。随着电动机转速的升高，反电势 E_a 也增大，当 E_a 到定值后，电压继电器 KV 线圈获电吸合，KV 动合触点闭合，使接触器 KM2 线圈获电吸合，KM2 的动合触点闭合为反接制动作准备。

停转制动时，按下停止按钮 SB1，接触器 KML 线圈断电释放，电动机作惯性运转，反电势 E_a 仍很高，电压继电器 KV 仍吸合，接触器 KM1 线圈获电吸合，KM1 动断触点断开，使制动电阻 RM 接入电枢回路，KM1 的动合触点闭合，使接触器 KMR 线圈获电吸合，电枢通入反向电流，产生制动转矩，电动机进行反接制动而迅速停转。待转速接近零时，电压继电器 KV 线圈断电释放，KM1 线圈断电释放，接着 KM2 和 KMR 线圈也先后断电释放，反接制动结束。

反向起动及反接制动的工作原理与上述相似，可自行分析。

学习情境 6　笼型多速异步电动机控制电路

情境任务： 分析双速异步电动机控制线路图。

 知识准备

实际生产中，对机械设备常有多种速度输出的要求，通常采用单速电动机时，需配有机械变速系统以满足变速要求。当设备的结构尺寸受到限制或要求速度连续可调时，常采用多速电动机或电动机调速。交流电动机的调速由于晶闸管技术的发展，已得到广泛的应用，但由于控制电路复杂，造价高，普通中小型设备使用较少，应用较多的是多速交流电动机。

6.1　双速异步电动机定子绕组的连接

由电工学可知，电动机的转速与电动机的磁极对数有关，改变电动机的磁极对数即可改变其转速。采用改变磁极对数的变速方法一般只适合笼型异步电动机，本节以双速电动机定子绕组的接法为例分析这类电动机的变速原理。

图 6.1 中电动机的三相定子绕组接成三角形连接，三个绕组的三个连接点接出三个出线端 U1、V1、W1，每相绕组的中点各接出一个出线端 U″、V″、W″共有六个出线端。改变这六个出线端与电源的连接方法就可得到两种不同的转速。要使电动机低速工作，只需将三相电源接至电动机定子绕组三角形连接顶点的出线端 U1、V1、W1 上，其余三个出线端 U″、V″、W″空着不接，此时电动机定子绕组接成三角形连接，如图 6.1（a）所示，极数为 4 极，同步转速为 1500r/min。

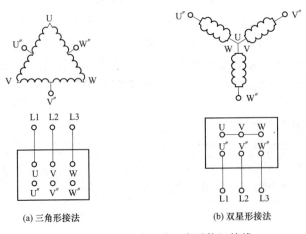

(a) 三角形接法　　　　　　　　(b) 双星形接法

图 6.1　双速异步电动机定子绕组接线

若要电动机高速工作，把电动机定子绕组的三个出线端 U1、V1、W1 连接在一起，电源接到 U″、V″、W″三个出线端上，这时电动机定子绕组接成丫丫接法，如图 6.1（b）所示。此时极数为 2 极，同步转速为 3000r/rain。

6.2　双速电动机控制电路

1. 接触器控制

图 6.2 中采用三只接触器实现双速电动机的控制。当 KM1 吸合时，电动机的定子绕组接成"△"形，电动机作低速运行，当 KM2、KM3 同时吸合时，电动机定子绕组接成"丫丫"形，电动机作高速运行。

控制原理为：低速控制时，先合上电源开关 QS，然后按下起动按钮 SB2，接触器 KM1 线圈获电，KM1 主触点闭合，电动机 M 接成△低速起动运转。

高速控制时，按下高速起动按钮 SB3，切断接触器 KM1 线圈的电路，KM3 和 KM2 线圈同时获电吸合，KM3 主触点闭合，将电动机 M 的定子绕组 U1、V1、W1 并头，KM2 主触点闭合，将三相电源通入电动机定子绕组的 U2、V2、W2 端，电动机接成"丫丫"高速起动运转。运行中，若要变速，则只要直接按控制按钮 SB2 或 SB3 即可，就可以实现由高速变低速或由低速变高速的运行。这种控制适合小容量的双速电动机的控制。

2. 时间继电器的控制

图 6.2 中采用时间继电器实现电机绕组由"△"形自动切换为"丫丫"形。图中采用了转换开关和时间继电器来进行控制。

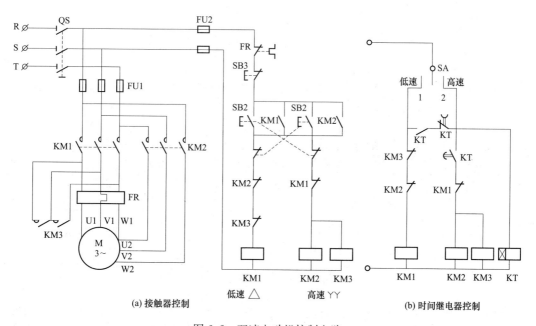

图 6.2　双速电动机控制电路

图中 SA 是具有三个接点的转换开关。当开关 SA 扳到中间位置时，电动机 M 停转；把开关 SA 扳到"低速"位置时，接触器 KM1 线圈获电吸合，KM1 主触点闭合，电动机 M

接成"△"，以低速起动运转。

　　如把开关 SA 扳到"高速"位置时，时间继电器 KT 线圈首先获电吸合，KT 的动合触点瞬时闭合，接触器 KM1 线圈获电吸合，KM1 主触点闭合，电动机 M 定子绕组接成"△"低速起动，经过一定的整定时间，时间继电器 KT 的动断触点延时断开，接触器 KM1 线圈断电释放，KT 的动合触点延时闭合，接触器 KM3 和 KM2 线圈先后获电吸合，电动机定子绕组接成"丫丫"高速运转。

　　可见，该控制电路对双速电动机的高速起动是两级起动控制，以减少电动机在高速挡起动时的能量消耗。

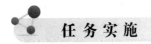 任务实施

6.3　对某一台 △-丫丫接法的双速电动机实施控制

其控制特点如下：

（1）能低速或高速运行；

（2）高速运行时，先低速起动；

（3）能低速点动；

（4）具有必要的保护环节。

基于上述的控制特点，其控制线路图如图 6.3 所示。

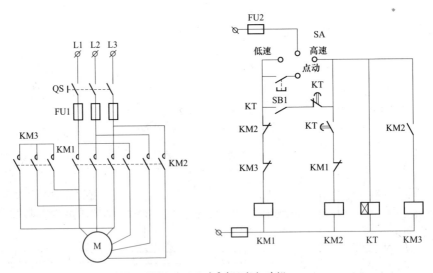

图 6.3　△-丫丫双速电动机

　　上面△-丫丫双速电动机的工作原理为：按下起动电源 QS，如把转换开关 SA 扳到低速位置时，接触器 KM1 线圈得电，KM1 主触点闭合，电动机 M 接成"△"，以低速起动运转；如把转换开关 SA 扳到点动位置时，按下点动按钮 SB1，接触器 KM1 线圈得电，KM1 主触点闭合，电动机 M 接成"△"，以低速起动运转。松开按钮 SB1，KM1 线圈断电释放，电动机 M 停止转动，实现点动。

如把开关 SA 扳到"高速"位置时，时间继电器 KT 线圈首先获电吸合，KT 的动合触点瞬时闭合，接触器 KM1 线圈获电吸合，KM1 主触点闭合，电动机 M 定子绕组接成"△"低速起动，经过一定的整定时间，时间继电器 KT 的动断触点延时断开，接触器 KM1 线圈断电释放，KT 的动合触点延时闭合，接触器 KM3 和 KM2 线圈先后获电吸合，电动机定子绕组接成"YY"高速运转。

6.4　三速异步电动机的控制电路

1. 三速电动机的接线方式

三速异步电动机有三个转速，其定子绕组具有两套绕组。其中一套变极绕组通过 D/YY 连接变更极数，设在三角形连接为 8 极，双星形连接为 4 极；另一套单独绕组为 6 极，这样电动机就有了 8、6、4 三个磁极的转速。其接线图如图 6.4 所示。图 6.4（a）为两套绕组，图 6.4（b）为变极绕组三角形连接（低速），图 6.4（c）为单独绕组星形连接（中速），图 6.4（d）为变极绕组双星形连接（高速）。

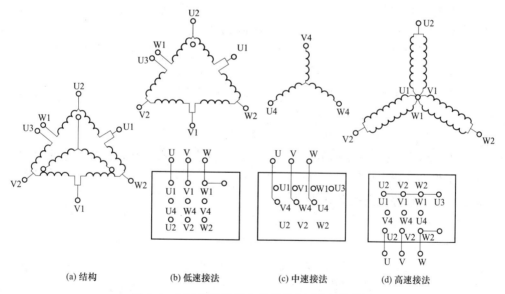

图 6.4　三速笼型异步电动机的定子绕组接线图

当单独绕组工作时，变极的那一套绕组三角形连接变为开口的三角形连接。如图 6.4（a）所示，因为单独绕组工作时，变极绕组处于单独绕组的旋转磁场中，如变极绕组仍为三角形连接，则其绕组中肯定会有电流，这样既浪费电能，又会发热加速绝缘老化，因此，变为开口三角形，以防止环流产生。

2. 三速异步电动机自动控制线路图

图 6.5 所示为三速异步电动机自动控制线路。其线路工作原理如下。

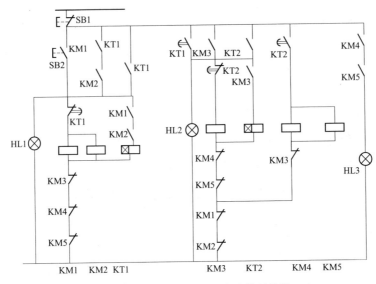

图 6.5　三速异步电动机自动控制线路

　　合上电源隔离开关 QS，按下起动按钮 SB2，接触器 KM1、KM2 得电吸合，电动机定子第一套绕组的 U1、U2、V1、W1 端子接向电源连成三角形，呈 8 极，电动机低速起动，同时，时间继电器 KT1 得电。经一定延时，KT1 的动断触点延时断开 KM1、KM2 线圈电路，KM1、KM2 复位，使 U1、U2、V1、W1 脱离电源。

　　同时，KT1 的动合触点延时闭合，使接触器 KM3 和时间继电器 KT2 相继得电，电动机定子第二套绕组 U2、V2、W2 端子接相电源，连成星形，呈 6 极，电动机加速运转。经一定延时，KT2 的动断触点延时断开 KM3 线圈电路，KM3 释放，使 U2、V2、W2 端子脱离电源。

　　同时，KT2 的动合触点延时闭合，使接触器 KM4、KM5 得电并自锁，电动机定子第一套绕组的 U2、V2、W2 端子接向电源，U1、U2、V1、W1 端短接，连成双星形，呈 4 极，电动机加速至最高速稳定运行。

　　如果要停车，按停止按钮 SB1 即可。

学习情境 7 三相异步电动机的综合控制线路与实训

情境任务：分析和绘制两种或两种以上的控制综合控制异步电动机。

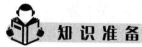

7.1 顺序控制与正反转控制组成的综合控制线路

1. 顺序控制与正反转控制组成的综合控制的工作原理

合上电源开关 QS，为起动做准备。

（1）起动过程。起动过程如下。

如果先按下 SB3，因 KM1 动合触点断开，电动机 M2 不可能先起动，达到了按顺序起动的要求。

需要切换到反转时，可直接按下按钮 SB4 进行切换（工作原理同电动机正反转）。

（2）停止过程。停止过程如下。

按下停车按钮 SB1，KM1 线圈失电，KM1 触点复位，电动机 M1、M2 停止运行。

2. 顺序控制与正反转控制组成的综合控制线路

综合控制线路如图 7.1 所示。

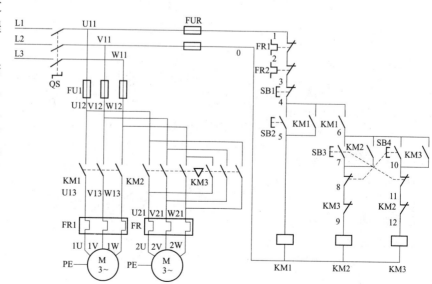

图 7.1 顺序与正反转控制组成的综合控制线路图

7.2 顺序控制、时间继电器控制和自动
往返控制组成的综合控制线路

1. 顺序控制、时间继电器控制和自动往返控制组成的综合控制工作原理

(1) 起动过程。起动过程如下。

按下电源开关 QS，为起动做准备，再按下起动按钮 SB1，时间继电器 KT 得电并自锁，经过一段时间延时，KT 的动合触点 KT2 闭合，KM1 得电并自锁，电动机 M1 起动运转，同时串联在 KM2 控制回路中的 KM1 动合触点也闭合。

如果先按下 SB3，因 KM1 动合触点断开，电动机 M2 不可能先起动，达到了按顺序起动的要求。某机床工作台的自动往复运动通过电动机 M2 来实现，其中 KM2 和 KM3 为自动往复控制线路，SQ1 为电动机 M2 正向运转的正向行程开关，SQ2 为电动机 M2 反向运转的反向行程开关，控制过程如下。

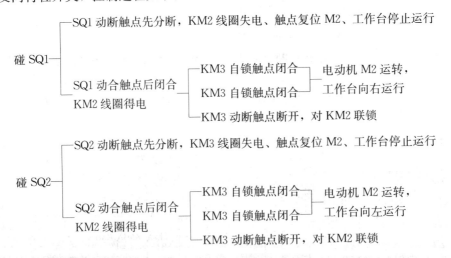

如此自动往复运行。

(2) 停止过程。停止过程如下。

按下按钮 SB2，KM1 线圈失电、触点复位，电动机 M1 停止运转、同时因为顺序控制 M2 也停止运转。

2. 综合控制线路

综合控制线路图如图 7.2 所示。

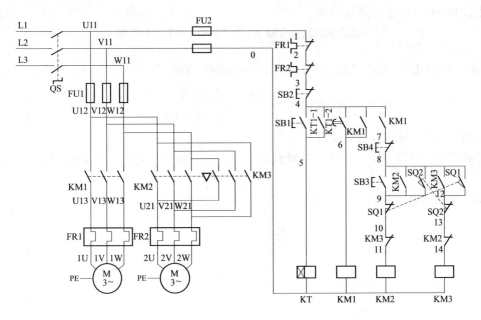

图 7.2　顺序、时间继电器和自动往返控制组成的综合控制线路图

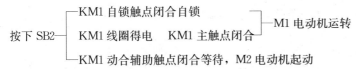

7.3　顺序控制和星形-三角形降压起动控制组成的综合控制线路

1. 顺序控制和星形-三角形降压起动综合控制的工作原理

（1）起动过程如下。

按下 SB2 ——┬—— KM1 自锁触点闭合自锁
　　　　　　├—— KM1 线圈得电　KM1 主触点闭合 ——— M1 电动机运转
　　　　　　└—— KM1 动合辅助触点闭合等待，M2 电动机起动

（2）停车控制过程如下。

按下 SB1，KM1 线圈失电、所有触点复位，电动机 M1 停止运转，由于顺序控制，同时也停止电动机 M2 的运转。

电动机 M2 的控制：起动控制。

按下 SB4 ——┬—— KT 线圈得电　T_s 时间后 KT 延时断开触点分断
　　　　　　├—— KM2 动合触点闭合　KM 线圈得电 ——┬—— KM 自锁触点闭合自锁
　　　　　　│　　　　　　　　　　　　　　　　　　　└—— KM 主触点闭合
　　　　　　└—— KM2 线圈得电 ——┬—— KM2 动合触点闭合，KM 线圈得电，KM 主触点闭合
　　　　　　　　　　　　　　　　　├—— KM2 主触点闭合 定子绕组丫形连接
　　　　　　　　　　　　　　　　　└—— KM2 动断断开，对 KM3 联锁

电动机 M2 丫形连接降压起动

电动机 M2△形连接全压运行

停止控制：按下 SB3，KM3、KM 线圈失电、所有触点均复位，电动机 M2 停止运行。

2. 综合控制线路

综合控制线路图如图 7.3 所示。

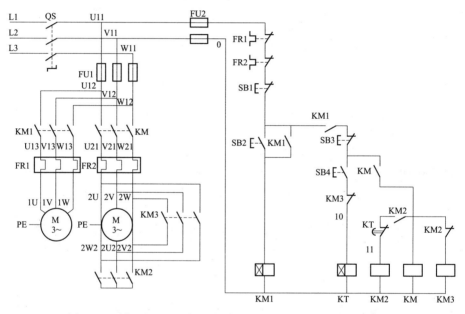

图 7.3　顺序和星形-三角形降压起动控制组成的综合控制线路图

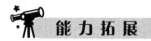

7.4　两地控制、顺序控制和星形-三角形降压起动控制组成的综合控制线路

起动过程如下：

按下 SB2（或 SB5），KM1 线圈得电

$\left\{\begin{array}{l}\text{KM1 自锁触点闭合自锁}\\\text{KM1 主触点闭合}\\\text{KM1 动合辅助触点闭合等待，M2 电动机起动停止控制}\end{array}\right.$ M1 电动机运转

按下 SB1（或 SB4）KM1 线圈失电、所有触点复位，电动机 M1 停止运转，由于顺序控制，同时也停止电动机 M2 的运转。

电动机 M2 的控制：起动控制。

按下 SB6
- KT 线圈得电　T_s 时间后 KT 延时断开触点分断
- KM2 线圈得电
  - KM2 动合触点闭合，KM 线圈得电
    - KM 自锁触点闭合自锁
    - KM 主触点闭合
  - KM2 主触点闭合，定子绕组 Y 形连接
  - KM2 动断断开，对 KM3 联锁

① 电动机 M2 Y 形连接降压起动

② KM2 线圈失电
- KM2 动合触点恢复分断　KT 线圈失电、KT 触点恢复
- KM2 主触点恢复分断　定子分组解除 Y 连接
- KM2 动断恢复闭合
  - KM3 主触点闭合
  - KM3 动断触点分断联锁

电动机 M2△形连接全压运行。

停车控制过程如下：按下 SB7，KM3、KM 线圈失电、所有触点均复位，电动机 M2 停止运行。

综合控制线路如图 7.4 所示。

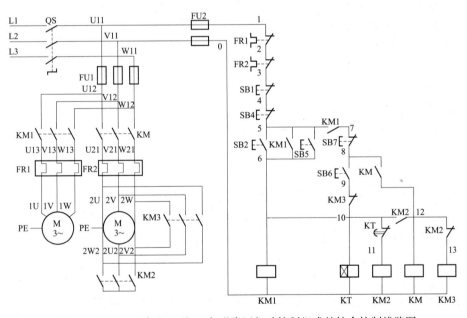

图 7.4　两地、顺序和星形-三角形降压起动控制组成的综合控制线路图

学习情境 8　电气控制线路设计

情境任务：回顾前面所学的知识，设计一个完整的电气控制线路。

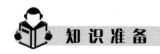

8.1　设计的基本内容和一般原则

1. 电气控制系统设计的基本内容

电气控制系统设计的基本任务是根据生产机械的控制要求，设计和完成电控装置在制造、使用和维护过程中所需的图样和资料。这些工作主要反映在电气原理和工艺设计中，具体来说，需完成下列设计项目。

（1）拟订电气设计技术任务书。

（2）提出电气控制原理性方案及总体框图（电控装置设计预期达到的主要技术指标、各种设计方案技术性能比较及实施可能性）。

（3）编写系统参数计算说明书。

（4）绘制电气原理图（总图及分图）。

（5）选择整个系统的电气元器件，提出专用元器件的技术指标并给出元器件明细表。

（6）绘制电控装置总装、部件、组件、单元装配图（元器件布置安装图）和接线图。

（7）标准构件选用与非标准构件设计（包括电控箱［柜］的结构与尺寸、散热器、导线、支架等）。

（8）绘制装置布置图、出线端子图和设备接线图。

（9）编写操作使用、维护说明书。

2. 电力拖动方案确定的原则

对各类生产机械电气控制系统的设计，首要的是选择和确定合适的拖动方案，它主要根据生产机械的调速要求来确定。

（1）无电气调速要求的生产机械。在不需要电气调速和起动不频繁的场合，应首先考虑采用笼型异步电动机。在负载静转矩很大的拖动装置中，可考虑采用绕线式异步电动机。对于负载很平稳、容量大且起/制动次数很少时，则采用同步电动机更为合理，不仅可充分发挥同步电动机效率高、功率因数高的优点，还可调节励磁使它工作在过励情况下，提高电网的功率因数。

（2）要求电气调速的生产机械。应根据生产机械的调速要求（调速范围、调速平滑性、机械特性硬度、转速调节级数及工作可靠性等）来选择拖动方案，在满足技术指标前提下，进行经济性比较，最后确定最佳方案。

调速范围 $D = 2 \sim 3$、调速级数 $\leqslant 2 \sim 4$。一般采用改变极对数的双速或多速笼型异步电

动机拖动。

调速范围 $D<3$，且不要求平滑调速时，采用绕线转子异步电动机，但只适用于短时或重复短时负载的场合。

调运范围 $D=3\sim10$，要求平滑调速且容量不大时，可采用带滑差离合器的异步电动机拖动系统。长期运转在低速时，也可考虑采用晶闸管直流拖动系统。

调速范围 $D=10\sim100$ 时，可采用直流拖动系统或交流调速系统。

三相异步电动机的调速，以前主要依靠变更定子绕组的极数和改变转子电路的电阻来实现。目前，变频调速和串级调速等已得到广泛的应用。

(3) 电动机调速性质的确定。电动机的调速性质应与生产机械特性相适应。以车床为例，其主轴运动需恒功率传动，进给运动则要求恒转矩传动。对于双速笼型异步电动机，当定子绕组由△连接改为丫丫接法时，转速由低速升为高速，功率却变化不大，适用于恒功率传动；由丫连接改为丫丫接法时，电动机输出转矩不变，适用于恒转矩传动。对于直流他励电动机，改变电枢电压调速为恒转矩调速，而改变励磁调速为恒功率调速。

若采用不对应调速，恒转矩负载采用恒功率调速或恒功率负载采用恒转矩调速，都将使电动机额定功率增大 D 倍（D 为调速范围），且使部分转矩未得到充分利用。所以电动机调速性质是指电动机在整个调速范围内转矩、功率与转速的关系。究竟是容许恒功率输出还是恒转矩输出，在选择调速方法时，应尽可能使它与负载性质相同。

3. 控制方案确定的原则

合理地确定控制方案，是实现简便可靠、经济适用的电力拖动控制系统的重要前提。控制方案的确定，应遵循以下原则。

(1) 控制方式与拖动需要相适应。控制方式并非越先进越好，而应该以经济效益为标准。控制逻辑简单、加工程序基本固定的机床，则采用继电器接点控制方式较为合理；对于经常改变加工程序或控制逻辑复杂的机床，则采用可编程序控制器较为合理。

(2) 控制方式与通用化程度相适应。通用化是指生产机械加工不同对象的通用化程度，它与自动化是两个概念。对于某些加工一种或几种零件的专用机床，它的通用化程度很低，但它可以有较高的自动化程度，这种机床宜采用固定的控制电路；对于单件、小批量且可加工形状复杂零件的通用机床，则采用数字程序控制，或采用可编程序控制器控制，因为它们可以根据不同的加工对象而设定不同的加工程序，因而有较好的通用性和灵活性。

(3) 控制方式应最大限度满足工艺要求。根据加工工艺要求，控制线路应具有自动循环、半自动循环、手动调整、紧急快退、保护性联锁、信号指示和故障诊断等功能，以最大限度地满足生产工艺要求。

(4) 控制电路的电源应可靠。简单的控制电路可直接用电网电源。元件较多，电路较复杂的控制装置，可将电网电压隔离降压，以降低故障率。对于自动化程度较高的生产设备，可采用直流电源，这有助于节省安装空间，便于同无触点元件连接，元件动作平稳，操作维修也较安全。

8.2 电气控制线路的设计方法

8.2.1 电气控制线路设计的基本要求

（1）熟悉所设计设备电气线路的总体技术要求及工作过程，取得电气设计的基本依据，最大限度地满足生产机械和工艺对电气控制的要求。

（2）优化设计方案、妥善处理机械与电气的关系，通过技术经济分析，选用性能价格比最佳的电气设计方案。在满足要求的前提下，设计出简单合理、技术先进、工作可靠、维修方便的电路。

（3）正确合理地选用电气元器件，尽可能减少元器件的品种和规格，降低生产成本。

（4）具有各种必要的保护装置和联锁环节，即使在误操作时也不会发生重大事故。

（5）设计中贯彻最新的国家标准。

8.2.2 控制线路的设计方法

电气控制线路的设计方法通常有两种。一种是一般设计法，也叫经验设计法。它是根据生产工艺要求，利用各种典型的线路环节，直接设计控制线路。它的特点是无固定的设计程序和设计模式，灵活性很大，主要靠经验进行。这种设计方法比较简单，但要求设计人员必须熟悉大量的控制线路，掌握多种典型线路的设计资料，同时具有丰富的设计经验。在设计过程中往往还要经过多次反复地修改、实验，才能使线路符合设计要求。即使这样，设计出来的线路也可能不是最简化线路，所用的电器及触点也不一定是最少的，所得出的方案也不一定是最佳方案。

另一种是逻辑设计法，它根据生产工艺要求，利用逻辑代数来分析、设计线路。用这种方法设计的线路比较合理，特别适合完成较复杂的生产工艺所要求的控制线路。但是相对而言，逻辑设计法难度较大，不易掌握。本节主要介绍一般设计法。

一般设计法由于是靠经验进行设计的，因而灵活性很大，初步设计出来的线路可能是几个，这时要加以比较分析，甚至要通过实验加以验证，才能确定比较合理的设计方案。这种设计方法没有固定模式。通常先用一些典型线路环节拼凑起来实现某些基本要求，然后根据生产工艺要求逐步完善其功能，并添加适当的联锁与保护环节。下面举例说明用经验设计法设计控制线路。

某机床有左、右两个动力头，用以铣削加工，它们各由一台交流电动机拖动；另外有一个安装工件的滑台，由另一台交流电动机拖动。加工工艺是在开始工作时，要求滑台先快速移动到加工位置，然后自动变为慢速进给，进给到指定位置自动停止，再由操作者发出指令使滑台快速返回，回到原位后自动停车。要求两动力头电动机在滑台电动机正向起动后起动，而在滑台电动机正向停车时也停车。

1. 主电路设计

动力头拖动电动机只要求单方向旋转，为使两台电动机同步起动，可用一个接触器KM3控制。滑台拖动电动机需要正、反转，可用两个接触器KM1、KM2控制。滑台的快速移动由电磁铁YA改变机械传动链来实现，由接触器KM4来控制。主电路如图8.1所示。

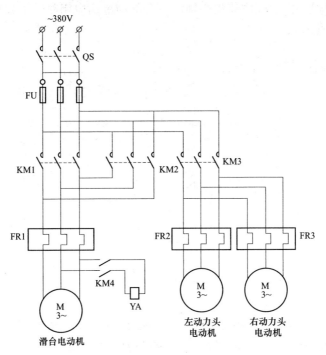

图 8.1　主电路

2. 控制电路设计

滑台电动机的正、反转分别用两个按钮 SB1 和 SB2 控制，停车则分别用 SB3 和 SB4 控制。由于动力头电动机在滑台电动机正转后起动，停车时也停车，故可用接触器 KM1 的动合辅助触点控制 KM3 的线圈，如图 8.2（a）所示。

滑台的快速移动可采用电磁铁 YA 通电时，改变凸轮的变速比来实现。滑台的快速前进与返回分别用 KM1 与 KM2 的辅助触点控制 KM4，再由 KM4 触点去通断电磁铁 YA。滑台快速前进到加工位置时，要求慢速进给，因而在 KM1 触点控制 KM4 的支路上串联行程开关 SQ3 的常闭触点。此部分的辅助电路如图 8.2（b）所示。

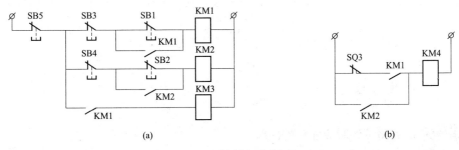

(a)　　　　　　　　　　　　(b)

图 8.2　控制电路草图

3. 联锁与保护环节设计

用行程开关 SQ1 的动断触点控制滑台慢速进给到位时的停车；用行程开关 SQ2 的动断触点控制滑台快速返回到原位时的自动停车。

接触器 KM1 与 KM2 之间应互相联锁，三台电动机均应用热继电器作过载保护。完整的控制电路如图 8.3 所示。

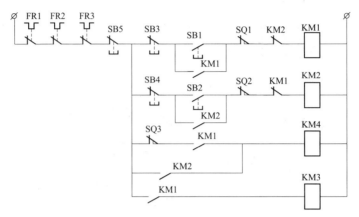

图 8.3　控制电路

4. 线路的完善

线路初步设计完毕后，可能还有不够合理的地方，因此需仔细校核。图 8.3 中，一共用了三个 KM1 的动合辅助触点，而一般的接触器只有两个动合辅助触点，因此必须进行修改。从线路的工作情况可以看出，KM3 的动合辅助触点完全可以代替 KM1 的动合辅助触点去控制电磁铁 YA，修改后的辅助控制电路如图 8.4 所示。

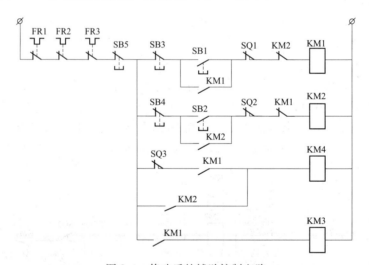

图 8.4　修改后的辅助控制电路

8.2.3　电气控制线路设计时应注意的问题

当电力拖动方案和控制方案确定后，就可以进行电气控制线路的设计了。电气控制线路的设计是电力拖动方案和控制方案的具体化。电气控制线路的设计没有固定的方法和模式，作为设计人员，应开阔思路，不断总结经验，丰富自己的知识，设计出合理的、性能价格比高的电气线路。下面介绍在设计中应注意的几个问题。

（1）控制线路应简短。设计控制线路时，尽量缩减连接导线的数量和长度。应考虑到各

元器件之间的实际接线。特别要注意电气柜、操作台和限位开关之间的连接线。如图 8.5 所示为连接导线。图 8.5（a）是不合理的连线方法，图 8.5（b）是合理的连线方法。因为按钮在操作台上，而接触器在电气柜内，一般都将起动按钮和停止按钮直接连接，这样就可以减少一次引出线。

图 8.5　电器的连接

（2）减少不必要的触点以简化线路。使用的触点越少，则控制线路出故障机会就越低，工作的可靠性就越高。在简化、合并触点过程中，着眼点应放在同类性质触点的合并上，一个触点能完成的动作，不用两个触点。在简化过程中应注意触点的额定电流是否允许，也应考虑对其他回路的影响。图 8.6 中列举了一些触点简化与合并的例子。

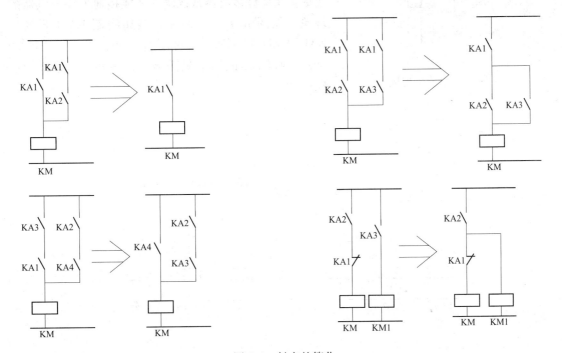

图 8.6　触点的简化

（3）节约电能。控制线路在工作时，除必要的电器必须通电外，其余的电器尽量不通电，以节约电能。如图 8.7 所示，在接触器 KM2 得电后，时间继电器 KT 就失去了作用，可以在起动后利用 KM2 的动断触点切除 KT 线圈的电源。

（4）正确连接电器的线圈。交流电器线圈不能串联使用，如图 8.8 所示。即使外加电压是两个线圈的额定电压之和，也是不允许的。因为两个电器动作总是有先有后，有一个电器

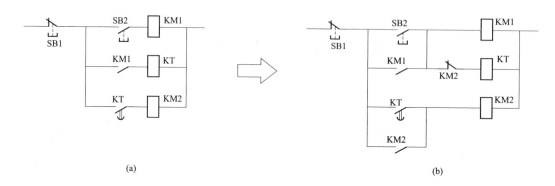

图 8.7 减少通电电器元件

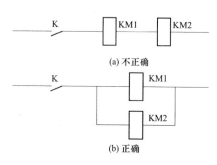

图 8.8 线圈的连接

吸合动作,它的线圈上的电压降也相应增大,从而使另一个电器达不到所需的动作电压。因此,两个电器需要同时动作时,其线圈应该并联连接。

(5)应尽量避免电器依次动作的现象。在线路中应尽量避免许多电器依次动作才能接通另一个电器的现象。如图 8.9(a)所示,接通线圈 KM3 要经过 KM、KM1 和 KM2 三对动合触点。若改为图 8.9(b),则每个线圈通电只需经过一对触点,这样可靠性更高。

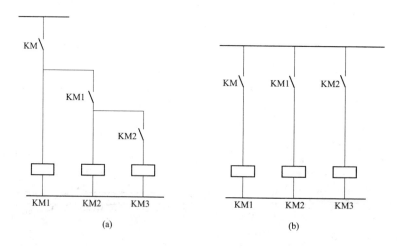

图 8.9 减少多个电气元器件依次通电

(6)避免出现寄生电路。在控制线路的设计中,要注意避免产生寄生电路(或叫假电路)。如图 8.10 所示是一个具有指示灯和热保护的电动机正反转电路。在正常工作时,线路能完成正反转起动、停止和信号指示,但当电动机过载、热继电器 FR 动作时,线路就出现了寄生电路,如图 8.10 虚线所示。这样使正向接触器 KM1 不能释放,起不到保护作用。

（7）避免发生触点"竞争"与"冒险"现象。在电气控制电路中，由于某一控制信号的作用，电路从一个状态转换到另一个状态时，常常有几个电器的状态发生变化。由于电气元器件总有一定的固有动作时间，因此往往会发生不按预订时序动作的情况。触点争先吸合，发生振荡，这种现象称为电路的"竞争"。另外，由于电气元器件的固有释放延时作用，因此也会出现开关电器不按要求的逻辑功能转换状态的可能性，这种现象称为"冒险"。"竞争"与"冒险"现象都造成控制回路不能按要求动作，引起控制失灵，如图 8.11 所示。

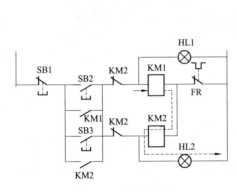

图 8.10　寄生电路

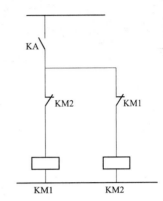

图 8.11　触点的"竞争"与"冒险"

当 KA 闭合时，接触器 KM1、KM2 竞争吸合，只有经过多次振荡吸合"竞争"后，才能稳定在一个状态上；同样在 KA 断开时，KM1、KM2 又会争先断开，产生振荡。通常分析控制电路的电器动作及触点的接通和断开都是静态分析，没有考虑其动作时间。实际上，由于电磁线圈的电磁惯性、机械惯性等因素，通断过程中总存在一定的固有时间（几十毫秒到几百毫秒），这是电气元器件的固有特性。设计时要避免发生触点"竞争"与"冒险"现象，防止电路中因电气元器件固有特性而引起配合不良。

（8）应考虑各种联锁关系。在频繁操作的可逆运行线路中，正反向接触器之间不仅要有电气联锁，而且要有机械联锁。

（9）要有完善的保护措施。在电气控制线路中，为保证操作人员、电气设备及机械设备的安全，一定要有完善的保护措施。常用的保护环节有漏电流、短路、过载、过流、过压、失压等保护环节，有时还应设有合闸、断开、事故、安全等必需的指示信号。

8.3　保　护　环　节

电气控制系统除了能满足生产机械的加工工艺要求外，要想长期正常地无故障地运行，还必须有各种保护措施。保护环节是所有机床电气控制系统不可缺少的组成部分，利用它来保护电动机、电网、电气控制设备以及人身安全等。

电气控制系统中常用的保护环节有过载保护、过流保护、短路保护、零电压和欠电压保护等。

1. 短路保护

常用的短路保护元器件有熔断器和自动空气开关（又称自动空气断路器）。

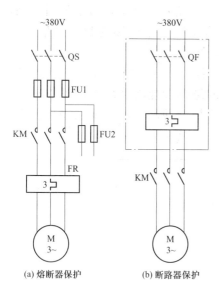

图 8.12　两种保护电路

图 8.12（a）为采用熔断器作短路保护的电路；图 8.12（b）为采用断路器作为短路保护和过载保护的电路。

熔断器的熔体串联在被保护的电路中，当电路发生短路或严重过载时，熔断器的熔丝自动熔断，或自动空气开关脱扣器感应脱扣，从而切断电路，达到保护的目的。

自动空气开关有断路、过载和欠压保护作用。这种开关能在线路发生上述故障时快速地自动切断电源。它是低压配电重要的保护元件之一，常作低压配电盘的总电源开关及电动机变压器的合闸开关。

当电动机容量较小时，控制线路不需另外设置熔断器作短路保护，因主电路的熔断器同时可作控制线路的短路保护；当电动机容量较大时，控制电路要单独设置熔断器作短路保护。断路器既可作短路保护，又可作过载保护。线路出故障时，断路器跳闸，故障排除后只要重新合上断路器即能重新工作。

2. 过载保护

常用的过载保护器件是热继电器，过载保护电路如图 8.13 所示。

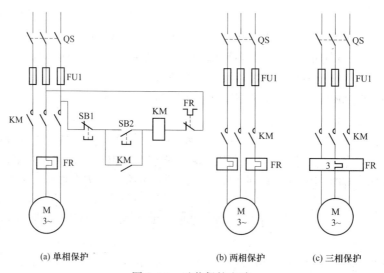

图 8.13　过载保护电路

电动机的负载突然增加、断相运行或电网电压降低都会引起电动机过载。电动机长期过载运行，绕组温升超过其允许值，电动机的绝缘材料就要变脆，寿命就会减少，严重时损害电动机。过载电流越大，达到允许温升的时间就越短。热继电器可以满足这样的要求：当电动机为额定电流时，电动机为额定温升，热继电器不动作；在过载电流较小时，热继电器要经过较长时间才动作；过载电流较大时，热继电器则经过较

短时间就会动作。

由于热惯性的原因，热继电器不会受电动机短时过载冲击电流或短路电流的影响而瞬时动作，所以在使用热继电器作过载保护的同时，还必须设有短路保护。

3. 过流保护

如果在直流电动机和交流绕线转子异步电动机起动或制动时，限流电阻被短接，将会造成很大的起动或制动电流。另外，负载的加大也会导致电流增加。过大的电流将会使电动机或机械设备损坏。因此，对直流电动机或绕线异步电动机常采用过流保护，过流保护电路如图 8.14 所示。

过流保护常用电磁式过电流继电器实现。当电动机过流达到过电流继电器的动作值时，继电器动作，使串接在控制电路中的动断触点断开，切断控制电路，电动机随之脱离电源并停转，达到了过流保护的目的。一般过电流的动作值为起动电流的 1.2 倍。

短路、过流、过载保护虽然都是电流保护，但由于故障电流、动作值及保护特性、保护要求和使用元器件的不同，它们之间是不能相互取代的。

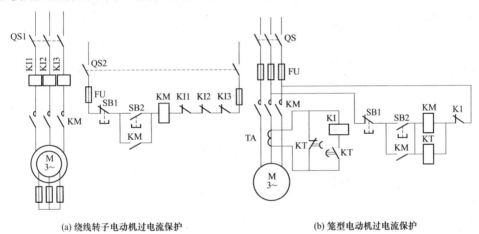

(a) 绕线转子电动机过电流保护　　　　　　　(b) 笼型电动机过电流保护

图 8.14　过流保护电路

4. 零压与欠压保护

当电动机正在运行时，如果电源电压因某种原因消失，那么在电源电压恢复时，电动机就将自行起动，这就可能造成生产设备的损坏，甚至造成人身事故。为了防止电压恢复时电动机自行起动的保护称为零压保护。

当电动机正常运转时，电源电压过分地降低将引起一些电器释放，造成控制线路不正常工作，可能发生事故；电源电压过分降低也会引起电动机转速下降甚至停转。因此需要在电源电压降到一定值以下时就将电源切断，这就是欠压保护。

一般常用零压保护继电器和欠电压继电器实现零压保护和欠压保护。在许多机床中不用控制开关操作，而是用按钮操作，利用按钮的自动恢复作用和接触器的自锁作用，可不必另加零压保护继电器了。当电源电压过低或断电时，接触器释放，此时接触器的主触点和辅助触点同时打开，使电动机电源切断并失去自锁。当电源电压恢复正常时，操作人员必须重新按下起动按钮，才能使电动机起动。所以像这样带有自锁环节的电路本身已具备了零压保护环节。如图 8.15 所示，按下按钮 SB2，接触器线圈得电，其动合触点闭合。SB2 按钮松开

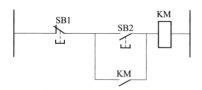

图 8.15　零压和失压保护

后，接触器线圈由于动合触点的闭合仍然得电。当电源断开，接触器线圈失电，其动合触点断开，故当恢复通电时，接触器线圈便不可能得电。要使接触器工作，必须再次按压起动按钮 SB2。

如图 8.16 所示是电动机常用保护电路。

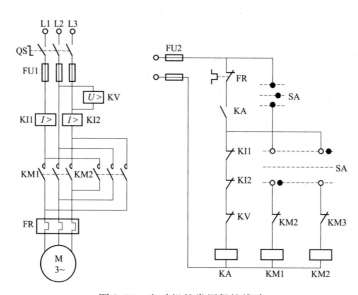

图 8.16　电动机的常用保护线路

图 8.16 中各元器件所起的保护作用如下。

短路保护：熔断器 FU；

过载保护：热继电器 FR；

过流保护：热电流继电器 KI1、KI2；

零压保护：中间继电器 KA，接触器 KM1、KM2；

欠压保护：欠电压继电器 KV，接触器 KM1、KM2；

联锁保护：通过接触器 KM1、KM2 互锁触点实现。

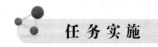

8.4　电气控制电路设计举例

前面讨论了基本的电气控制方法，展示了常用的典型控制电路。在此基础上，通过龙门刨床（或立车）横梁升降自动控制线路设计实例来说明电气控制线路的一般设计方法。

1. 控制系统的工艺要求

现要设计一个龙门刨床的横梁升降控制系统。在龙门刨床上装有横梁机构，刀架装在横梁上，用来加工工件。由于加工工件位置高低不同，要求横梁能沿立柱上下移动，而在加工

过程中，横梁又需要夹紧在立柱上，不允许松动，如图 8.17 所示。因此，横梁机构对电气控制系统提出了如下要求。

（1）保证横梁能上下移动，夹紧机构能实现横梁的夹紧或放松。

（2）横梁夹紧与横梁移动之间必须有一定的操作程序。当横梁上下移动时，应能自动按照"放松横梁→横梁上下移动→夹紧横梁→夹紧电动机自动停止运动"的顺序动作。

（3）横梁在上升与下降时应有限位保护。

（4）横梁夹紧与横梁移动之间及正反向运动之间应有必要的联锁。

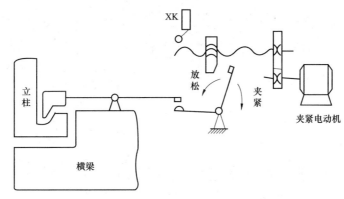

图 8.17　龙门刨床横梁夹紧放松示意图

2. 电气控制线路设计步骤

（1）设计主电路。根据工艺要求可知，横梁移动和横梁夹紧需用两台异步电动机（横梁升降电动机 M1 和夹紧放松电动机 M2）拖动。为了保证实现上下移动和夹紧放松的要求，电动机必须能实现正反转，因此需要四个接触器 KM1、KM2、KM3、KM4 分别控制两个电动机的正反转。那么，主电路就是两台电动机的正反转电路，如图 8.18（a）所示。

（2）设计基本控制电路。4 个接触器具有 4 个控制线圈，由于只能用两个点动按钮去控制上下移动和放松夹紧两个运动。按钮的触点不够，因此需要通过两个中间继电器 KA1 和 KA2 进行控制。根据上述要求，可以设计出如图 8.18 所示的控制电路，但它还不能实现在横梁放松后自动向上或向下移动，也不能在横梁夹紧后使夹紧电动机自动停止。为了实现这两个自动控制要求，还需要做相应的改进，这需要恰当地选择控制过程中的变化参量来实现。

（3）选择控制参量、确定控制方案。对于第一个自动控制要求，可选行程这个变化参量来反映横梁的放松程度，采用行程开关 SQ1 来控制，如图 8.18 所示。当按下向上移动按钮 SB1 时，中间继电器 KA1 通电，其动合触点闭合，KM4 通电，则夹紧电动机作放松运动；同时，其动断触点断开，实现与夹紧和下移的联锁。当放松完毕，压块就会压合 SQ1，其动断触点断开，接触器线圈 KM4 失电；同时 SQ1 动合触点闭合，接通向上移动接触器 KM1。这样，横梁放松以后，就会自动向上移动。向下的过程与之类似。

对于第二个自动控制要求，即在横梁夹紧后使夹紧电动机自动停止，也需要选择一个变化参量来反映夹紧程度。可以用行程、时间和反映夹紧力的电流作为变化参量。如采用行程参量，当夹紧机构磨损后，测量就不准确；如采用时间参量，则更不易调整准确。因此这里选用电流参量进行控制。图 8.18 中，在夹紧电动机夹紧方向的主电路中串连接入一个电流

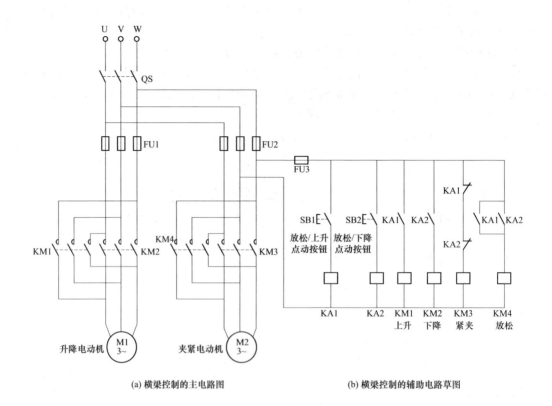

(a) 横梁控制的主电路图   (b) 横梁控制的辅助电路草图

图 8.18   电气控制线路图

继电器 KI，其动作电流可整定在额定电流两倍左右。KI 的动断触点应该串接在 KM3 接触器电路中。横梁移动停止后，如上升停止，行程开关 SQ2 的压块会压合，其动断触点断开，KM3 通电，因此夹紧电动机立即自动起动。当较大的起动电流达到 1（I 的整定值）时，KI 将动作，其动断触点一旦断开，KM3 又断电，自动停止夹紧电动机的工作。

（4）设计联锁保护环节。设计联锁保护环节主要是将反映相互关联运动的电器触点串联或并连接入被联锁运动的相应电器电路中，这里采用 KA1 和 KA2 的动断触点实现横梁移动电动机和夹紧电动机正反转工作的联锁保护。

横梁上下需要有限位保护，采用行程开关 SQ2 和 SQ3 分别实现向上和向下限位保护。例如，横梁上升到预定位置时，SQ2 压块就会压合，其动断触点断开，KA1 断开，接触器 KM1 线圈断电，则横梁停止上升。

SQ1 除了反映放松信号外，它还起到了横梁移动和横梁夹紧间的联锁控制。

（5）线路的完善和校核。控制线路初步设计完毕后，可能还有不合理的地方，应仔细校核。特别应该对照生产要求再次分析设计线路是否逐条予以实现，线路在误操作时是否会产生事故。完整的控制线路图和修正后的控制线路图分别如图 8.19 和图 8.20 所示。

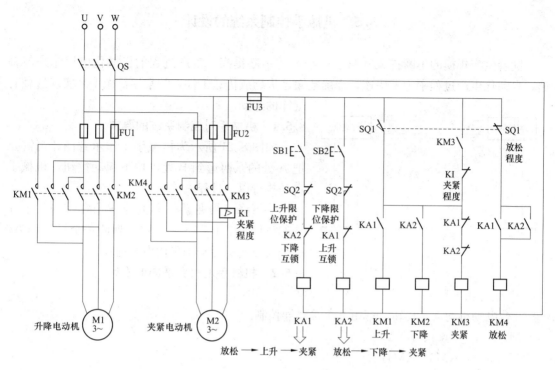

图 8.19　完整的控制线路图

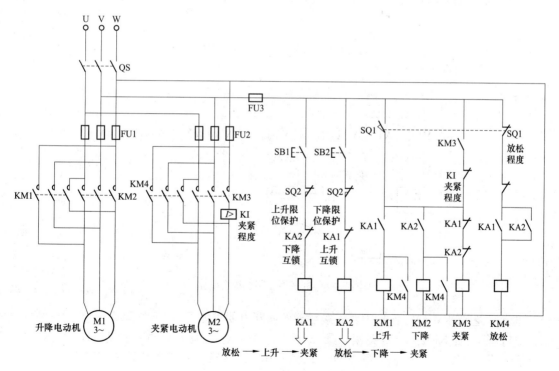

图 8.20　修正后的控制线路图

8.5　机械手控制系统的设计

随着生产规模的不断扩大和自动化程度的不断提高，生产过程的机械化应用越来越普遍，自动化生产过程中为了快速、准确地搬运货物或传送工件，常常用机械手来实现这种有规律的运动。

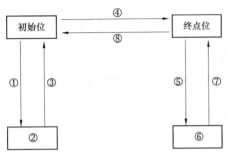

图 8.21　机械手工作示意图

8.5.1　机械手对控制系统的要求

如图 8.21 所示为机械手工作示意图，当需要把 A 处的东西运到 B 处，按下起动按钮，机械手自动执行以下过程。

①下降→②夹紧→③上升→④右移→⑤下降→⑥放松→⑦上升→⑧左移，到此一个循环结束。三个大方向的运动均采用电力拖动。

8.5.2　机械手电气原理图的设计

1. 设计主电路

3 台电动机均需正反转，都由 2 个接触器控制。

M1 升降：KM1、KM2；

M2 左右：KM3、KM4；

M3 紧松：KM5、KM6。

升降电动机需要电磁抱闸制动，因此可以很方便地画出其主电路，如图 8.22 所示。

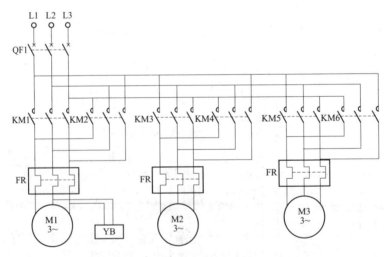

图 8.22　机械手控制系统主电路

根据工艺要求，确定各步中对各接触器的通断电要求如下。

①下降，须 $KM2^+$；②夹紧，须 $KM5^+$；③上升，须 $KM1^+$；④右移，须 $KM4^+$；⑤下降，须 $KM2^+$；⑥放松，须 $KM6^+$；⑦上升，须 $KM1^+$；⑧左移，须 $KM3^+$。

各步之间的转换是靠限位检测开关来实现的：左限 SQ1、右限 SQ2、上限 SQ3、下限 SQ4。

2. 设计控制电路

画出所有接触器线圈，并把常用的电气互锁加上；图 8.23 草图 1 中只画出了接触器线圈 KM1～KM6，正反转线圈中都需要串上对方的动断触点。

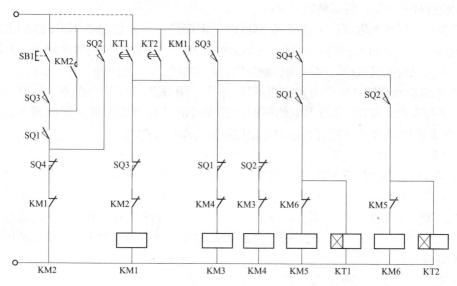

图 8.23 机械手控制系统控制电路草图 1

根据主电路接触器的通断电要求在线圈支路中随时增加开关元件。

（1）执行下降动作，须 KM2⁺。

根据起动时的要求，满足起动条件，起动条件按下起动按钮，同时保证在原位，即左限位和上限位，三者条件满足时 KM2 线圈得电（KM2⁺）。KM2 线圈支路中增添 3 个开关元件：动合按钮 SB1、左限位信号 SQ1 动合触点、上限位信号 SQ3 动合触点。KM2 线圈得电执行下降动作，考虑按钮和限位开关的复位，在按钮 SB1 与 SQ3 动合触点串联后并上 KM2 辅助动合触点。

（2）执行夹紧动作，须 KM5⁺。

当碰到下限压住下限开关 SQ4 时，下降停，因此 KM2 线圈支路串上 SQ4 动断触点，同时接通夹紧回路，须 KM5⁺，KM5 线圈支路中增添 SQ2 动合触点，夹紧动作是靠时间来控制的。KM5 线圈得电的同时还需要计时，因此增添时间继电器 KT1 线圈。

（3）执行上升动作，须 KM1⁺。

夹紧完成后，即时间继电器计时时间到后，接通上升回路，须 KM1⁺，KM1 线圈支路中串联了时间继电器 KT1 延时闭合的动合触点，延时到时 KM1⁺，一执行上升下限开关 SQ4 就不受压，使时间继电器完成延时功能后应将其线圈断电。为了防止时间继电器断电后 KM1 线圈断电，KT1 延时闭合的动合触点两端并联了 KM1 辅助动合触点。

（4）执行右移动作，须 KM4⁺。

当碰到上限压住上开关 SQ3 时，上升停，因此 KM1 线圈支路串上 SQ3 动断触点，同时接通右移回路，须 KM4⁺，KM4 线圈支路中串上 SQ3 动合触点，SQ3 一受压就接通了 KM4 线圈，执行右移动作。

（5）执行下降动作，须 KM2⁺。

右移到位，碰到右限压住右限开关 SQ2 时，右移停，因此 KM4 线圈支路串上 SQ2 动断触点，同时接通下降回路，须 KM2$^+$，KM2 线圈支路中串上 SQ2 动合触点，注意 SQ2 动合触点两端并联在何处。

（6）执行放松动作，须 KM6$^+$。

下降到位，碰到下限压住下限开关 SQ4 时，下降停，前面已经在 KM2 线圈支路串上 SQ4 动断触点，与上面不同的是，现在接通放松回路，接通放松与夹紧区别是在左限时接通夹紧，在右限时接通放松，SQ4 动合触点同时控制放松与夹紧线圈，在放松线圈 KM6 串上右限开关 SQ2 动合触点，在夹紧线圈 KM5 串上左限开关 SQ1 动合触点。同时放松动作是靠时间来控制的，KM6 线圈得电的同时还需要计时，因此增添时间继电器 KT2 线圈，KM6 线圈与 KT2 线圈同时得电，目的是记住放松动作执行的时间。

（7）执行上升动作，须 KM1$^+$。

放松完成后，即时间继电器 KT2 计时时间到后，接通上升回路，须 KM1$^+$，KM1 线圈支路中串联了时间继电器 KT2 延时闭合的动合触点，延时到时 KM1$^+$，一执行上升下限开关 SQ4 就不受压，使时间继电器完成延时功能后就将其线圈断电。为了防止时间继电器断电后 KM1 线圈断电，前面已经在 KT1 延时闭合的动合触点两端并联了 KM1 辅助动合触点，就无需再并联了。

（8）执行左移动作，须 KM3$^+$。

当碰到上限压住上开关 SQ3 时，上升停，已在 KM1 线圈支路串上 SQ3 动断触点，SQ3 一受压就切断了 KM1 线圈，SQ3 动合触点既控制左移，又控制右移，此时在右限，SQ2 受压，不接通右移，接通左移回路，KM3$^+$，左移到位时左移停止，为此应在左移 KM3 线圈支路中串上左限 SQ1 动合触点。

用分析线路的方法分析线路，对不满足要求的地方加以修改。

在原位时：SQ1$^+$、SQ3$^+$，不按按钮就会造成 KM4$^+$，这是不允许的。必须保证按下起动按钮后，执行下降动作后，夹紧工件后上升到原位再执行右移（KM4$^+$）。增加中间继电器，让中间继电器在执行下降动作后得电，同时要考虑一个工作循环后让其断电。如图 8.24

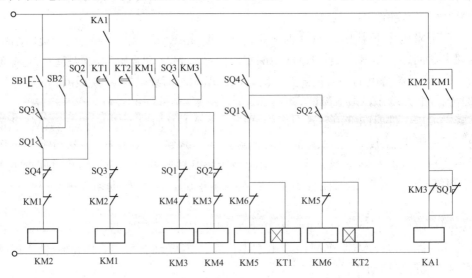

图 8.24　机械手控制系统控制电路草图 2

所示，KA1 线圈支路中串上 KM2（下降动作）的辅助动合触点，一个工作循环的最后一步是左移，左移到位时就应该切断中间继电器 KA1，KM3 与 SQ1 动断触点并联后串在中间继电器 KA1 线圈支路中。

按下控钮 SB1，电路工作过程分析如下。

$$SB1^+ \rightarrow KM2^+ \rightarrow 下降 \rightarrow SQ4^+ \left\{ \begin{array}{l} \rightarrow KM2^- \rightarrow 下降停 \\ \rightarrow KM5^+ \rightarrow 加紧 \\ \rightarrow KT1^+（t 延时后）\rightarrow KM1^+ \end{array} \right.$$

$$\rightarrow 上升 \rightarrow SQ3^+ \rightarrow KM4^+ \rightarrow 右移 \rightarrow SQ2^+ \left\{ \begin{array}{l} \rightarrow KM4^- \rightarrow 右移停 \\ \rightarrow KM2^+ \rightarrow 下降 \\ \rightarrow KM3^+ \rightarrow 左移 \end{array} \right.$$

由上面分析可看到，右移到位后，应该执行下降动作，但也接通了左移。

为此线路要进行改进，此时要保证不能接通左移回路。在右限和上限，有工件时应执行下降动作，无工件时应执行左移动作。要加中间继电器 KA2 区分有无工件：有工件时 KA2+，无工件时 KA2−，如图 8.25 所示。

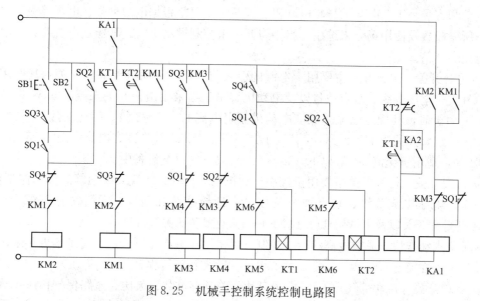

图 8.25   机械手控制系统控制电路图

能力拓展

8.6 电气控制线路设计中的元器件选择

1. 常用电气元器件的选择原则

（1）根据对控制元器件功能的要求，确定电气元器件的类型。例如，当元器件用于通、断功率较大的主电路时，应选用交流接触器；若有延时要求，应选用延时继电器。

（2）确定元器件承载能力的临界值及使用寿命。主要是根据电气控制的电压、电流及功

率大小来确定元器件的规格。

(3) 确定元器件预期的工作环境及供应情况，如防油、防尘、货源等。

(4) 确定元器件在供应时所需的可靠性等。确定用以改善元器件失效率用的老化或其他筛选实验。采用与可靠性预计相适应的降额系数等，进行一些必要的核算和校核。

2. 电气元器件的选用

(1) 各种按钮、开关的选用。

1) 按钮。按钮通常是用来短时接通或断开小电流控制电路的一种主令电器。其选用依据主要是根据需要的触点对数、动作要求、结构形式、颜色以及是否需要带指示灯等要求，如起动按钮选绿色、停止按钮选红色、紧急操作选蘑菇式等。目前，按钮产品有多种结构形式、多种触点组合以及多种颜色，供不同使用条件选用。

按钮的额定电压有交流 500V，直流 440V，额定电流为 5A。常选用的按钮有 LA2、LA10、LA19 及 LA20 等系列。符合 IEC 国际标准的新产品有 LAY3 系列，额定工作电流为 1.5~8A。

2) 刀开关。刀开关又称闸刀，主要用于接通和断开长期工作设备的电源以及不经常起动、制动和容量小于 75kW 的异步电动机。刀开关主要是根据电源种类、电压等级、电动机容量、所需极数及使用场合来选用。当用刀开关来控制电动机时，其额定电流要大于电动机额定电流的 3 倍。

3) 组合开关。组合开关主要用于电源的引入与隔离，又叫电源隔离开关。其选用依据是电源种类、电压等级、触点数量以及电动机容量。当采用组合开关来控制 5kW 以下小容量异步电动机时，其额定电流一般取电动机额定电流的 1.5~3 倍。接通次数 15~20 次/h 时，常用的组合开关为 HZ 系列：HZ1、HZ2、…、HZ10 等。额定电流为 10、25、60A 和 100A 四种，适用于交流 380V 以下，直流 220V 以下的电气设备中。

4) 行程开关。行程开关主要用于控制运动机构的行程、位置或联锁等。根据控制功能、安装位量、电压电流等级、触点种类及数量来选择结构和型号。常用的有 LXZ、LX19、JLXK1 型行程开关以及 JXW—11、JLXK1—11 型微动开关等。

对于要求动作快、灵敏度高的行程控制，可采用无触点接近开关。特别是近年来出现的霍尔接近开关性能好、寿命长，是一种值得推荐的无触点行程开关。

5) 自动开关（自动空气开关）。由于自动开关具有过载、欠压、短路保护作用，故在电气设计的应用中越来越多。自动开关的类型较多，有框架式、塑料外壳式、限流式、手动操作式和电动操作式。在选用时，主要从保护特性要求、分断能力、电网电压类型、电压等级、长期工作负载的平均电流、操作频繁程度等几方面来确定它的型号。常用的有 DZ10 系列（额定电流分 10A、100A、200A、600A 四个等级）。符合 IEC 标准的有 3VE 系列（额定电流 0.1~63A）。

(2) 接触器的选择。

接触器的额定电流或额定控制功率随使用场合及控制对象的不同、操作条件与工作繁重程度不同而变化。接触器分直流接触器和交流接触器两大类，交流接触器主要有 CJ10 及 CJ20 系列，直流接触器多用 CZ0 系列。目前，符合 IEC 和新国家标准的产品有 LC1—D 系列以及可与西门子 3TB 系列互换使用的 CJX1、CJX2 系列，这些新产品正逐步取代 CJ 和 CZ0 系列产品。

在一般情况下，接触器的选用主要依据接触器主触点的额定电压、电流，辅助触点的种类、数量及其额定电流，控制线圈电源种类，频率与额定电压，操作频繁程度和负载类型等因素。

（3）继电器的选择。

1）电磁式继电器的选用。①中间继电器的选用：中间继电器主要用于电路中传递与转换信号，扩大控制路数，将小功率控制信号转换为大容量的触点控制，扩充交流接触器及其他电器的控制作用。其选用主要根据触点的数量及种类，同时注意吸引线圈的额定电压应等于控制电路的电压等级。常用的有 JZ7 系列，新产品有 JDZ1 系列、CA2—DN1 系列及仿西门子 3TH 的 JZC1 系列等。②电流、电压继电器选用的主要依据是被控制或被保护对象的特性，触点的种类、数量，控制电路的电压、电流、负载性质等因素，线圈电压、电流应满足控制线路的要求。

如果控制电流超过继电器触点额定电流，可将触点并联使用。可以采用触点串联的使用方法来提高触点的分断能力。

2）时间继电器的选用。选用时应考虑延时方式（通电延时或断电延时）、延时范围、延时精度要求、外形尺寸、安装方式、价格等因素。

常用的时间继电器有空气阻尼式、电磁式、电动式及晶体管式和数字时间继电器等，在延时精度要求不高且电源电压波动大的场合，宜选用价格低廉的电磁式或空气阻尼式时间继电器；当延时范围大，延时精度较高时，可选用电动式或晶体管式时间继电器，延时精度要求更高时，可选用数字式时间继电器，同时也要注意线圈电压等级能否满足控制电路的要求。JS7 系列是应用较多的空气阻尼式时间继电器，代替它的新产品是 JSK1。

3）热继电器的选用。对于工作时间较短、停歇时间长的电动机，如机床的刀架或工作台的快速移动，横梁升降、夹紧、放松等运动以及虽长期工作但过载可能性很小的电动机如排风扇等，可以不设过载保护，除此以外，一般电动机都应考虑过载保护。

热继电器有两相式、三相式及三相带断相保护等形式。对于星形连接的电动机及电源对称性较好的情况可采用两相结构的热继电器；对于三角形连接的电动机或电源对称性不够好的情况则应选用三相结构或带断相保护的三相结构热继电器；在重要场合或容量较大的电动机，可选用半导体温度继电器来进行过载保护。

热继电器发热元件额定电流，一般按被控制电动机的额定电流的 $0.95 \sim 1.05$ 倍选用，对过载能力较差的电动机可选得更小一些，其热继电器的额定电流应大于或等于发热元件的额定整定电流。过去常用的热继电器有 JR0 系列，新产品有 JRS1 系列、LR1—D 系列及西门子 3UA 系列。

如遇到下列情况，选择的热继电器元件的额定电流要比电动机额定电流高一些，以便保护设备。

① 电动机负载惯性转矩非常大，起动时间长。

② 电动机所带的设备，不允许任意停电。

③ 电动机拖动的设备负载为冲击性负载，如冲床、剪床等设备。

（4）熔断器的选择。

熔断器的选择包括熔断器的类型、额定电压、额定电流和熔体额定电流等的选择。

1）熔断器类型的选择。熔断器类型的选择，主要依据负载的保护特性和短路电流的大

小。例如，用于照明电路和电动机的保护时，一般应考虑过载保护，此时，希望熔断器的熔断系数适当小些，所以容量较小的照明线路和电动机宜采用熔体为铅锌合金的 RC1A 系列熔断器，而大容量的照明线路和电动机，除过载保护外，还应考虑短路时的分断短路电流能力。若短路电流较小时，可采用熔体为锡质的 RC1A 系列或熔体为锌质的 RM10 系列熔断器。用于车间低压供电线路的保护时，一般应考虑短路时分断能力，当短路电流较大时，宜采用具有较高分断能力的 RL1 系列熔断器；当短路电流非常大时，宜采用有限流作用的 RT10 及 RT12 系列熔断器。

2）熔体额定电流的选择。用于照明或电热设备的保护时，因为负载电流比较稳定，所以熔体的额定电流应等于或稍大于负载的额定电流，即 $I_{re} \geqslant I_e$（I_{re} 为熔体的额定电流；I_e 为负载的额定电流）；用于单台长期工作电动机的保护时，考虑电动机起动时不应熔断，所以 $I_{re} \geqslant (1.5 \sim 2.5)I_e$（$I_{re}$ 为熔体的额定电流；I_e 为电动机的额定电流），轻载起动或起动时间较短时，系数可取近 1.5；带重载起动或起动时间较长时，系数可取近 2.5；用于频繁起动电动机的保护时，考虑频繁起动时发热熔断器也不应熔断，所以 $I_{re} \geqslant (3 \sim 3.5)I_e$；用于多台电动机的保护时，在出现尖峰电流时也不应熔断，通常，将其中容量最大的一台电动机起动，而其余电动机正常运行时出现的电流作为其尖峰电流，为此，熔体的额定电流应满足 $I_{re} \geqslant (1.5 \sim 2.5)I_{emax} + \sum I_e$（$I_{emax}$ 为多台电动机中容量最大的一台电动机额定电流；$\sum I_e$ 为其余电动机额定电流之和）。

为防止发生越级熔断，上、下级（即供电干、支线）熔断器间应有良好的协调配合，为此应使上一级（供电干线）熔断器的熔体额定电流比下一级（供电支线）大 1～2 个级差。

3）熔断器额定电压的选择。应使熔断器的额定电压大于或等于所在电路的额定电压。

学习情境 9　认　识　PLC

情境任务：通过本情境的学习，熟悉PLC（可编程控制器）的定义、产生、分类、特点、应用及发展方向；掌握PLC常见品牌、型号的辨识及面板、端口的认知方法；了解三菱PLC其他模块和单元的型号及作用。

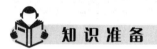 **知识准备**

9.1　PLC 的定义与产生

9.1.1　PLC 的定义

可编程控制器（Programmable Logic Controller，PLC），是在电气控制技术和计算机技术的基础上开发出来的，并逐渐发展成为以微处理器为核心，把自动化技术、计算机技术、通信技术融为一体的新型工业控制装置。目前，PLC已被广泛应用于各种生产机械和生产过程的自动控制中，成为一种最重要、最普及、应用场合最多的工业控制装置，被公认为现代工业自动化的三大支柱（PLC、机器人、CAD/CAM）之一。

国际电工委员会（IEC）于1987年颁布了可编程控制器标准草案第三稿。在草案中对可编程控制器定义如下："可编程控制器是一种数字运算操作的电子系统，专为在工业环境下应用而设计。它采用可编程序的储存器，用来在其内部储存执行逻辑运算、顺序控制、定时、计数和算术运算等操作的指令，并通过数字式和模拟式的输入和输出，控制各种类型的机械或生产过程。可编程控制器及其有关外围设备，都应按易于与工业系统连成一个整体，易于扩充其功能的原则设计"。

定义强调了PLC应直接应用于工业环境，必须具有很强的抗干扰能力、广泛的适应能力和广阔的应用范围，这是区别于一般微机控制系统的重要特征。同时，也强调了PLC用软件方式实现的"可编程"与传统控制系统装置中通过硬件或硬件接线的变更来改变程序的本质区别。

近年来，PLC的发展很快，几乎每年都会推出不少新系列产品，其功能已远远超出了上述定义的范围。

9.1.2　PLC 的产生

PLC出现前，在工业电气控制领域中，继电器控制占主导地位，应用广泛。但是继电器控制系统存在体积大、可靠性低、查找和排除故障困难等缺点，特别是其接线复杂、不宜更改，对生产工艺变化的适应性差。

1968年美国通用汽车公司（GM）为了适应汽车型号不断更新、生产工艺不断变化的需要，实现小批量、多品种生产，希望能有一种新型工业控制器，它能做到尽可能减少重新设计和更换电气控制系统及接线，以降低成本、缩短周期。于是就设想将计算机功能强大、灵

活、通用性好等优点与电气控制系统简单易懂、价格便宜等优点结合起来，制成一种通用控制装置，而且这种装置采用面向控制过程、面向问题的"自然语言"进行编程，使不熟悉计算机的人也能很快掌握使用。

1969 年美国数字设备公司（DEC）根据美国通用汽车公司的这种要求，研制成功了世界上第一台可编程控制器，并在通用汽车公司的自动装配线上试用，取得很好的效果，从此这项技术迅速发展起来。

早期的可编程控制器仅有逻辑运算、定时、计数等顺序控制功能，只是用来取代传统的继电器控制，通常称为可编程逻辑控制器。随着微电子技术和计算机技术的发展，20 世纪70 年代中期微处理器技术应用到 PLC 中，使 PLC 不仅具有逻辑控制功能，还增加了算术运算、数据传送和数据处理等功能。

20 世纪 80 年代以后，随着大规模、超大规模集成电路等微电子技术的迅速发展，16 位和 32 位微处理器应用于 PLC 中，使 PLC 得到迅速发展。PLC 不仅控制功能增强，同时可靠性提高，功耗、体积减小，成本降低，编程和故障检测更加灵活方便，而且具有通信和联网、数据处理和图像显示等功能，使 PLC 真正成为具有逻辑控制、过程控制、运动控制、数据处理和联网通信等功能的多功能控制器。

自从第一台 PLC 出现以后，日本、德国、法国等也相继开始研制 PLC，并得到了迅速发展。目前，世界上有 200 多家 PLC 厂商，400 多种 PLC 产品，按地域可分成美国、欧洲各国和日本三个流派的产品，各流派的 PLC 产品各具特色，如日本主要发展中小型 PLC，其小型 PLC 性能先进、结构紧凑、价格便宜，在世界市场上占有重要地位。著名的 PLC 生产厂家主要有美国的 A - B（Allen - Bradly）公司、GE（General Electric）公司，日本的三菱电机（Mitsubishi Electric）公司、欧姆龙（OMRON）公司，德国的 AEG 公司、西门子（Siemens）公司，法国的 TE（Telemecanique）公司等。

我国的 PLC 研制、生产和应用也发展很快，尤其在应用方面更为突出。在 20 世纪 70 年代末和 20 世纪 80 年代初，我国通过购买国外成套设备、专用设备引进了不少国外的 PLC。此后，在传统设备改造和新设备设计中，PLC 的应用逐年增多，并取得显著的经济效益，PLC 在我国的应用越来越广泛，对提高我国工业自动化水平起到了巨大作用。目前，我国不少科研单位和工厂都在研制和生产 PLC，如辽宁无线电二厂、无锡华光电子公司、上海香岛电机制造公司及厦门 A - B 公司等。

从近年的统计数据看，在世界范围内 PLC 产品的产量、销量、用量高居工业控制装置榜首，而且市场需求量一直以来以每年 15％的比率上升。PLC 已成为工业自动化控制领域中占主导地位的通用工业控制装置。

9.2 PLC 的分类

PLC 产品种类繁多，其规格和性能也各不相同。对于 PLC，通常根据其结构形式的不同、功能的差异和 I/O 点数的多少等进行分类。

9.2.1 按结构形式分类

根据 PLC 的结构形式，可将 PLC 分为整体式和模块式两类。

（1）整体式 PLC：将电源、CPU、I/O 接口等部件都集中装在一个机箱内，具有结构紧

凑、体积小、价格低的特点。小型 PLC 一般采用整体式结构。整体式 PLC 由不同 I/O 点数的基本单元（又称主机）和扩展单元组成。基本单元内有 CPU、I/O 接口、与 I/O 扩展单元相连的扩展口，以及与编程器或 EPROM 写入器相连的接口等。扩展单元内只有 I/O 和电源等，没有 CPU。基本单元和扩展单元之间一般用扁平电缆连接。整体式 PLC 一般还可配备特殊功能单元，如模拟单元、位置控制单元等，使其功能得以扩展。

（2）模块式 PLC：将 PLC 各组成部分分别做成若干个单独的模块，如 CPU 模块、I/O 模块、电源模块（有的含在 CPU 模块中）以及各种功能模块。模块式 PLC 由框架或基板和各种模块组成。模块装在框架或基板的插座上。这种模块式 PLC 的特点是配置灵活，可根据需要选配不同规模的系统，而且装配方便，便于扩展和维修。大中型 PLC 一般采用模块式结构。

还有一些 PLC 将整体式和模块式的特点结合起来，构成所谓叠装式结构。叠装式 PLC 的 CPU、电源和 I/O 接口等也是各自独立的模块，它们之间靠电缆进行连接，并且各模块可以一层层地叠装。这样，不但可以灵活配置系统，还可做得小巧。

9.2.2　按功能分类

根据 PLC 所具有的功能不同，可将 PLC 分为低档、中档和高档 3 类。

（1）低档 PLC：具有逻辑运算、定时、计数、移位以及自诊断、监控等基本功能，还可有少量模拟量输入/输出、算术运算、数据传送和比较、通信等功能。主要用于逻辑控制、顺序控制或少量模拟量控制的单机控制系统。

（2）中档 PLC：除具有低档 PLC 的功能外，还具有较强的模拟量输入/输出、算术运算、数据传送和比较、数制转换、远程 I/O、子程序及通信联网等功能。有些还可增设中断控制、PID 控制等功能，适用于复杂控制系统。

（3）高档 PLC：除具有中档 PLC 的功能外，还增加了带符号算术运算、矩阵运算、位逻辑运算、平方根运算及其他特殊功能函数的运算、制表及表格传送功能。高档 PLC 具有更强的通信联网功能，可用于大规模过程控制或构成分布式网络控制系统，实现工厂自动化。

9.2.3　按 I/O 点数分类

根据 PLC I/O 点数的多少，可将 PLC 分为小型机、中型机和大型机 3 类。

（1）小型 PLC：I/O 点数为 256 点以下的 PLC。其中，I/O 点数小于 64 点的为超小型或微型 PLC。

（2）中性 PLC：I/O 点数为 256 点以上、2048 点以下的 PLC。

（3）大型 PLC：I/O 点数为 2048 点以上的 PLC。其中，I/O 点数超过 8192 点的为超大型 PLC。

在实际应用中，一般 PLC 功能的强弱与其 I/O 点数的多少是相互关联的，即 PLC 的功能越强，其可配置的 I/O 点数就越多。因此，通常所说的小型、中型、大型 PLC，除指其 I/O 点数不同外，同时也表示其对应功能为低档、中档、高档。

9.3　PLC 的特点、应用及发展方向

9.3.1　可编程控制器的特点

PLC 之所以高速发展，除了工业自动化的客观需要外，还有许多适合工业控制的独特

的优点，它较好地解决了工业控制领域中普遍关心的可靠、安全、灵活、方便、经济等问题，以下是其主要特点。

1. 可靠性高、抗干扰能力强

PLC 是专为工业控制而设计的，可靠性高、抗干扰能力强是其最重要的特点之一。PLC 的平均故障间隔时间可达几十万小时。

一般由程序控制的数字电子设备产生的故障有两种：一种是由于外界恶劣环境，如电磁干扰、超高温、过电压、欠电压等引起的未损坏系统硬件的暂时性故障，称为软故障；一种是由于多种因素导致硬件损坏而引起的故障，称为硬故障。

PLC 的循环扫描工作方式能在很大程度上减少软故障的产生。一些高档 PLC 采用双CPU 模板并行工作，即使有一些模板出现故障，系统也能正常工作，同时可修复或更换故障 CPU 模板。例如，OMRON 的 C2000HPLC 型双机系统在环境极为苛刻而又非常重要的控制中，提供了完全的热备冗余。双机系统中的第二个 CPU 与一个可靠的切换单元连在一起，而这个切换单元能完成真正的无扰动切换，使控制可平缓地转到第二个 CPU 上。除此之外，PLC 采用了如下一系列的硬件和软件的抗干扰措施。

（1）硬件方面。

隔离是抗干扰的主要手段之一。在微处理器与 I/O 电路之间，采用光隔离措施，有效地抑制了外界干扰对 PLC 的影响，同时还可以防止外部高压进入模板。滤波是抗干扰的又一主要措施。对供电系统及输入线路采用多种形式的滤波，可消除和抑制高频干扰。用良好的导电、导磁材料屏蔽 CPU 等主要部件可减弱空间电磁干扰。此外，对有些模板还设置了联锁保护、自诊断电路等。

（2）软件方面。

设置故障检测与诊断程序。PLC 在每一次循环扫描过程的内部处理期间，检测系统硬件是否正常，锂电池电压是否过低，外部环境是否正常，如断电、欠电压等。设置状态信息保存功能。当软故障条件出现时，立即把现状态重要信息存入指定存储器，软、硬件配合封闭存储器，禁止对存储器进行任何不稳定的读/写操作，以防存储信息被冲掉。这样，一旦外界环境正常后，便可恢复到故障发生前的状态，继续原来的程序工作。

由于采取了以上抗干扰措施，PLC 的可靠性、抗干扰能力大大提高，可以承受幅值为1000V，时间为 1ns、脉冲宽度为 $1\mu s$ 的干扰脉冲。

2. 编程简单、易于掌握

这是 PLC 的又一重要特点。考虑到企业中一般电气技术人员和技术工人的读图习惯和应用微型计算机的实际水平，目前大多数的 PLC 采用继电-接触器控制系统的梯形图编程方式，这是一种面向生产、面向用户的编程方式，与常用的计算机语言相比更容易被操作人员所接受并掌握。通过阅读 PLC 的使用手册和短期培训，电气技术人员可以很快熟悉梯形语言，并用来编制一般的用户程序。配套的简易编程器的操作和使用也很简单，这也是 PLC 近年来获得迅速普及和推广的原因之一。

3. 设计、安装容易，维护工作量少

由于 PLC 已实现了产品的系列化、标准化和通用化，因此用 PLC 组成的控制系统，在设计、安装、调试和维护方面，表现出了明显的优越性。设计部门可在规格繁多、品种齐全的系列 PLC 产品中，选出高性能价格比的产品。PLC 用软件功能取代了继电-接触器控制系

统中大量的中间继电器、时间继电器、计数器等器件,使控制柜的设计、安装接线工作量大大减少。PLC 的用户程序大部分可在实验室进行模拟调试,用模拟实验开关代替输入信号,可以通过 PLC 上的发光二极管指示得知其输入状态。模拟调试好后再将 PLC 控制系统安装到生产现场,进行联机调试,既安全又快捷方便。这就大大缩短了应用设计和调试周期,特别是在老厂控制系统的技术改造中更能发挥其优势。在用户维修方面,由于 PLC 的故障率极低,因此维修工作量很小;并且 PLC 有完善的诊断和显示功能,当 PLC 或外部的输入装置和执行机构发生故障时,可以根据 PLC 上的发光二极管或在线编程器上提供的信息,迅速地查明原因,如果是 PLC 本身的故障,可以用更换模板的方法迅速排除,因此维修极为方便。

4. 功能强、通用性好

现代 PLC 运用了计算机、电子技术和集成工艺的最高技术,在硬件和软件两方面不断发展,具备了很强的信息处理能力和输出控制能力。各种控制需要的智能 I/O 功能模块,如温度模块、高速计数模块、高速模拟量转换模块、远程 I/O 功能模块及各种通信模块等不断涌现。PLC 与 PLC、PLC 与上位计算机的通信与联网功能不断提高,使现代 PLC 不仅具有逻辑运算、定时、计数、步进等功能,而且还能完成 A/D、D/A 转换、数字运算和数据处理以及通信联网、生产过程监控等。因此,它既可对开关量进行控制,又可对模拟量进行控制;既可控制一台单机、一条生产线,又可控制一个机群、多条生产线;既可现场控制,又可远距离控制;既可控制简单系统,又可控制复杂系统,其控制规模和应用领域不断扩大。

编程语言的多样化,以软件取代硬件控制的可编程序使 PLC 成为工业控制中应用最广泛的一种通用标准化、系列控制器。同一台 PLC 可适用于不同的控制对象的不同控制要求。同一档次、不同机型的功能也能方便地相互转换。

5. 开发周期短、成功率高

大多数工业控制装置的开发研制包括机械、液压、气动、电气控制等部分,需要一定的研制时间,也包含着各种困难与风险。大量实践证明采用以 PLC 为核心的控制方式具有开发周期短、风险小和成功率高的优点。其主要原因之一是只需正确、合理选用各种模块组成系统而无需大量硬件配置和管理软件的二次开发。其二是 PLC 采用软件控制方式,控制系统一旦构成便可在机械装置研制之前根据技术要求独立进行程序开发,并可以方便地通过模拟调试反复修改直至达到系统要求,保证最终配套联机调试的一次成功。

6. 体积小、重量轻、功耗低

PLC 采用了半导体集成电路,其体积小、重量轻、结构紧凑、功耗低,是机电一体化的理想控制器。例如,日本三菱公司生产的 FX2—40M 小型 PLC 内有供编程使用的各类软继电器 1540 个、状态器 1000 个、定时器 256 个、计数器 235 个,还有大量用以生成用户环境的数据寄存器(多达 50000 个以上),而其外形尺寸仅为 35mm×92mm×87mm、重量仅为 1.5kg。该公司的 FX_{2N} 强功能小型 PLC 内,供编程使用的各类软继电器 3564 个、状态器 1000 个、定时器 256 个、数据寄存器 8766 个,而其体积仅为 FX2 的一半,常规的继电器控制柜是根本无法与之相比的。

9.3.2 可编程控制器的应用

目前,PLC 在国内外已广泛应用于钢铁、石油、化工、电力、建材、机械制造、汽车、

轻纺、交通运输、环保以及文化娱乐等各行各业。随着PLC性能价格比的不断提高,其应用范围不断扩大,大致可归结为如下几类。

1. 开关量的逻辑控制

这是PLC最基本、最广泛的应用领域,它取代传统的继电-接触器控制系统,实现逻辑控制、顺序控制,可用于单机控制、多机群控制、自动化生产线的控制等,如注塑机、印刷机械、订书机械、切纸机械、组合机床、磨床、生产线、电镀流水线等。

2. 位置控制

大多数的PLC制造商,目前都提供拖动步进电动机或伺服电动机的单轴或多轴位置控制模板。这一功能可广泛用于各种机械,如金属切削机床、金属成形机床、装配机械、机器人和电梯等。

3. 过程控制

过程控制是指对温度、压力、流量等连续变化的模拟量进行闭环控制。PLC通过模拟量I/O模板,实现模拟量与数字之间的A/D、D/A转换,并对模拟量进行闭环PID (Proportional- Integral - Derivative) 控制。现在的大、中型PLC一般都有闭环PID控制模板。这一功能可用PID子程序来实现,也可用专用的智能PID模板实现。

4. 数据处理

现代的PLC具有数学运算(包括矩阵运算、函数运算、逻辑运算),数据传递,转换,排序和查表,位操作等功能,也能完成数据的采集、分析和处理。这些数据可通过通信接口传送到其他智能装置,如计算机数值控制(CNC)设备,进行处理。

5. 通信联网

PLC的通信包括PLC相互之间、PLC与上位机、PLC与其他智能设备之间的通信。PLC系统与通用计算机可以直接通过通信处理单元、通信转接器相连构成网络,以实现信息的交换,并可构成"集中管理、分散控制"的分布式控制系统,满足工厂自动化(FA)系统发展的需要。各PLC系统过程I/O模板按功能各自放置在生产现场分散控制,然后采用网络连接构成信息集中管理的分布式网络系统。

6. 在计算机集成制造系统(CIMS)中的应用

计算机集成制造系统广泛应用于生产过程中,一般的CIMS系统可划分为六级子系统,前三级分别为:

第一级为现场级,包括各种设备,如传感器和各种电力、电子、液压和气动执行机构生产工艺参数的检测。

第二级为设备控制级,它接收各种参数的检测信号,按照要求的控制规律实现各种操作控制。

第三极为过程控制级,完成各种数学模型的建立,过程数据的采集处理。

以上三级属于生产控制级,也称EIC综合控制系统。EIC综合控制系统是一种先进的工业过程自动化系统,它包括三个方面的内容:电气控制(Electric),以电动机控制为主,包括各种工业过程参数的检测和处理;仪表控制(Instrumentation),实现以PID为代表的各种回路控制功能,包括各种工业控制参数的检测和处理;计算机系统(Computer),实现各种模型的计算、参数的设定、过程的显示和各种操作运行管理。PLC就是实现EIC综合控制系统的整机设备,由此可见,PLC在现代工业中的地位是十分重要的。

9.3.3　可编程控制器的发展方向

随着应用领域的日益扩大，PLC 技术及其产品仍在继续发展，其结构不断改进，功能日益增强，性能价格比越来越高。

1. PLC 在功能和技术指标方面的发展

在这方面的发展主要体现在以下几方面。

(1) 向高速、大容量方向发展。

随着复杂系统控制要求越来越高和微处理器与微型计算机技术的发展，对可编程控制器的信息处理与响应速度要求越来越高，用户存储容量也越来越大。例如，有的 PLC 产品扫描速度达 $0.1\mu s/$步，用户程序存储容量最大达几十兆字节。

(2) 加强联网与通信能力。

PLC 网络控制是当前控制系统和 PLC 技术发展的潮流。PLC 和 PLC 之间的联网通信、PLC 与上位计算机的联网通信已得到广泛应用。各种 PLC 制造厂都在发展自身专用的通信模块和通信软件以加强 PLC 的联网能力。厂商之间也在协议制定通用的通信标准，以构成更大的网络系统。目前几乎所有 PLC 制造厂都宣布自己的 PLC 产品能与通用局域网 MAP (Manufacturing Automation Protocol，美国通用汽车公司于 1983 年提出的通信标准) 相联，PLC 已成为集散控制系统（DCS）不可缺少的重要组成部分。

(3) 致力于开发新型智能 I/O（输入/输出）功能模块。

智能 I/O 模块是以微处理器为核心的功能部件，是一种多 CPU 系统，它与主机 CPU 并行工作，占用主 CPU 的时间很少，有利于提高 PLC 系统的运行速度、信息处理速度和控制功能。专用的 I/O 功能模块还能满足某些特定控制对象的特殊控制需求。

(4) 增强外部故障的检测与处理能力。

根据统计分析，在 PLC 控制系统的故障中，CPU 占 5%，I/O 通道占 15%，传感器占 45%，执行器件占 30%，线路占 5%。前两项共 20% 的故障属于 PLC 本身原因，它可以通过 CPU 本身的硬、软件检测、处理，而其余 80% 的故障属于 PLC 外部故障，无法通过自诊断检测处理。因此，各厂家都在发展专用于外部故障的专用智能模块，以进一步提高系统的可靠性。

(5) 编程语言的多样化。

多种编程语言的并存、互补与发展是 PLC 软件的发展趋势。梯形图语言虽然方便、直观、易学易懂，但主要适用于逻辑控制领域。为适应各种控制需要，目前已出现多种编程语言，如面向顺序控制的步进顺控语句、面向过程控制的流程图语言、与计算机兼容的高级语言（汇编、BASIC、C 语言等），还有布尔逻辑语言等。

2. 在经济指标与产品类型方面的发展

(1) 研制大型 PLC。

大型 PLC 的特点是系统庞大、技术完善、功能强、价格昂贵、需求量小。

(2) 大力发展简易、经济的小型、微型 PLC。

简易、小型与微型 PLC 适应单机及小型自动控制需要，其特点是品种规格多、应用面广、需求量大、价格便宜。

(3) 致力于提高性能价格比。

任务实施

9.4 PLC品牌、型号辨识及面板、端口、铭牌辨识

1. 通过外形辨识PLC品牌

如图9.1所示，左侧为日本三菱PLC，右侧为德国西门子PLC。

图9.1 PLC外形图

2. 辨识PLC具体型号

FX3U系列PLC基本单元型号示意图如图9.2所示，型号辨识位置如图9.3所示。

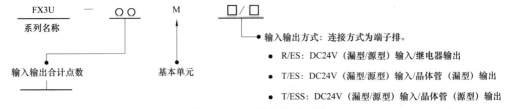

图9.2 PLC基本单元型号

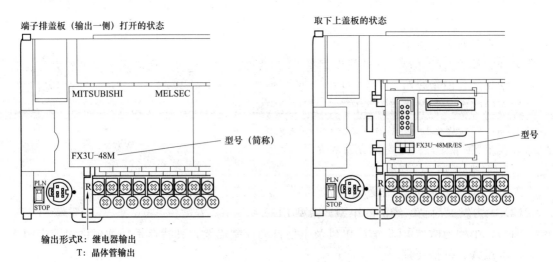

图9.3 型号辨识位置

常用 PLC 品牌系列举例如下。

FX3U-48MT：日本三菱 FX3U 系列 PLC 基本单元，48 个输入输出点数，晶体管输出方式。

FX3U-32MR：日本三菱 FX3U 系列 PLC 基本单元，32 个输入输出点数，继电器输出方式。

S7-200-224：德国西门子 S7 系列 200 型 PLC，224 型 CPU，属于小型机。

S7-300-312：德国西门子 S7 系列 300 型 PLC，312 型 CPU，属于中型机。

H2U-3232MRA：汇川第二代控制器，32 点输入，32 点输出，通用控制器主模块，继电器输出方式，AC220V 输入。

H2U-3624MTA：汇川第二代控制器，36 点输入，24 点输出，通用控制器主模块，晶体管输出方式，AC220V 输入。

在工业控制中，PLC 除了基本单元（主模块）之外，经常需要添加输入输出扩展模块，如 FX2N-8ER（扩展 8 端口，继电器输出方式，字母"E"表示"输入输出扩展"）；或添加特殊功能模块，如 FX0N-3A（模拟量输入输出模块，输入 2 通道，输出 1 通道，电压/电流输入输出）。本书将主要以日本三菱 FX3U 系列 PLC 进行相关知识介绍。

3. PLC 面板与端口

FX3U 系列 PLC 面板与端口示意图如图 9.4～图 9.7 所示。

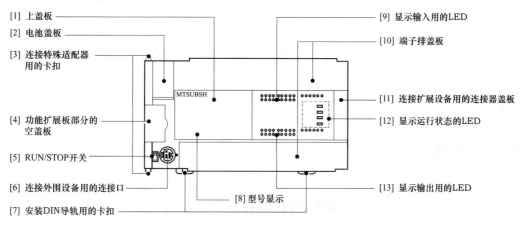

图 9.4　PLC 正面示意图

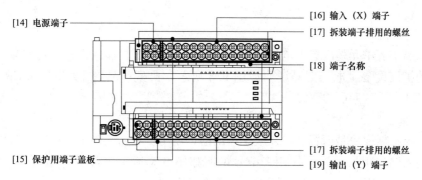

图 9.5　端子盖板打开后的端口示意图

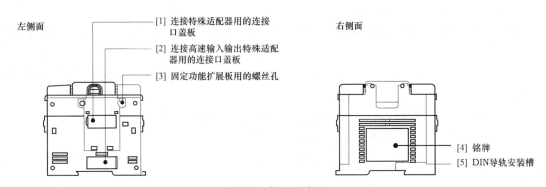

图 9.6　侧面示意图

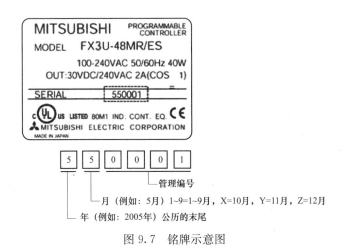

图 9.7　铭牌示意图

能力拓展

9.5　三菱 PLC 的其他模块和单元

三菱 PLC 在实际的工程应用中，除了使用其基本单元外，还会使用到其他的模块和单元。

1. 输入输出扩展单元

输入输出扩展单元是内置了电源回路和输入输出，用于扩展输入输出的产品，可以给连接在其后的扩展设备供电。型号说明如图 9.8 所示，典型产品有 FX2N‐32ER‐ES/UL、FX2N‐32ET‐ESS/UL、FX2N‐32ER。

2. 输入输出扩展模块

输入输出扩展模块是内置了输入或是输出的，用于扩展输入输出的产品，可以连接在基本单元或输入输出扩展单元上使用。型号说明如图 9.9 所示，典型产品有 FX2N‐8ER‐ES/UL、FX2N‐8EX‐ES/UL、FX2N‐8EYR‐ES/UL。

图 9.8　输入输出扩展单元

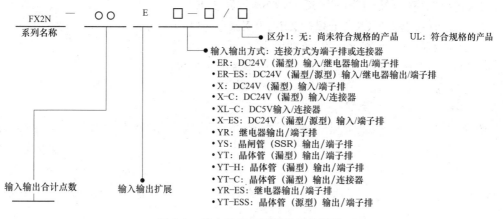

图 9.9　输入输出扩展模块型号说明

3. 特殊功能单元/模块

模拟量控制：FX2N-2AD（模拟量输入）、FX2N-2DA（模拟量输出）、FX0N-3A（模拟量输入输出混合）、FX2N-2LC（温度调节）。

高速计数：FX2N-1HC。

脉冲输出定位：FX2N-1PG、FX2N-10GM。

数据链接、通信功能：FX2N-232IF、FX2N-16CCL-M。

4. 显示模块

FX3U-7DM：可以内置在 FX3U 系列基本单元中的显示模块。

FX-10DM-E：可以通过电缆连接到外围设备上使用的显示模块。

5. 功能扩展板

FX3U-CNV-BD：安装特殊适配器用的连接器转换。

FX3U-232-BD：RS-232C 通信。

6. 特殊适配器

模拟量功能：FX3U-4AD-ADP（4 通道电压输入/电流输入）、FX3U-4DA-ADP（4 通道电压输出/电流输出）。

通信功能：FX3U-232ADP（RS-232C 通信）、FX3U-485ADP（RS-485 通信）。

高速输入输出功能：FX3U-4HSX-ADP（高速计数用差动线性驱动输入）、FX3U-2HSY-ADP（定位输出用差动线性驱动输入）。

7. 电源单元

FX2N - 20PSU：DC24V 电源。

8. 扩展延长电缆、连接器转换适配器、电池、存储器盒

扩展延长电缆：FX0N - 65EC。

连接器转换适配器：FX2N - CNV - BC。

电池：FX3U - 32BL。

存储器盒：FX3U - FLROM - 16。

9. 终端模块（电缆、连接器）

终端模块：FX - 16E - TB、FX - 16EX - A1 - TB。

输入输出电缆：FX - 16E - 500CAB - S、FX - 16E - 150CAB - R1.5m。

输入输出连接器：FX2C - I/O - CON、FX2C - I/O - CON - SA。

10. 远程 I/O

包括 CC - Link、CC - Link/LT、AS - i 系统的各种远程 I/O。

学习情境 10　PLC 的 简 单 应 用

情境任务：通过本情境的学习，掌握 PLC 输入输出端子与外部器件的接线方法，掌握 PLC 梯形图指令符号的类型、作用和分析方法，熟悉 PLC 的工作流程和工作方式；具备 PLC 基本接点结构程序的编写能力；了解 PLC 梯形图中的称谓差别，理解按钮类型与指令符号的关系，了解晶体管输出型传感器与 PLC 的连接方法，了解 FX3U 系列 PLC 输出规格。

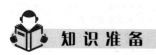 知识准备

10.1　PLC 的基本结构和工作原理

PLC 是微机技术和控制技术相结合的产物，是一种以微处理器为核心的用于控制的特殊计算机，因此 PLC 的基本组成与一般的微机系统类似。

如图 10.1 所示，PLC 的硬件主要由中央处理器（CPU）、储存器、输入/输出单元、通信接口和扩展接口、电源等部分组成。其中，CPU 是 PLC 的核心，输入单元与输出单元是连接现场输入/输出设备与 CPU 之间的接口电路，通信接口用于编程器、上位计算机等外设连接。

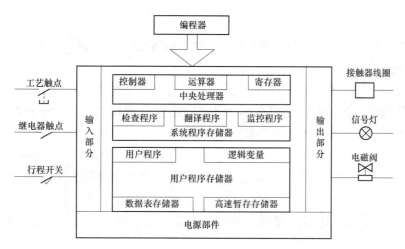

图 10.1　PLC 的硬件系统

对于整体式 PLC，所有部件都装在同一机壳内，其组成框图如图 10.2 所示；对于模块式 PLC，各部件独立封装成模块，各模块通过总线连接，安装在机架或导轨上，其组成框图如图 10.3 所示。无论是哪种结构类型的 PLC，都可根据用户需要进行配置与组合。

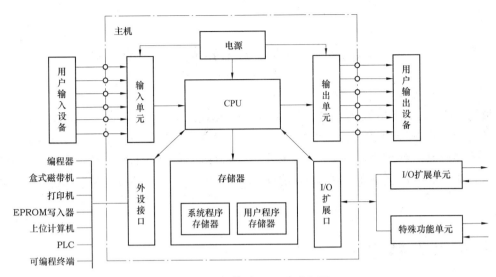

图 10.2　整体式 PLC 组成框图

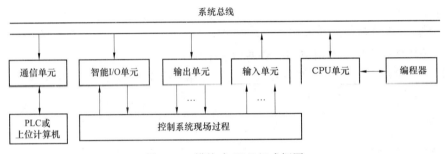

图 10.3　模块式 PLC 组成框图

尽管整体式与模块式 PLC 的结构不太一样，但各部分的功能作用是相同的，下面对 PLC 主要组成部分进行简单介绍。

1. 中央处理单元

同一般的微机一样，中央处理单元（CPU）是 PLC 的核心。PLC 中所配置的 CPU 随机型不同而不同，常用的有 3 类：通用微处理器（如 Z80、8086、80286 等），单片微处理器（如 8031、8096 等）和位片式微处理器（如 AMD29W 等）。小型 PLC 大多采用 8 位通用微处理器和单片微处理器；中型 PLC 大多采用 16 位通用微处理器和单片微处理器；大型 PLC 大多采用高速位片式微处理器。

目前，小型 PLC 为单 CPU 系统，而中、大型 PLC 则大多为双 CPU 系统，甚至有些 PLC 中多达 8 个 CPU。对于双 CPU 系统，一般一个为字处理器，多采用 8 位或 16 位处理器；另一个为位处理器，采用各厂家设计制造的专用芯片。字处理器为主处理器，用于执行编程器接口功能，监视内部定时器，监视扫描时间，处理字节指令以及对系统总线和处理器进行控制等。位处理器为从处理器，主要用于处理位操作指令和实现 PLC 编程语言向机器语言的转换。位处理器的采用，提高了 PLC 的速度，使 PLC 能更好地满足实时控制要求。

在 PLC 中 CPU 按系统程序赋予的功能，指挥 PLC 有条不紊地进行工作，归纳起来主

要有以下几个方面。

（1）接收从编程器输入的用户程序和数据。

（2）诊断电源、PLC 内部电路的工作故障和编程中的语法错误等。

（3）通过输入接口接收现场的状态或数据，并存入输入映像寄存器或数据寄存器中。

（4）从存储器逐条读取用户程序，经过检视后执行。

（5）根据执行的结果，更新有关标志位的状态和输出映像寄存器的内容，通过输出单元实现输出控制。有些 PLC 还具有制表打印或数据通信等功能。

2. 存储器

存储器主要有两种：一种是可读/写操作的随机存储器 RAM，另一种是只读存储器 ROM、PROM、EPROM 和 EEPROM。在 PLC 中，存储器主要用于存放系统程序、用户程序及工作数据。

系统程序是由 PLC 的制造厂家编写的，和 PLC 的硬件组成有关，完成系统诊断、命令解释、功能子程序调用管理、逻辑运算、通信及各种参数设定等功能，提供 PLC 运行的平台。系统程序关系到 PLC 的性能，而且在 PLC 使用过程中不会变动，所以是由制造厂家直接固化在只读存储器 ROM、PROM 或 EPROM 中，用户不能访问和修改。

用户程序是随 PLC 的控制对象而定的，由用户根据对象生产工艺的控制要求而编制的应用程序。为了便于读出、检查和修改，用户程序一般存于 CMOS 静态 RAM 中，用锂电池作为后备电源，以保证掉电时不会丢失信息。为了防止干扰对 RAM 中程序的破坏，当用户程序运行正常，且不需要改变时，可将其固化在只读 EPROM 中。现在有许多 PLC 直接采用 EEPROM 作为用户存储器。

工作数据是 PLC 运行过程中经常变化、经常存取的一些数据，存放在 RAM 中，以适应随机存取的要求。在 PLC 的工作数据存储器中，设有存放输入/输出继电器、中间变量 M、定时器、计数器等逻辑器件的存储区，这些器件的状态都是由用户程序的初始设置和运行情况而确定的。根据需要，部分数据在掉电时用后备电池维持现有的状态，这部分在掉电时可保存数据的存储区称为保持数据区。

由于系统程序及工作数据与用户无直接联系，所以在 PLC 产品样本或使用手册中所列存储器的形式及容量是指用户程序存储器。当 PLC 提供的用户存储器容量不够用时，许多 PLC 还提供有存储器扩展功能。

3. 输入/输出单元

输入/输出单元通常也称 I/O 单元或 I/O 模块，是 PLC 与工业生产现场之间的连接部件。

PLC 通过输入接口可以检测被控对象的各种数据，以这些数据作为 PLC 对被控制对象进行控制的依据。同时 PLC 又通过输出接口将处理结果送给被控制对象，以实现控制目的。

由于外部输入设备和输出设备所需的信号电平是多种多样的，而且 PLC 内部 CPU 处理的信息只能是标准电平，所以 I/O 接口需要实现电平转换。I/O 接口一般具有光电隔离和滤波功能，以提高 PLC 的抗干扰能力。另外，I/O 接口上通常有状态指示灯，工作状况直观，便于维护。

PLC 提供了多种操作电平和驱动能力的 I/O 接口，有各种各样功能的 I/O 接口供用户选用。I/O 接口的主要类型有：数字量（开关量）输入、数字量（开关量）输出、模拟量输

入和模拟量输出等。

常用的开关量输入接口按其使用的电源不同有三种类型：直流输入接口、交流输入接口和交/直流输入接口，其基本原理电路如图 10.4 所示。

常用的开关量输出接口按输出开关器件不同有三种类型：继电器输出、晶体管输出和双向晶闸管输出，其基本原理电路如图 10.5 所示。继电器输出接口可驱动交流或者直流负载但其响应时间长，动作频率低；而晶体管输出和双向晶闸管输出接口的响应速度快，动作频率高，但前者只能用于驱动直流负载，后者只能用于驱动交流负载。

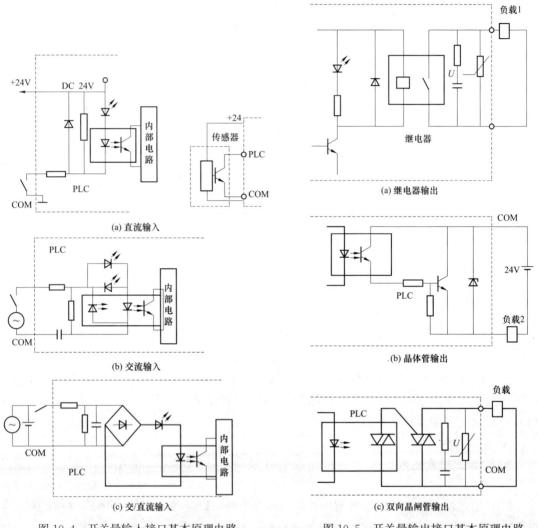

(a) 直流输入

(b) 交流输入

(c) 交/直流输入

图 10.4　开关量输入接口基本原理电路

(a) 继电器输出

(b) 晶体管输出

(c) 双向晶闸管输出

图 10.5　开关量输出接口基本原理电路

PLC 的 I/O 接口所能接收的输入信号个数和输出信号个数称为 PLC 输入/输出（I/O）点数。I/O 点数是选择 PLC 的重要依据之一。当系统的 I/O 点数不够时，可通过 PLC 的 I/O 扩展接口对系统进行扩展。

4. 通信接口

PLC 配有各种通信接口，这些通信接口一般都带有通信处理器。PLC 通过这些通信接

口可与监视器、打印机、其他 PLC 以及计算机等设备实现通信。PLC 与打印机连接，可将过程信息、系统参数等输出打印；与监视器连接，可将控制过程图像显示出来；与其他 PLC 连接，可组成多机系统或联成网络，实现更大规模控制；与计算机连接，可组成多级分布式控制系统，实现控制与管理相结合。

远程 I/O 系统也必须配备相应的通信接口模块。

5. 智能接口模块

智能接口模块是一个独立的计算机系统，它有自己的 CPU、系统程序、存储器以及与 PLC 系统总线相连的接口。作为 PLC 系统的一个模块，它通过总线与 PLC 相连，进行数据交换，并在 PLC 的协调管理下独立地进行工作。

PLC 的智能接口模块种类很多，如高速计算模块、闭环控制模块、运动控制模块和中断控制模块等。

6. 编程装置

编程装置的作用是编辑、调试和输入用户程序，也可在线监控 PLC 内部状态和参数，与 PLC 进行人机对话。它是开发、应用、维护 PLC 不可缺少的工具。编程装置可以是专用编程器，也可以是配有专用编程软件包的通用计算机系统。专用编程器由 PLC 厂家生产，专供该厂家生产的某些 PLC 产品使用，它主要由键盘、显示器和外存储器接插口等部件组成。专用编程器有简易编程器和智能编程器两类。

简易编程器只能联机编程，而且不能直接输入和编辑梯形图程序，需将梯形图程序转化为语句表程序才能输入。简易编程器体积小、价格便宜，可以直接插在 PLC 的编程插座上，或者用专用电缆与 PLC 相连，以方便编程和调试。有些简易编程器带有存储盒，可用来存储用户程序，如三菱的 FX-20P-E 简易编程器。

智能编程器又称图形编程器，本质上它是一台专用便携式计算机，如三菱的 GP-80FX-E 智能编程器。它既可以联机编程，又可脱机编程，可直接输入和编辑梯形图程序，使用更加直观、方便，但价格较高，操作也比较复杂。大多数智能编程器带有磁盘驱动器，提供录音机接口和打印机接口。

专用编程器只能对指定厂家的几种 PLC 进行编程，使用范围有限，价格较高。同时，由于 PLC 产品不断更新换代，所以专用编程器的生命周期也十分有限。因此，现在的趋势是使用个人计算机为基础的编程装置，用户只要购买 PLC 厂家提供的编程软件和相应的硬件接口装置即可。这样，用户只用较少的投资即可得到高性能的 PLC 程序开发系统。

基于个人计算机的程序开发系统功能强大。它既可以编制、修改 PLC 的梯形图程序，又可以监视系统运行、打印文件、系统仿真等。配上相应的软件还可实现数据采集和分析等许多功能。

7. 电源

PLC 配有开关电源，以供内部电路使用。与普通电源相比 PLC 电源的稳定性好，抗干扰能力强，对电网提供的电源稳定性要求不高，一般允许电源电压在其额定值±15% 的范围内波动。许多 PLC 还向外提供直流 24V 稳定电源，用于对外部传感器供电。

8. 其他外部设备

除了以上所述的部件和设备外，PLC 还有许多外部设备，如 EPROM 写入器、外存储

器和人/机接口装置等。

EPROM 写入器是用来将用户程序固化到 EPROM 存储器中的一种 PLC 外部设备。为了使调试好的用户程序不易丢失，经常用 EPROM 写入器将 PLC 内 RAM 中存储的信息保存到 EPROM 中。

PLC 内部的半导体存储器称为内存储器。有时可用外部的磁带、磁盘和用半导体存储器做成的存储盒等来存储 PLC 的用户程序，这些存储器件称为外存储器。外存储器一般是通过编程器或其他智能模块提供的接口实现与内存储器之间相互传送用户程序的。

人/机接口装置用来实现操作人员与 PLC 控制系统的对话。最简单、最普遍的人/机接口装置由安装在控制台上的按钮、转换开关、拨码开关、指示灯、LED 显示器和声光报警器等器件构成。对于 PLC 系统，还可采用半智能型 CRT 人/机接口装置和智能型终端人/机接口装置。半智能型 CRT 人/机接口装置可长期安装在控制台上，通过通信接口接收来自 PLC 的信息并在 CRT 上显示出来；而智能型终端人/机接口装置有自己的微处理器和存储器，能够与操作人员快速交换信息，并通过通信接口与 PLC 相连，也可作为独立的节点接入 PLC 网络。

10. 2　PLC 的端口与接线

FX3U 系列基本单元 I/O 端子的排列如图 10.6 所示，图 10.6 左侧为 32MR，右侧为 16MR，图 10.7 为 32MT，输出采用分组方式，组间用黑实线分开。

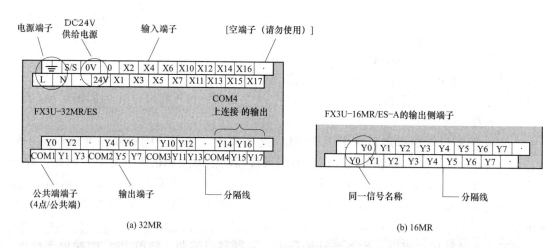

(a) 32MR　　　　　　　　　　　　　　　　　(b) 16MR

图 10.6　FX3U 系列

图 10.7　FX3U 的 32MT 系列

1. 电源及输入端子

L、N、接地：分别接电源相线、中线和接地线。

24V：24V 电源正极，源型输入信号公共端。

0V：24V 电源负极，漏型输入信号公共端。

X：输入信号端子，输入信号接在 X 端子和公共端端子之间。

·：空端子，带点的端子上不要外接导线，以免损坏 PLC。

COM：漏型输出公共端端子。

+V：源型输出公共端端子。

FX3U 系列 PLC 的输入接线分为漏型输入和源型输入两种接线形式。

漏型输入：PLC 的 0V 端子作为公共端，输入回路接通时，电流从 PLC 的 X 端子流出，从 0V 端子流入。漏型输入示意图如图 10.8 所示。

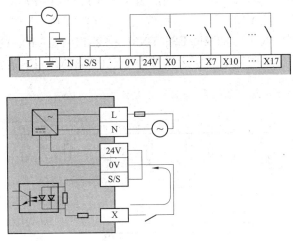

图 10.8　漏型输入接线示例

源型输入：PLC 的 24V 端子作为公共端，输入回路接通时，电流从 PLC 的 24V 端子流出，从 X 端子流入。源型输入示意图如图 10.9 所示。

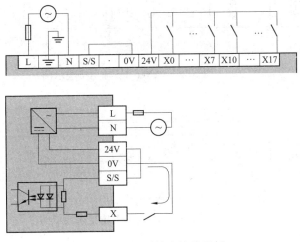

图 10.9　源型输入接线示例

通过 PLC 的 S/S 端子与 PLC 的 0V 端子或 24V 端子连接，可以进行漏型或源型输入方式切换。需要注意：通过不同的接线方式，可以选择将 FX3U 系列 PLC 的所有 X 端子设置为漏型输入方式或源型输入方式，但不能混合使用。

2. 输出端子

从图 10.6 可以看出，FX3U - 32MR 采用分组输出方式，FX3U - 16MR 采用各路独立输出方式。每组输出公共端按 COM1、COM2、COM3…的顺序编号，输出各组之间是互相分开的，这样可以使用多个电压系列（AC220V、DC12V）的负载。

例如，FX3U - 32MT/ES 分组情况为：

第一组：COM1　Y0～Y3　　　　　第二组：COM2　Y4～Y7

第三组：COM3　Y10～Y13　　　　第四组：COM4　Y14～Y17

又如，FX3U - 32MT/ESS 分组情况为：

第一组：＋V0　Y0～Y3　　　　　第二组：＋V1　Y4～Y7

第三组：＋V2　Y10～Y13　　　　第四组：＋V3　Y14～Y17

FX3U 系列 PLC 中 FX3U - 32MR/ES、FX3U - 32MT/ES、FX3U - 32MT/ESS 的输出端口接线方式如图 10.10～图 10.12 所示，其中 FX3U - 32MR/ES 有源型和漏型两种接线方式。

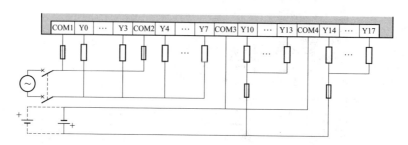

图 10.10　FX3U - 32MR/ES 输出接线示例

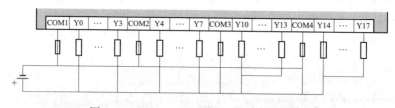

图 10.11　FX3U - 32MT/ES 输出接线示例

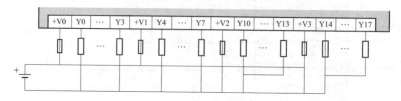

图 10.12　FX3U - 32MT/ESS 输出接线示例

通过比较可以看出，公共端作为负极（一）使用时，属于漏型输出；公共端作为正极（＋）使用时，属于源型输出。该判断法则同样适用于 PLC 的源型输入与漏型输入方式的判断。

10.3　PLC 梯形图中的指令符号

10.3.1　PLC 输入与输出的关联关系

为了便于进行梯形图指令符号的介绍，将 PLC 输入端与 PLC 输出端的接线简图及特性要点总结如下。

1. PLC 输入端

（1）三菱系列 PLC 输入端口以 Xn 编号，从 X0 开始，采用八进制编号。

（2）多端口同时使用时采用并连接线形式，各自独立。

（3）未特别说明时，采用漏型输入方式，0V 端为输入公共端。

（4）输入端口变量 Xn 状态值由外部控制开关决定。

以图 10.13 为例，若按钮 SB0 闭合，输入回路通路，则认为输入端口 X0 状态值为"1"；若按 SB0 断开，输入回路断路，则认为输入端口 X0 状态值为"0"。

2. PLC 输出端

（1）输出端口以 Yn 编号，从 Y0 开始，采用八进制编号。

（2）多端口同时使用时采用并联形式，自配负载电源。

（3）未特别说明时，采用漏型输出方式，COM 端为输出公共端，需区分负载类型。

（4）输出端口变量 Yn 状态值由程序运行结果决定。以图 10.14 为例，若 Y0＝1，则输出回路通路，负载灯 L0 亮；若 Y0＝0，则输出回路断路，负载灯 L0 灭。

（5）程序运行结果受输入端口变量 Xn 状态的影响。

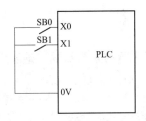　　　　　　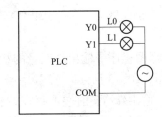

图 10.13　PLC 输入端简图　　　　　图 10.14　PLC 输出端简图

3. PLC 输入与输出

PLC 输入输出接线简图如图 10.15 所示，PLC 梯形图程序如图 10.16 所示。梯形图是 PLC 程序编写最常用的方式，具有编写简单、形象直观的优点。梯形图两侧的垂直公共线称为公共母线（bus bar），两条母线之间为程序行。

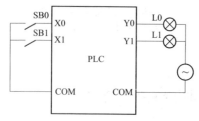

图 10.15　PLC 输入输出接线简图

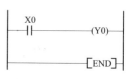

图 10.16　PLC 梯形图

PLC 输入与输出之间完整的关联关系如下。

（1）输入控制器件（按钮、传感器）的通断决定输入端口 X 的状态值。

（2）输入端口 X 的状态值影响程序的执行结果。

（3）程序的执行结果决定输出端口 Y 的状态值。

（4）输出端口 Y 的状态值决定对应输出回路的通断。

10.3.2　PLC 梯形图中的指令符号

1. 指令符号类型

PLC 梯形图中的指令符号主要包括动合接点、动断接点和输出端口，如图 10.17 所示。编写 PLC 梯形图程序时，指令符号必须关联一个对应变量才会具有相应的控制作用，如图

常开接点　常闭接点　输出端口

图 10.17　PLC 指令符号

10.18 中所示的动合接点关联了 X0 变量，动断接点关联了 X1 变量，输出关联 Y0 端口。

注意：指令符号与变量的关联并非固定不变，而是根据程序设计结构及系统控制要求来灵活设定的。

2. 逻辑关系法则

动合接点：关联变量为 1，则该接点逻辑"通"或"成立"；关联变量为 0，则逻辑"断"或"不成立"。

动断接点：关联变量为 1，则逻辑"断"或"不成立"；关联变量为 0，则逻辑"通"或"成立"。

输出端：梯形图程序中输出端变量的状态值由程序行前端接点的"通断"决定。

例 10.1：如图 10.18 所示，若 X0＝0，X1＝0，则两个动合接点逻辑"断"，输出端 Y0 前端不存在逻辑"通路"，则 Y0＝0；若 X0＝1，X1＝0 或 X0＝0，X1＝1，则两个动合接点有一个逻辑"通"，输出端 Y0 前端至少存在一条逻辑"通路"，则 Y0＝1；若 X0＝1，X1＝1，则两个动合接点逻辑"通"，输出端 Y0 前端存在两条逻辑"通路"，则 Y0＝1。

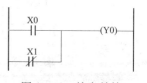

图 10.18　接点并接
（并联）

例 10.2：如图 10.19 所示，若 X0＝0，X1＝1，则两个接点逻辑"断"，输出端 Y0 前端不存在逻辑"通路"，则 Y0＝0；若 X0＝1，X1＝1 或 X0＝0，X1＝0，则两个接点有一个逻辑"通"，另一个逻辑断，输出端 Y0 前端不存在一条完整逻辑"通路"，则 Y0＝0；若 X0＝1，X1＝0，则两个接点逻辑"通"，输出端 Y0 前端存在一条完整的逻辑"通路"，则 Y0＝1。

思考：如图 10.20 所示，试分析三个接点与关联输入端口变量之间的状态组合，并判断不同的"通断"组合对输出端 Y0 状态值的影响。

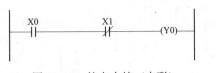

图 10.19 接点串接（串联）

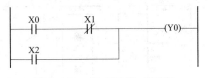

图 10.20 接点混接（混联）

10.4 PLC 的 工 作 方 式

PLC 的工作状态有停止（STOP）状态和运行（RUN）状态。当通过方式开关选择 STOP 状态时，只进行内部处理和通信服务等内容，对 PLC 进行联机或离线编程。而当选择 RUN 状态或 CPU 发出信号一旦进入 RUN 状态，就采用周期循环扫描方式执行用户程序。

PLC 的工作方式是采用周期循环扫描，集中输入与集中输出。这种工作方式的显著特点是：可靠性高、抗干扰能力强，但响应滞后、速度慢。也就是说 PLC 是以降低速度为代价换取可靠性的。

PLC 的工作框图如图 10.21 所示，框图完整表示了 PLC 控制系统的工作过程。

PLC 通电后，CPU 在程序的监督控制下先进行内部处理，包括硬件初始化、I/O 模块配置检查、停电保持范围设定及其他初始化处理等工作。在执行用户程序之前还应完成通信服务自诊断检查。在通信服务阶段，PLC 应完成与一些带处理器的智能模块及其他外部设备的通信，完成数据的接收和发送任务，响应编程器键入的命令，更新编程器显示内容，更新时钟和特殊寄存器内容等。PLC 有很强的自诊断功能，如电源检测、内部硬件是否正常、程序语言是否有错等。一旦有错或异常则 CPU 能根据错误类型和程序发出信号，甚至进行相应的出错处理，使 PLC 停止扫描或强制变成 STOP 状态。

在正常情况下，一个用户程序扫描周期由三个阶段组成，如图 10.22 所示。以下介绍三个阶段的工作过程。

1. 输入采样阶段

输入采样阶段又称输入采样。在此阶段，扫描所有输入端子并将输入量（开/关、0/1 状态）顺序存入输入映像寄存器。此时输入映像寄存器被刷新，然后关闭输入通道，接着转入程序执行阶段。在程序执行和输出处理阶段，无论外部输入信号如何变化，输入映像寄存器内容保持不变，直到下一个扫描周期的采样阶段，才重新写入输

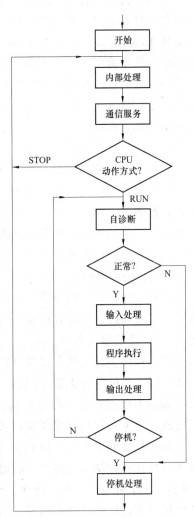

图 10.21 可编程控制器工作框图

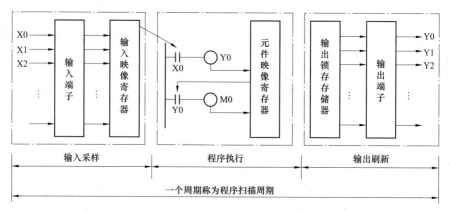

图 10.22　可编程控制器扫描过程示意图

入端的新内容。

输入采样的内容包括对远程 I/O 特殊功能模块和其他外部设备通信服务所得信息（相应数据寄存器和存储器）的采集。根据不同的控制要求，输入采样有多种方式，上述采样方式运用于小型 PLC，其 I/O 点数较少、用户程序较短。一次集中输入、集中输出方式虽然在一定程度上降低了系统的响应速度，但从根本上提高了系统的抗干扰能力，增强了系统的可靠性。而大、中型 PLC 的 I/O 点数相对较多，用户程序相应较长，为提高系统响应速度而采取定期输入采样、直接输入采样、中断输入采样及智能 I/O 接口模块等多种采样方式，以求提高运行速度。

2. 程序执行阶段

PLC 对用户程序（梯形图）按先左后右、从上至下的步序，逐步执行程序指令。在程序执行过程中根据程序执行需要，从输入映像寄存器及内部元件寄存器（内部继电器、计时器、计数器等）中，将有关元件的状态、数据读出，按程序要求进行逻辑运算和算术运算，并将每步运算结果写入相关元件映像寄存器（有关存储器或数据寄存器）。因此，内部元件寄存器随程序执行在不断刷新。

3. 输出刷新阶段

所有程序指令执行完毕，将内部元件寄存器中所有输出继电器状态（构成输出状态表）在输出处理阶段一次转存到输出锁存存储器中，经隔离、驱动功率放大电路送到输出端，并通过 PLC 外部接线驱动实际负载。

用户程序执行扫描方式既可按上述固定程序方式，也可以按程序指定的可变顺序进行。这不仅因为有的程序无需每扫描一次就执行一次，更主要的是在一个大、中型控制系统中需要处理的 I/O 点数多、程序结构庞大，通过安排不同的组织模块，采用分时、分批扫描执行方式，可缩短循环扫描周期，从而提高控制实时响应速度。

循环扫描的工作方式是 PLC 的一大特点，针对工业控制采用这种方式使 PLC 具有一些优于其他各种控制器的特点。例如，可靠性、抗干扰能力明显提高；串行工作方式避免触点（逻辑）竞争和时序失配；程序设计简化；通过扫描时间定时监视可诊断 CPU 内部故障，避免程序异常运行的不良影响等。

循环扫描工作方式的主要缺点是带来的控制响应滞后性。一般工业设备是允许 I/O 响

应滞后的，但对某些需要 I/O 快速响应的设备则应采取相应措施，尽可能提高响应速度，如硬件设计上采用快速响应模块、高速计数模块等，在软件设计上采用不同中断处理措施，优化设计程序等。影响响应滞后的主要因素有：输入电路与输出电路的响应时间、PLC 的运算速度、程序设计结构等。

可编程控制器在 RUN 工作状态时，执行一次图 10.22 所示的扫描所需时间称扫描周期。它是自诊断、输入采样、用户程序执行和输出刷新等几部分时间的总和，其中用户程序执行时间是影响扫描周期长度的主要因素，它决定于程序执行速度、程序长短和程序执行情况。必须指出，程序执行情况不同，所需时间相差很大，因此要准确计算扫描周期是很困难的。

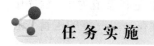
任 务 实 施

10.5　PLC 小 灯 控 制

搭建 PLC 控制系统，分别编写程序满足以下控制要求。

1）两个动合按钮串联控制一盏小灯亮灭；

2）两个动合按钮并联控制一盏小灯亮灭；

3）两个动合按钮实现两盏小灯的分别控制。

1. 分 析 与 设 计

根据情境任务要求，搭建的 PLC 控制系统简图如图 10.23 所示，包括两个动合按钮和两盏小灯。

（1）要求 1）两个动合按钮串联控制一盏小灯亮灭。梯形图程序如图 10.24 所示，因输入端采用动合按钮，且系统要求两按钮串联控制，即两个按钮都按下后，小灯才能通电点亮，故程序中全部采用动合接点形式来满足控制要求。

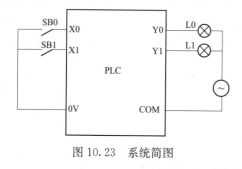

图 10.23　系统简图　　　　　　　　图 10.24　接点串联控制程序

程序分析过程为：

1）按钮 SB0 和 SB1 都没按下，则 $X0=0$，$X1=0$，对应接点逻辑"断"，输出端 $Y0=0$，输出回路断路，小灯不亮；

2）按钮 SB0 和 SB1 按下其中一个，则 X0 与 X1 中有一个端口变量状态值为 1，程序中两动合接点一个逻辑"断"，一个逻辑"通"，输出端 Y0 前端不存在一条完整的逻辑"通

路"，Y0＝0，输出回路断路，小灯不亮；

3）按钮 SB0 和 SB1 都按下，则 X0＝1，X1＝1，对应接点逻辑"通"，输出端 Y0＝1，输出回路通路，小灯亮。

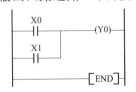

图 10.25　接点并联
控制程序

（2）要求 2）两个动合按钮并联控制一盏小灯亮灭。梯形图程序如图 10.25 所示，因输入端采用动合按钮，且系统要求两按钮并联控制，即两个按钮按下其中一个，小灯就能通电点亮，故程序中全部采用动合接点形式来满足控制要求。程序分析过程为：

1）按钮 SB0 和 SB1 都没按下，则 X0＝0，X1＝0，对应接点逻辑"断"，输出端 Y0＝0，输出回路断路，小灯不亮；

2）按钮 SB0 和 SB1 按下其中一个，则 X0 与 X1 中有一个端口变量状态值为 1，程序中两动合接点一个逻辑"断"，一个逻辑"通"，输出端 Y0 前端肯定存在一条完整的逻辑"通路"，Y0＝1，输出回路通路，小灯亮；

3）按钮 SB0 和 SB1 都按下，则 X0＝1，X1＝1，对应接点逻辑"通"，输出端 Y0 前端存在两条逻辑"通路"，Y0＝1，输出回路通路，小灯亮。

（3）要求 3）两个动合按钮实现两盏小灯的分别控制。梯形图程序如图 10.26 所示，因输入端采用动合按钮，且系统要求两按钮分别控制两盏小灯，即按下其中一个按钮，对应小灯就能通电点亮，故程序中全部采用动合接点形式来满足控制要求，程序分为两行实现单独控制。程序分析过程为：

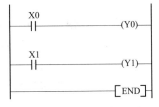

图 10.26　分别控制程序

1）按钮 SB0 按下，小灯 L0 亮；按钮 SB0 松开，小灯 L0 灭；

2）按钮 SB1 按下，小灯 L1 亮；按钮 SB1 松开，小灯 L1 灭；

3）因两行程序指令符号所关联端口变量及输出端各不相同，故从控制关系上看完全独立，互不影响，满足系统控制要求。

2. 小结

本任务中，PLC 控制系统硬件部分无任何变化，通过改编程序，实现了不同的控制效果，这就是 PLC 控制的特点与优势，是传统继电-接触器控制系统无法比拟的。当后续学习了 PLC 的定时器、计数器、功能指令后，本控制系统还可以产生延时控制、定时起动、闪烁控制、次数控制等丰富的控制效果。

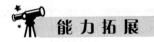

10.6　PLC 梯形图中的称谓问题

由于 PLC 品牌众多、使用区域和学习方法不同等原因，PLC 梯形图中的输入输出端口及指令符号的称谓一直没有完全统一。以三菱系列为例，很多教材和资料习惯将 PLC 梯形图中的输入 X 与输出 Y 沿用继电器的名称，如输入继电器（X），输出继电器（Y）等，但它们不是真实的物理继电器（即硬件继电器），而是在软件中使用的编程元件。为了与硬件

继电器区分，提高学习效率，本章中统一将其称为变量。每一个变量（X、Y）与 PLC 存储器的一个存储单元相对应，以便于信息更新与程序分析。同理，梯形图中的编程符号并不对应真实的触点。表 10.1 总结了三菱系列 PLC 梯形图中的各种称谓。

表 10.1　　　　　　　　　　三菱系列 PLC 梯形图中的称谓汇总

对象	常见称谓	本章使用称谓
X	输入继电器、软继电器	X 变量
Y	输出继电器、软继电器	Y 变量
M	辅助继电器	中间变量
S	状态继电器	状态变量
—||—	动合触点	动合接点
—|/|—	动断触点	动断接点
—（　）或—○	线圈	输出

10.7　按钮类型与指令符号的关系

PLC 输入端的控制按钮有动合按钮和动断按钮两类，PLC 梯形图的指令符号中有动合接点和动断接点两种。因为按钮名称和指令符号名称的相似性，导致 PLC 的初学者误认为 PLC 梯形图中的指令符号应与关联变量外部的控制按钮类型一致。下面以本学习情境任务实施中的要求（3）进行讲解，如图 10.27 所示。

PLC 输入端口 X0 和 X1 的外部控制按钮为动合类型，初学者则会误认为梯形图程序中 X0 和 X1 变量对应的指令符号只能使用动合接点。必须指出，PLC 梯形图中采用的指令符号与外部的控制按钮类型没有对应关系，外部控制按钮的选用和梯形图中指令符号的使用是由系统的控制要求决定的。

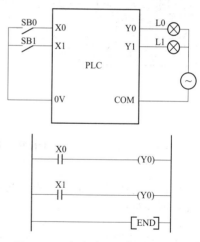

图 10.27　任务实施要求（3）系统
接线简图及程序

思考：

1. 将 X0 端口外部的动合按钮 SB0 换为动断类型，梯形图程序不变，分析系统控制效果。

2. 将梯形图程序中 X0 变量对应的动合接点换为动断接点，X0 端口外部的按钮 SB0 不变，分析系统控制效果。

注意：出于安全考虑及遵循行业标准规范要求，工业企业中 PLC 控制系统输入端的起动、停止控制按钮一般采用动合按钮（点动自动复位型）。

10.8　晶体管输出型传感器与 PLC 的连接

晶体管输出型传感器包括 NPN 型传感器和 PNP 型传感器两种形式，利用晶体管的饱和

和截止特性输出两种状态,属于开关型传感器。两者输出信号截然相反,PNP 型传感器输出高电平信号,NPN 型传感器输出低电平信号。

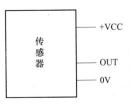

图 10.28　NPN 或 PNP 型传感器引线

NPN 型传感器和 PNP 型传感器一般有三条引出线,即电源线 VCC、0V 线和 OUT 信号输出线,如图 10.28 所示。

漏型输入如图 10.29 所示,PLC 输入端子 X 和 0V 公共端子之间连接无电压触点或 NPN 开集电极晶体管输出,导通时,对应的 X 输入端为 ON 状态,显示输入用的 LED 灯亮。

源型输入如图 10.30 所示,PLC 输入端子 X 和 24V 公共端子之间连接无电压触点或 PNP 开集电极晶体管输出,导通时,对应的 X 输入端为 ON 状态,显示输入用的 LED 灯亮。

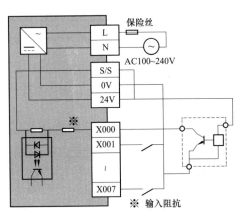

图 10.29　漏型输入接线

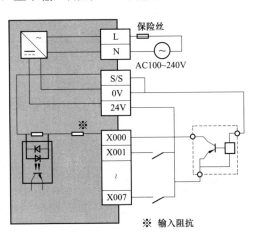

图 10.30　源型输入接线

10.9　FX3U 系列 PLC 输出规格

FX3U 系列 PLC 输出规格主要包括继电器输出、晶体管源型输出和晶体管漏型输出。接线示意图如图 10.31 ~ 图 10.33 所示。

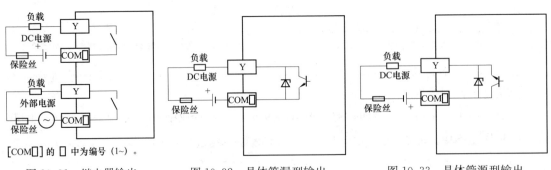

[COM□] 的 □ 中为编号 (1~)。

图 10.31　继电器输出　　　　图 10.32　晶体管漏型输出　　　　图 10.33　晶体管源型输出

学习情境 11 PLC 自 锁 与 联 锁

情境任务：通过本情境的学习，掌握 PLC 软件自锁、联锁的原理和方法，熟悉 PLC 程序中接点的功能名称，掌握低压电器在 PLC 控制中的连接方法，掌握 PLC 中的中间变量 M；能完成 PLC 双电动机控制和抢答器的硬件连接和程序设计。

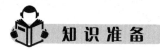 知识准备

11.1 软 件 自 锁

工业控制中的按钮普遍自带复位弹簧，按下则发生对应动作，松开则回复原始状态。如图 11.1 所示，在电气控制基本电路中已经学过电动机的长动控制需要接触器的辅助动合触头与起动按钮并接才能实现长动功能。控制原理为：按下按钮 SB2，接触器 KM 线圈得电，接触器主触头闭合，电动机 M 起动，同时接触器辅助动合触头闭合自锁。松开按钮 SB2，SB2 复位断开，因与其并接的接触器辅助动合触头闭合，KM 线圈维持通路状态，电动机继续运行。

使用 PLC 进行电动机长动控制时，可采用程序的方式实现自锁（软件自锁）。如图 11.2～图 11.4 所示，硬件方面，按钮 SB0、SB1 接 PLC 输入端 X0、X1，接触器线圈接 PLC 输出端 Y0，电动机主电路不变。软件方面，在起动按钮对应的接点处并接一个动合接点并与输出端口变量 Y0 关联，程序干路上串联一个动断接点关联 X1。

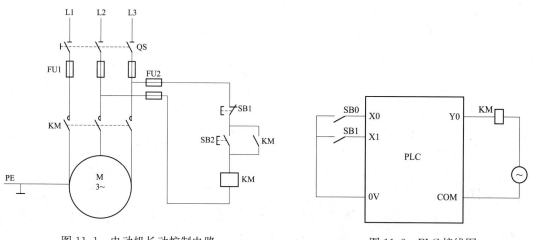

图 11.1 电动机长动控制电路　　　　　　　图 11.2 PLC 接线图

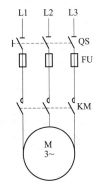

图 11.3　主电路图

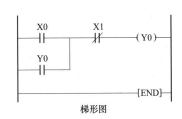

图 11.4　自锁示例

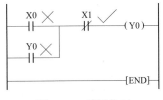

图 11.5　无操作时

控制过程如下。

（1）系统搭建完毕，硬件通电，无操作时的程序执行情况如图 11.5 所示（用√表示接点逻辑通，用×表示接点逻辑断），因此时 X0＝0，X1＝0，Y0＝0，故 X0 与 Y0 对应的接点逻辑断，X1 对应的接点逻辑通，程序行不存在逻辑通路，程序判定输出变量 Y0 状态值为 0，电动机不动作。

（2）按下起动按钮 SB0 后第一次程序执行情况如图 11.6 所示，因此时 X0＝1，X1＝0，Y0＝0，故 X0 与 X1 对应的接点逻辑通，Y0 对应的接点逻辑断，程序行存在逻辑通路，程序判定输出变量 Y0 状态值从 0→1，电动机得电起动。在进行下一次程序分析时，接点通断情况会发生对应变化，如图 11.7 所示。

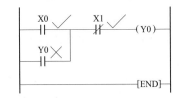

图 11.6　按下 SB0 后的第一次程序执行

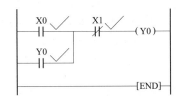

图 11.7　按下 SB0 后的第二次程序执行

注意：此处的程序分析必须严格遵循以下两个基本原则。

① PLC 的任何变量（输入、输出、内部）与 PLC 存储器的一个存储单元相对应，程序分析时需要调用存储单元中的变量状态值（0 或 1），外部操作会引起输入变量 X 的状态值发生变化，程序的运行会引起输出变量 Y 及其他内部变量发生变化。

② 程序的运行遵循先左后右、从上至下的扫描原则，循环执行程序指令。故本节中按下 SB0 后的第一次程序执行判定 Y0 从 0→1 后，Y0 对应的动合接点的逻辑状态会在下一次的程序执行时发生变化。

（3）松开起动按钮 SB0，SB0 复位断开，对应的程序执行情况如图 11.8 所示，因此时 X0＝0，X1＝0，Y0＝1，故 Y0 与 X1 对应的接点逻辑通，X0 对应的接点逻辑断，程序行存在逻辑通路，程序判定输出变量 Y0 状态值继续为 1，电动机继续运行。

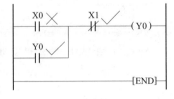

图 11.8　SB0 断开后

（4）按下停止按钮 SB1 后第一次程序执行情况如图 11.9 所示，因此时 X0＝0，X1＝1，Y0＝1，故 X0 与 X1 对应的接点逻辑断，Y0 对应的接点逻辑通，程序行不存在逻辑通路，程序判定输出变量 Y0 状态值从 1→0，电动机失电停止。在进行下一次程序分析时，接点通断情况会发生对应变化，如图 11.10 所示。

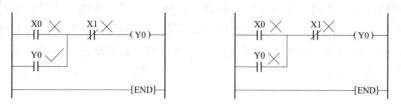

图 11.9   按下 SB1 后的第一次程序执行   图 11.10   按下 SB0 后的第二次程序执行

（5）松开停止按钮 SB1，SB1 复位断开，对应的程序执行情况如图 11.11 所示，因此时 X0＝0，X1＝0，Y0＝0，故 X0 与 Y0 对应的接点逻辑断，X1 对应的接点逻辑通，程序行不存在逻辑通路，程序判定输出变量 Y0 状态值为 0，电动机不动作。系统此时的状态回复到初始状态。

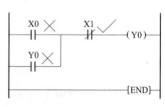

图 11.11   SB1 断开后

从以上分析，可得：

（1）输出变量关联动合接点，并与负责起动的接点并接，共同控制该输出变量，这就是软件自锁的基本程序结构。在自锁程序结构的程序干路上增加一个具有停止功能的接点则形成了 PLC 控制中经典的"起动-停止-保持"程序结构，简称"起停保"程序。本节"PLC 实现电动机的长动控制"程序即为"起停保"程序，所谓的"保持"即为自锁。

（2）本节中，因为采用了软件自锁，硬件接线时不需要接入接触器辅助触头，减少了导线数量，降低了系统庞杂程度。

11.2   软 件 联 锁

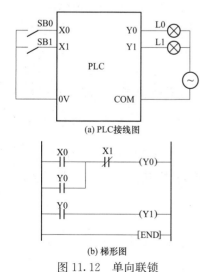

（a）PLC接线图

（b）梯形图

图 11.12   单向联锁

1. 单向联锁

将前面所学的小灯控制系统做如下变化，如图 11.12 所示。硬件方面，按钮 SB0、SB1 接 PLC 输入端 X0、X1，小灯 L0、L1 接 PLC 输出端 Y0、Y1。软件方面，程序第一行是标准的"起停保"结构，第二行由 Y0 变量对应的动合接点控制输出变量 Y1。

程序第二行的关联关系为：Y0＝0 时，Y0 对应的动合接点逻辑断，输出变量 Y1＝0；Y0＝1 时，Y0 对应的动合接点逻辑通，输出变量 Y1＝1。从控制效果看，Y1 完全受 Y0 控制。从负载效果来看，若小灯 L0 灭，L1 也灭；若小灯 L0 亮，L1 也亮。

由分析可见，某输出变量与接点关联，用来控制另

一个输出变量，这就是软件联锁的基本程序结构。除输出变量 Y 之外，PLC 众多的内部变量在编程使用时也会频繁地进行联锁控制。

2. 双向联锁

上例中 Y0 "锁住" 了 Y1，但 Y1 对 Y0 无任何影响，这样的联锁属于单向的。在工业控制中，双向联锁更加普遍。如图 11.13 所示，在电气控制基本电路中已经学过的电动机正-停-反联锁控制电路，为了实现功能需要两个接触器。接触器的主触头接入主电路控制电动机的正反转，辅助动合触头接入控制回路进行起动自锁，辅助动断触头接入控制回路用于正反转联锁。因使用了硬件联锁，系统工作期间，两个接触器的线圈不会同时通电，保证了电动机的安全。

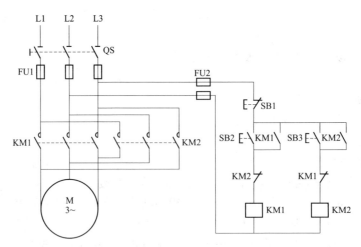

图 11.13　电动机正-停-反联锁控制电路

使用 PLC 进行电动机 "正转-停止-反转" 控制时，可采用程序的方式实现联锁（软件联锁）。如图 11.14 所示，硬件方面，按钮 SB0、SB1、SB2 接 PLC 输入端 X0、X1、X2，接触器线圈接 PLC 输出端 Y1、Y2，电动机主电路按正反转相序要求接入接触器主触头。软件方面，除基本的 "起停保" 结构外，将输出变量 Y1 与动断接点关联串入输出变量 Y2 所在的程序行，同理将输出变量 Y2 与动断接点关联串入输出变量 Y1 所在的程序行，从而实现变量 Y1 与 Y2 之间的双向联锁。

控制过程为：

（1）系统搭建完毕，硬件通电，无操作时的程序执行情况如图 11.15 所示，因此时 X0=0，X1=0，X2=0，Y1=0，Y2=0，故程序中的动合接点逻辑断，动断接点逻辑通，程序行不存在逻辑通路，程序判定输出变量 Y0 和 Y1 状态值为 0，PLC 输出端负载线圈不通电，电动机不动作。

（2）按下起动按钮 SB1 后，X1=1，第一行程序会很快自锁并引起第二行程序逻辑通断关系变化，执行情况如图 11.16 所示。第一行程序中输出变量 Y1 从 0→1 并自锁，电动机正转。

（3）松开 SB1，按下起动按钮 SB2 后，X1=0，X2=1，执行情况如图 11.17 所示。由于第一行程序中 Y1 的自锁依然存在，导致第二行程序中 Y1 关联的动断接点逻辑断，第二行程序依然不存在逻辑通路，Y2 状态值依然为 0。

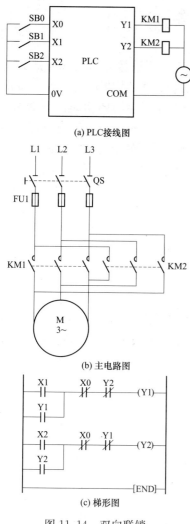

(a) PLC接线图

(b) 主电路图

(c) 梯形图

图 11.14　双向联锁

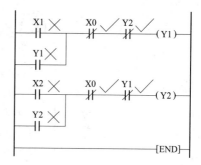

图 11.15　无操作时

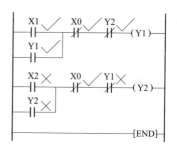

图 11.16　按下 SB1 后

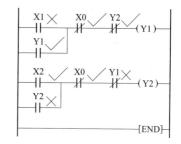

图 11.17　松开 SB1 按下 SB2 后

由以上分析，可得：

（1）若要使 Y2＝1，让电动机实现反转，必须先按下停止按钮 SB0，让 Y1＝0；再按下 SB2，则可使第二行程序中的 Y2＝1 并实现自锁，并"切断"（锁住）第一行程序中 Y2 的动断接点。

（2）本节中，因为采用了软件自锁和联锁，硬件接线时不需要接入接触器辅助触头，减少了导线数量，降低了系统庞杂程度。但在真实的工程应用中，为了提高系统的安全性，往往采用软件联锁结合硬件联锁的方式，PLC 接线中的硬件联锁如图 11.18 所示。

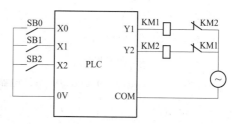

图 11.18　PLC 接线中的硬件联锁

11.3　接点的功能名称

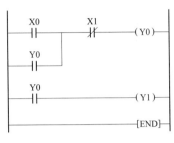

图 11.19　接点的功能名称

　　动合接点、动断接点、步进接点可以认为是 PLC 程序中接点的类型名称。在进行 PLC 梯形图程序编写和分析时，为了方便，可以按照接点在程序中的功能进行命名，称为接点的功能名称。如图 11.19 所示，根据对程序的分析可对各接点分别命名为：X0 对应的动合接点为起动接点，X1 对应的动断接点为停止接点，第一行程序中 Y0 对应的动合接点为自锁接点，第二行程序中 Y0 对应的动合接点为联锁接点。

11.4　低压电器在 PLC 控制中的常见连接方法

　　按钮、接触器、熔断器、热继电器是传统电气控制中常见的低压电器。在采用 PLC 进行电气控制时，这些低压电器的有些部件会与 PLC 相连，有些部件会在主电路中与主负载相连。如图 11.20 所示，保护器件熔断器 FU、热继电器触头 FR 可接入 PLC 输出端回路中。

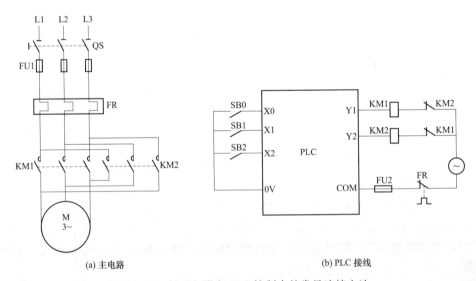

(a) 主电路　　　　　　　　(b) PLC 接线

图 11.20　低压电器在 PLC 控制中的常见连接方法

11.5　中 间 变 量 M

　　PLC 内部有许多可用的中间变量 M，其作用相当于继电-接触器控制线路中的中间继电器。和输出变量 Y 一样，中间变量 M 的状态值只能由程序的执行结果决定，每个中间变量 M 都可以在程序中使用多次。但中间变量 M 仅供内部编程使用，不能直接驱动外部

负载。

注意：本书中的中间变量 M 与其他同类教材或技术资料中的 PLC 的辅助继电器 M 为同一概念。

在 FX3U 系列的 PLC 中，中间变量 M 又分为以下三类。

1. 通用中间变量 M

通用中间变量 M 按十进制编号，通用中间变量 M 的编号为 M0～M499 共 500 点，非停电保持类型，根据设定的参数可以更改为停电保持类型。PLC 的电源断开后，输出变量 Y 和非停电保持型的中间变量 M 状态值全部变为 0，而停电保持型的中间变量状态值可保持不变。有些控制系统要求保持断电时的状态，断电保持中间变量 M 就能满足这种要求。断电保持中间变量 M 由 PLC 内部的锂电池作为后备电源来实现断电保持功能。

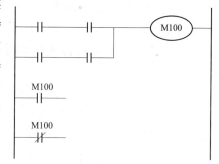

图 11.21　非断电保持通用型

通用中间变量 M 梯形图如图 11.21 所示，同输出变量 Y 类似，中间变量 M 可以是某行程序的被控变量，可以与接点关联控制其他变量。

2. 停电保持中间变量 M

停电保持中间变量 M 又分为停电保持专用和断电保持专用两种类型。停电保持专用的编号为 M500～M1023 共 524 点，可用参数设置方法改为非停电保持用。断电保持专用的编号为 M1024～M7679 共 6656 点，它的断电保持特性可以通过参数进行变更。将停电保持专用的中间变量作为一般的中间变量使用时，可在程序的开始部分设置如图 11.22 所示的复位梯形图，其中 ZRST 为 PLC 的区间复位功能指令。

具有断电保持功能的中间变量 M 的梯形图如图 11.23 所示，在此程序中，X0 对应的起动接点接通后，M600＝1 并自锁。因 M600 为断电保持型，其后即使停电，M600 也能保持停电前的状态值。正常通电运行时，当 X1 对应的动断接点断开时 M600 就会复位归零。

图 11.22　停电保持专用区间复位　　　　　图 11.23　停电保持型

例 11.1：系统如图 11.24 所示，编程使工作台在停电后再次起动时，其前进方向与停电前的前进方向相同。

分析：程序如图 11.25 所示，X000＝ON（左限）→M600＝ON→平台向右运动→停电→平台中途停止→再次起动（M600＝ON）→平台继续向右运动→X001＝ON（右限）→M600＝OFF、M601＝ON→平台向左运动…

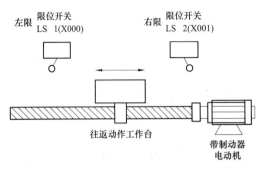

图 11.24 停电保持用中间变量的用途实例

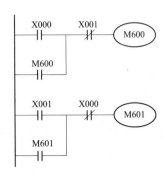

图 11.25 部分梯形图

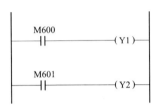

图 11.26 补充程序

注意：M600、M601 是不能直接驱动外部负载的，可通过程序利用 M600、M601 控制输出变量 Y，再通过输出变量 Y 驱动外部负载（电动机），从而使平台发生运动。补充程序如图 11.26 所示，硬件接线部分可参考电动机正反转控制的接线方法。

3. 特殊中间变量 M

FX3U 系列 PLC 的特殊中间变量 M 编号为：M8000 ～ M8511 共 512 点，它们各自具有特定的功能。下面将常用的特殊中间变量 M 列举如下。

M8000：RUN（运行）监控，PLC 运行时接通。

M8001：RUN（运行）监控，PLC 运行时断开。

M8002：初始化脉冲，在 PLC 开始运行之初 ON 一个扫描周期。

M8003：初始化脉冲，在 PLC 开始运行之初 OFF 一个扫描周期。

M8011：10ms 时钟脉冲，以 10ms 为周期振荡，5ms 为 ON、5ms 为 OFF。

M8012：100ms 时钟脉冲，以 100ms 为周期振荡。

M8013：1s 时钟脉冲，以 1s 为周期振荡。

M8014：1min 时钟脉冲，以 1min 为周期振荡。

M8034：全输出禁止，在执行完当前扫描周期到 END 后，外部的输出全变为 OFF。

M8039：定时扫描。

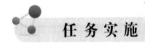

任 务 实 施

11.6 PLC 双 电 动 机 控 制

系统接线图如图 11.27 所示，两台电动机分别受接触器 KM1 和 KM2 控制。系统控制要求如下所述，要求分别编程实现。

（1）如果发生过载，则两台电动机均停止。第一台电动机的起动/停止控制端口是 X1 和 X2；第二台电动机的起动/停止控制端口是 X3 和 X4。

（2）只有先起动第一台电动机，才能起动第二台电动机；第一台电动机停止时，第二台

电动机也自动停止；第二台电动机可单独停止；如果发生过载，则两台电动机均停止。第一台电动机的起动控制端口是 X1；两台电动机的总停止控制端口是 X2；第二台电动机的起动/停止控制端口是 X3 和 X4。

（3）只有先起动第一台电动机，才能起动第二台电动机；两台电动机均可独立停止；如果发生过载，则两台电动机均停止。第一台电动机的起动/停止控制端口是 X1 和 X2；第二台电动机的起动/停止控制端口是 X3 和 X4。

分析与设计如下。

（1）要求（1）中，两台电动机起停控制相互独立，但过载会同时停止。故分别使用"起停保"结构再加入过载保护接点即可完成任务，如图 11.28 所示。

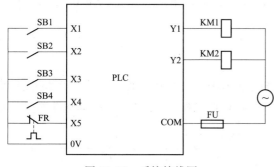

图 11.27　系统接线图

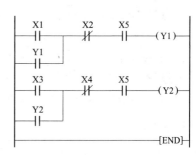

图 11.28　要求（1）梯形图

（2）要求（2）中"只有先起动第一台电动机，才能起动第二台电动机；第一台电动机停止时，第二台电动机也自动停止"说明第一台电动机"锁住"了第二台电动机，故对电动机分别使用"起停保"结构，并用 Y1"锁住"Y2 即可完成任务，如图 11.29 所示。

（3）要求（3）中"只有先起动第一台电动机，才能起动第二台电动机；两台电动机均可独立停止"说明第一台电动机"半锁住"了第二台电动机。故对电动机分别使用"起停保"结构，并在 Y2 的起动接点处串接 Y1 联锁接点，则 Y1 只影响 Y2 的起动，并不影响Y2 的停止，梯形图如图 11.30 所示。

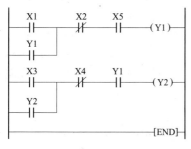

图 11.29　要求（2）梯形图

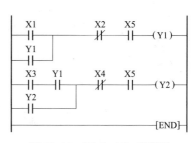

图 11.30　要求（3）梯形图

能 力 拓 展

11.7 抢 答 器

使用 PLC 设计三人抢答器，需满足以下要求。

（1）主持人控制开始键和复位键。

（2）三位选手各有一个抢答器（按钮）和一盏抢答指示灯。

（3）主持人没按开始键，选手无法抢答；一轮比赛结束后，主持人按复位键，选手灯灭；只有最先按键选手灯能亮，其他选手灯不亮。

分析与设计如下。

1. 硬件需求

通过设计要求可以确定 PLC 输入端需连接 5 个按钮（主持人控制 2 个，三位选手各控制 1 个），输出端需连接三盏抢答指示灯。PLC 端口可按如表 11.1 所示进行硬件连接分配。

表 11.1　　　　　　　　　　　　　PLC 端口分配表

类别	元件	端口	作用	类别	元件	端口	作用
输入	SB0	X0	抢答开始	输入	SB4	X4	系统复位
	SB1	X1	选手1抢答	输出	L1	Y1	选手1指示灯
	SB2	X2	选手2抢答		L2	Y2	选手2指示灯
	SB3	X3	选手3抢答		L3	Y3	选手3指示灯

2. 程序设计

（1）设计要求提出"主持人控制开始键和复位键；主持人没按开始键，选手无法抢答；一轮比赛结束后，主持人按复位键，选手灯灭"，可设计一个"起停保"结构控制一个中间变量 M。主持人控制中间变量，后续再通过中间变量去控制参赛选手。程序结构如图 11.31 所示。

（2）设计要求提出"三位选手各有一个抢答器（按钮）和一盏抢答指示灯"，但又不可提前抢答，可为选手设计一个抢答自锁结构，并受到中间变量 M0 的控制。程序结构如图 11.32 所示，M0 无效为 0 时，选手 1 无法抢答；M0 有效为 1 时，选手 1 可以抢答并实现自锁。

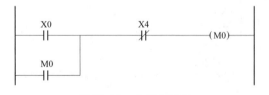

图 11.31　主持人程序

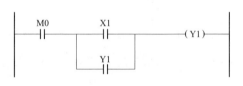

图 11.32　选手 1 程序

（3）设计要求提出"只有最先按键选手灯能亮，其他选手灯不亮"，可为三位选手设计联锁程序结构，任何人先完成有效抢答，可"锁住"其他选手。程序结构如图 11.33 所示，

假设 2 号选手先按键，可率先使 Y2＝1，Y2 关联的动断接点可以"锁住"Y1 和 Y3 的程序行。

完整梯形图程序如图 11.34 所示。

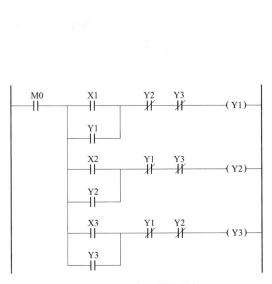

图 11.33 选手联锁程序

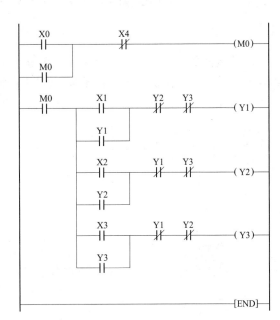

图 11.34 三人抢答器程序

本设计主要应用了本学习情境所学的"起停保"结构、软件联锁、中间变量 M 等知识。中间变量 M 的灵活应用可以明显减少对输出变量 Y 的占用，PLC 输出端口 Y 的数量是非常有限的，而中间变量 M 数量庞大。

学习情境 12　PLC 编程软件和指令语句

情境任务：通过本情境的学习，掌握 GX Developer 软件工程、梯形图、指令列表、变换、注释、声明等操作方法，掌握 PLC 语句表的作用和编程方法；能在 GX Developer 软件中使用梯形图和语句表编程；熟悉梯形图编制原则。

12.1　GX Developer 概述

图 12.1　GX Developer
软件的桌面图标

GX Developer 是针对三菱系列 PLC 的专门软件。它能实现程序编写、PLC 程序写入/读出、监视、调试、PLC 诊断等功能，具有通用性强、操作性好、程序标准化程度高、编程语言多样、调试功能丰富等特点。GX Developer 软件的桌面图标如图 12.1 所示，起动后初始界面如图 12.2 所示。

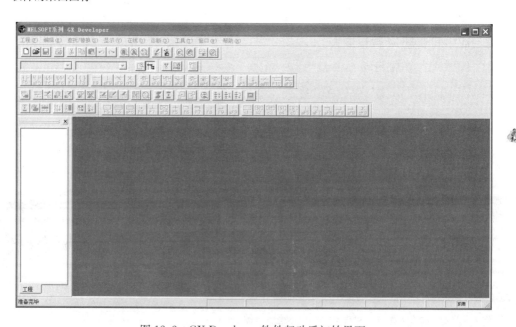

图 12.2　GX Developer 软件起动后初始界面

12.2　工程相关操作

通过"工程"菜单或对应工具栏按钮可完成创建、保存、打开、删除等工程操作，如图
12.3～图 12.7 所示。

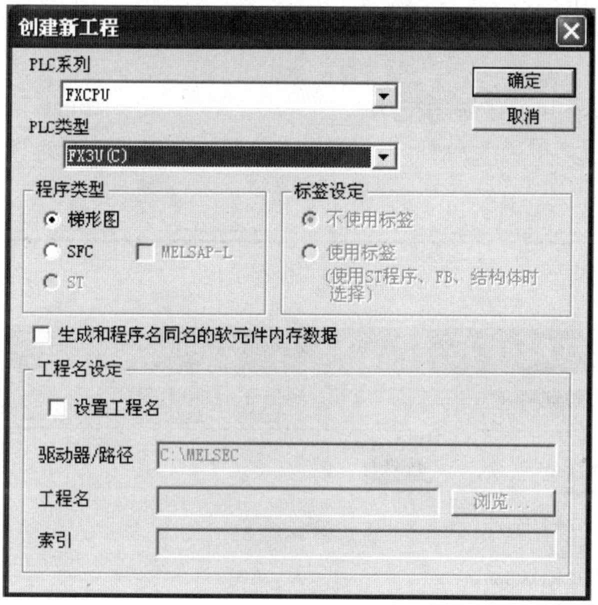

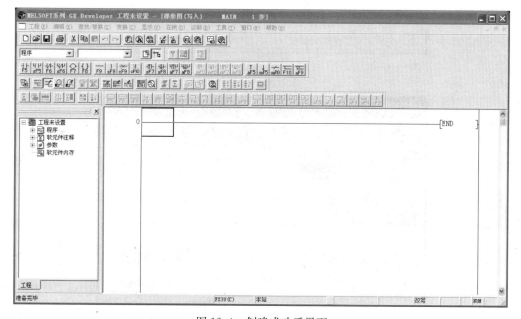

图 12.3　创建新工程

图 12.4　创建成功后界面

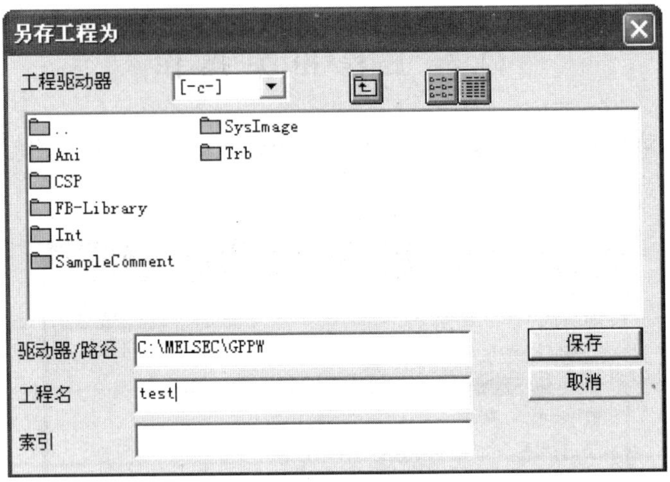

图 12.5　保存工程

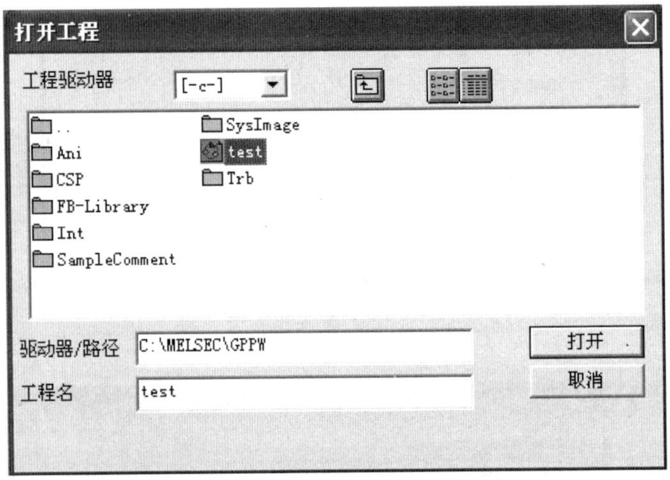

图 12.6　打开工程

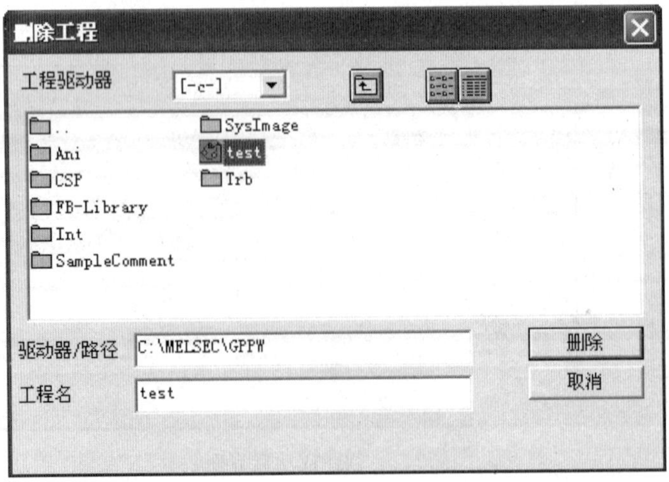

图 12.7　删除工程

12.3 编 程 操 作

12.3.1   梯形图相关操作

1. 输入

（1）接点符号输入。

将光标移至输入位置，双击鼠标左键弹出如图 12.8 所示"梯形图输入"提示框，或在如图 12.9 所示"梯形图符号"工具栏上左键单击选择所需梯形图符号。梯形图符号全部都有快捷键，其中前缀 s＝Shift，c＝Ctrl，a＝Alt，ca＝Ctrl＋Alt。例如，上升沿脉冲符号 sF7＝Shift＋F7 键，运算结果取反符号 caF10＝ Ctrl＋Alt＋F10 键。

图 12.8   "梯形图输入"提示框

图 12.9   "梯形图符号"工具栏

动合接点关联 X1 端口变量的输入方式如图 12.10 所示，功能指令的输入方式如图 12.11 所示。

图 12.10   接点与变量输入

图 12.11   功能指令输入

（2）写入划线、竖线和横线。

划线主要用于梯形图中多输出控制。在"梯形图符号"工具栏中单击"划线输入"按钮，如图 12.12 所示，以光标初始位置左侧为起始点进行光标拖拽，直至适当的终点位置。

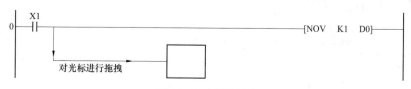

图 12.12   划线输入

梯形图中竖线和横线输入主要用于多输出控制及接点位置控制。在"梯形图符号"工具栏中单击"画竖线"按钮，如图 12.13 所示，在对话框中输入所需竖线数量，若不输入则默认为 1。梯形图横线操作与竖线类似。

图 12.13 竖线输入

2. 删除

（1）删除单个符号或指令。

将光标移到要删除的梯形图符号或指令上，按下键盘上的［Delete］键进行删除。

（2）删除程序段。

将光标移至需要删除的程序段第一行最左侧，按下左键拖拽到需要删除的程度段的最后一行的最右侧，按下键盘上的［Delete］键进行删除。拖选效果如图 12.14 所示。

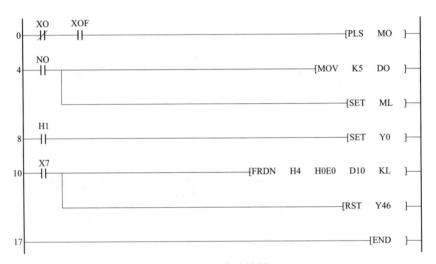

图 12.14 拖选效果

注意：不能连同 END 指令行一起删除，否则会出现如图 12.15 所示的提示。

（3）删除划线。

将光标移至要删除的划线处，在"梯形图符号"工具栏中按下"划线删除"按钮，在要删除的划线上进行拖拽或者按［Shift＋键盘］方向键，选中的划线将变为黄色显示，如图 12.16 所示。

图 12.15 操作提示

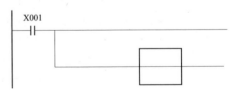

图 12.16 删除划线

3. 梯形图块中的相关操作

(1) 插入行。

如图 12.17 所示,将光标移至要插入行的位置,单击"编辑"菜单→行插入,效果如图 12.18 所示。

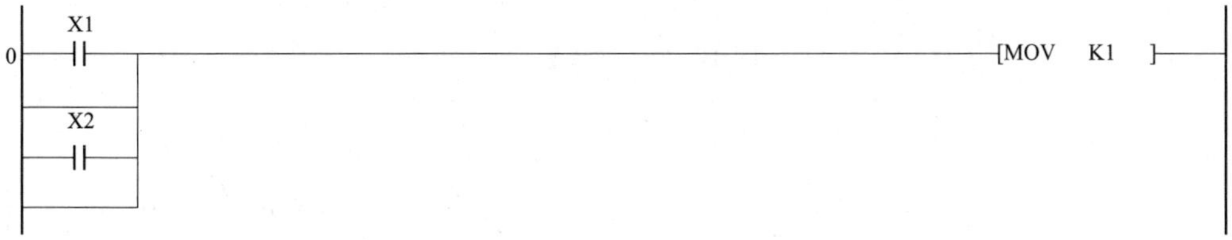

图 12.17   选择插入点

图 12.18   插入行效果

(2) 删除行。

将光标移至要删除行的位置,单击"编辑"菜单→行删除,则该行程序和空间全部删除。注意:若通过 [Delete] 键删除行接点,则该行所占空间依然存在。

(3) 插入列。

将光标移至要插入列的位置,单击"编辑"菜单→列插入,效果如图 12.19 所示。

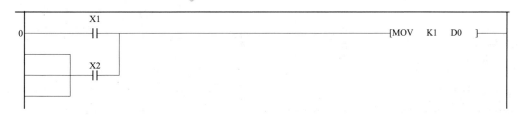

图 12.19   插入列效果

(4) 删除列。

如图 12.20 所示,将光标移至要删除列的位置,单击"编辑"菜单→列删除,效果如图 12.21 所示。

4. 查找与替换

(1) 软元件。

单击"查找/替换"菜单→软元件查找或软元件替换,即可弹出如图 12.22 所示的"软

图 12.20 选择删除点

图 12.21 删除列后效果

元件查找"和如图 12.23 所示的"软元件替换"界面。在梯形图/列表中查找软元件时,仅查找与软元件完全一致的字符串。

单击"查找/替换"菜单→软元件替换,即可弹出如图 12.23 所示的"软元件替换"界面。替换点数若＞1,则可完成递增软元件的替换,以图中设置为例,可完成 X011、X012 分别替换 X001、X002 的操作。

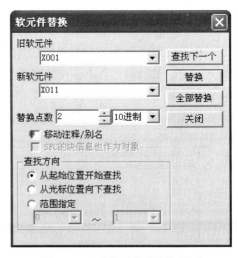

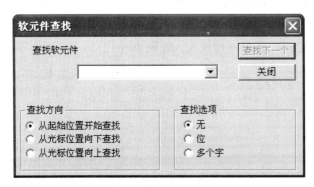

图 12.22 "软元件查找"界面 　　图 12.23 "软元件替换"界面

单击"查找/替换"菜单→软元件批量替换,即可弹出如图 12.24 所示的"软元件批量替换"界面。软元件批量替换可同时完成不同类型软元件的替换,灵活性更好。

(2)指令。

单击"查找/替换"菜单→指令查找,即可弹出如图 12.25 所示的"指令查找"界面。界面左侧下拉框中可选择指令符号,右侧输入框中可输入指令名称。

单击"查找/替换"菜单→指令替换,即可弹出如图 12.26 所示的"指令替换"界面。

图 12.24　"软元件批量替换"界面

界面左侧下拉框中可选择指令符号，右侧输入框中可输入指令名称。

图 12.25　"指令查找"界面

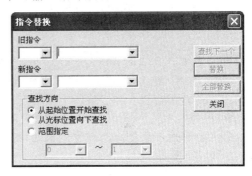

图 12.26　"指令替换"界面

（3）触点线圈。

单击"查找/替换"菜单→触点线圈查找，即可弹出如图 12.27 所示的"触点线圈查找"界面。界面左侧下拉框中可选择查找对象，右侧输入框中可输入对应端口编号。

单击"查找/替换"菜单→常开常闭触点互换，即可弹出如图 12.28 所示的"常开常闭触点互换"界面。该命令可将当前编辑程序中指定软元件的常开（动合）触点变更为常闭（动断）触点或常闭（动断）触点变更为常开（动合）触点。

图 12.27　"触点线圈查找"界面

图 12.28　"常开常闭触点互换"界面

12.3.2　指令列表

指令列表是 PLC 程序的另一种编写和显示方法，通过单击软件工具栏上的"梯形图/指令表显示切换"按钮即可切换模式，如图 12.29 所示。

图 12.29　指令表编辑界面

1. 输入接点-应用指令

输入接点时，先按下键盘上的［Insert］键，将输入模式设置为插入模式，该模式下不会进行指令覆盖。直接单击键盘按键即可弹出"列表输入"窗口，如图 12.30 所示。命令输入完成按下键盘［Enter］键即可输入到编辑画面中。应用指令的输入方法类似，如图 12.31 所示。编辑输入后的结果如图 12.32 所示。

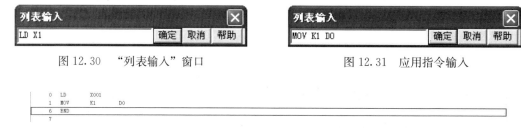

图 12.30　"列表输入"窗口　　　　　　图 12.31　应用指令输入

图 12.32　编辑结果

2. 删除列表

将光标移至需要删除的指令列表处，按下键盘的［Delete］键即可删除。

3. 插入/删除 NOP

逐行插入 NOP 时，将光标移至要插入 NOP 处，按下［Shift＋Insert］键即可在光标位置的上一行插入 NOP。逐行删除 NOP 时，将光标移至要删除 NOP 处，按下［Delete］或［Shift＋Delete］键即可删除光标位置之前的 NOP。

批量插入 NOP 时，将光标移至要插入 NOP 处，选择"编辑"菜单→NOP 批量插入，将显示如图 12.33 所示对话框。在"插入 NOP 数"文本框中输入数目，单击"确定"按钮即可批量插入。批量删除 NOP 时，将光标移至要删除 NOP 处，选择"编辑"菜单→NOP 批量删除，将显示如图 12.34 所示对话框，单击"是"按钮即可批量删除。

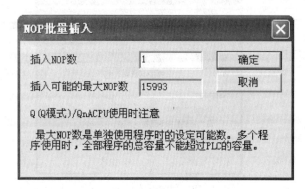

图 12.33　"NOP 批量插入"对话框　　　　　图 12.34　NOP 批量删除对话框

12.3.3　变换

梯形图编辑中的某些操作需要程序变换之后才可进行，梯形图变换可分 3 种：变换、变换（编辑中的全部程序）、编辑（运行中写入）。变换命令在"变换"菜单中选择，如图12.35 所示。

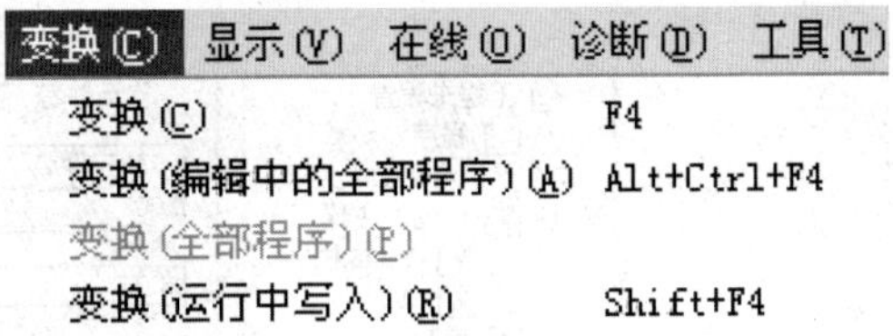

变换(C)	显示(V)	在线(O)	诊断(D)	工具(T)
变换(C)				F4
变换(编辑中的全部程序)(A)				Alt+Ctrl+F4
变换(全部程序)(P)				
变换(运行中写入)(R)				Shift+F4

图 12.35　梯形图"变换"命令

12.4　辅　助　操　作

12.4.1　软元件注释

对软元件添加注释，可使程序易于阅读、查错和调试。

1. 在编辑界面中创建注释

创建共用注释时，双击软件编辑界面左侧"工程"窗口中"软元件注释"下的"COMMENT"选项，弹出如图 12.36 所示注释编辑界面。

图 12.36　共用注释编辑界面

创建各程序注释时，选择"工程"菜单→编辑数据→新建，即弹出如图 12.37 所示"新建"对话框，在对话框的"数据类型"中选择"各程序注释"，"新建添加数据名"中输入子程序名称，单击"确定"按钮后即可生成子程序注释编辑界面，如图 12.38 所示。

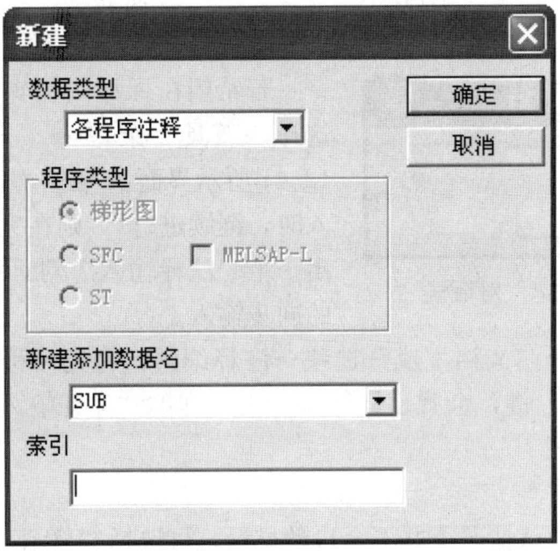

图 12.37　"新建"对话框

图 12.38　各程序注释编辑界面

　　若想切换共用注释和各程序注释类型，可在软元件注释编辑界面，选择"编辑"菜单→
"注释设置"命令，在弹出的如图 12.39 所示对话框中进行类型切换。

　　2. 在梯形图中创建注释

　　将光标移至创建软元件注释的位置，双击或按下 [Enter] 键，在弹出的"梯形图输入"
窗口中按照如图 12.40 所示的格式输入软元件注释。注意：添加注释时，指令符号切换为
"空"，软元件编号前面为两个半角分号 ";;"。输入成功后的效果如图 12.40 所示。

图 12.39　"注释设置"对话框

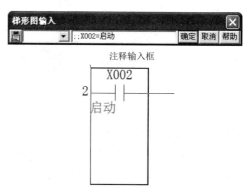

图 12.40　注释显示效果

图 12.41　"注释输入"对话框

　　若希望在梯形图编辑过程中输入注释，则可
选择"工具"菜单→"选项"命令，弹出如图
12.41 所示界面，勾选"输入注释"项的"指令写
入时，继续进行"，则在完成指令符号编辑后会弹
出一个"注释输入"对话框，可完成程序和注释
的同步输入。

　　勾选"编辑"菜单→"文档生成"选项→注释编辑，将光标移至创建软元件注释的位
置，双击或按下 [Enter] 键，会弹出同图 12.41 一样的"注释输入"对话框。此方法适合
梯形图编辑结束后使用。

　　3. 显示注释

　　注释添加成功后，默认情况下并不会自动显示，可选择"显示"菜单→"注释显示"命
令，则可看到添加的注释。后续即将介绍的声明及注解的显示操作与注释类似，如图 12.42
所示。

选择"显示"菜单→"软元件注释行数"命令，可调整注释所占的空间大小。如图 12.43 所示，默认注释行数为"4 行"，当注释文字不多时应将其调整为"1 行"，可明显缩减程序行间距。

图 12.42　显示菜单下拉命令

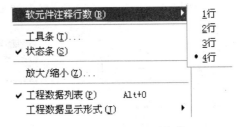

图 12.43　注释显示行数

4. 删除注释

在软元件注释编辑画面单击"编辑"菜单，弹出如图 12.44 所示下拉选项。选择"全清除（全软元件）"则会删除所设置的全部软元件注释。选择"全清除（显示中的软元件）"则会删除显示的软元件注释。

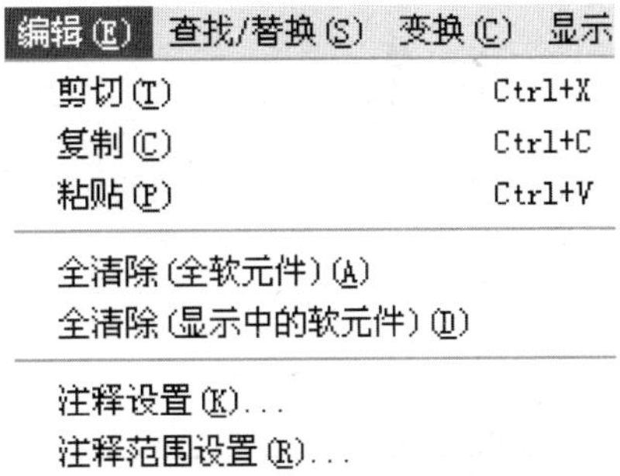

12.4.2　声明、注解

为了使程序易于理解，经常会在程序行前添加声明或注解。

1. 声明的创建和删除

在程序行左侧创建声明时，将光标移至程序行左侧，输入半角分号";"则会弹出如图 12.45 所示"梯形图输入"界面，输入所需声明文字，单击"确定"按钮即可。声明创建成功后的显示效果如图 12.46 所示。

图 12.45　"梯形图输入"界面—声明输入

图 12.47　"梯形图输入"界面—子程序声明输入

删除声明时，选择对应声明，按下键盘［Delete］键即可。

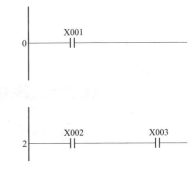

图 12.44　"编辑"菜单选项

图 12.46　声明显示效果

子程序或中断程序的声明添加方法为：在程序行左侧按下字母 P 或 I，在弹出的"梯形图输入"界面中按如图 12.47 所示格式输入声明，显示效果如图 12.48 所示。

2. 注解的创建和删除

创建注解时，首先按下键盘［Insert］键进入改写模式（插入模式下会产生新的输出支路），双击需要添加注解的输出变量，在弹出的对话框中按如图 12.49 所示格式添加注解文字，单击"确定"按钮则会在输出变量上部生成如图 12.50 所示对应注解。

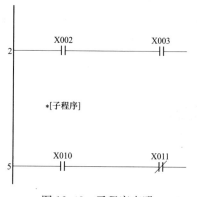

图 12.48　子程序声明

图 12.49　"梯形图输入"界面—注解输入

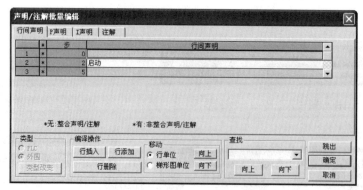

图 12.50　注解显示效果

删除注解时，选择对应注解，按下键盘［Delete］键即可。

3. 声明/注解批量编辑

选择"编辑"菜单→"文档生成"→"声明/注解批量编辑"命令，会弹出如图12.51 所示界面，在界面中可批量完成程序行间声明、子程序 P 声明、中断 I 声明和输出注解的编辑。

图 12.51　声明/注解批量编辑

12.5　在　线　操　作

12.5.1　数据的 PLC 读取和写入

选择"在线"菜单→"PLC 读取"或"PLC 写入"命令，将弹出如图 12.52 所示界面，界面中可根据需要选择读取或写入的相关内容。

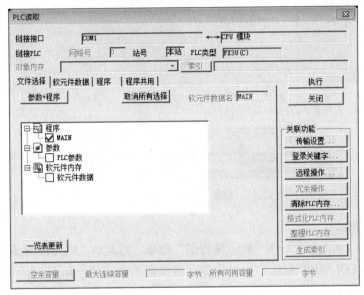

图 12.52　"PLC 读取"界面

12.5.2　监视

选择"在线"→"监视"命令可开启监视模式。在监视模式下，可在显示梯形图的同时监视触点及线圈的 ON/OFF 状态，如图 12.53 所示。

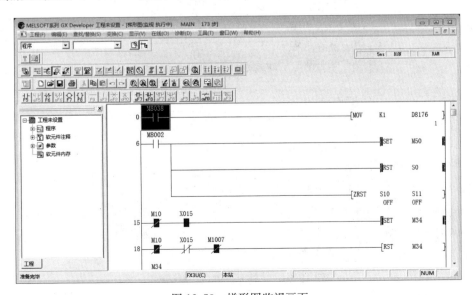

图 12.53　梯形图监视画面

选择"在线"→"监视"→"监视（写入）模式"命令，可开启监视写入模式，如图 12.54 所示。在该模式下，可在梯形图监视过程中编辑程序，如图 12.55 所示。

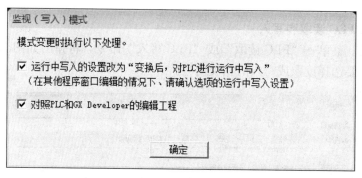

图 12.54　"监视（写入）模式"对话框

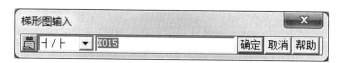

图 12.55　监视（写入）模式下编辑变量

12.5.3　软元件测试

选择"在线"→"调试"→"软元件测试"命令，可起动"软元件测试"界面。界面中可将软元件强制 ON/OFF/取反，也可将软元件设置为指定值。如图 12.56 所示，将 D0 的值设置为 100 及将 T17 强制 OFF。

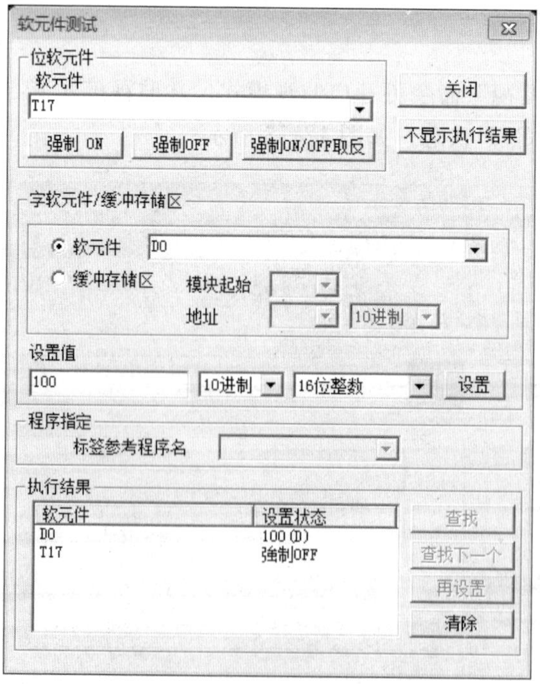

图 12.56　"软元件测试"对话框

12.6　PLC 的 语 句 表

梯形图编写方便、形象直观，是最常用的 PLC 程序的编写方式。指令语句表也是 PLC 程序的表现方式之一，它与梯形图中指令符号一一对应，在 PLC 手持编程器中应用广泛。

1. 逻辑取及输出指令（LD、LDI、OUT、END）

LD（Load）：取指令，用于梯形图程序行以动合（常开）接点开始的情况。在分支起点也可以使用。

LDI（Load Inverse）：取反指令，用于梯形图程序行以动断（常闭）接点开始的情况。在分支起点也可以使用。

OUT：输出指令。

END：程序结束指令。

LD、LDI、OUT 和 END 指令的应用举例如图 12.57 所示。

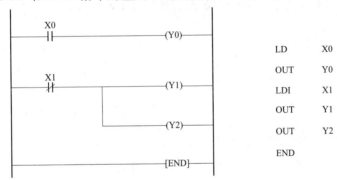

图 12.57　指令应用举例 1

2. 接点串联指令（AND、ANI）

AND：与指令，用于串联一个动合（常开）接点。

ANI：与非指令，用于串联一个动断（常闭）接点。

AND、ANI 应用举例如图 12.58 所示。

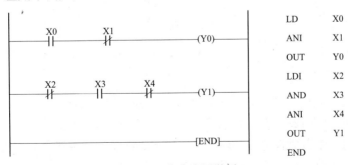

图 12.58　指令应用举例 2

3. 接点并联指令（OR、ORI）

OR：或指令，用于并联一个动合（常开）接点。

ORI：或非指令，用于并联一个动断（常闭）接点。

OR、ORI 指令的应用举例如图 12.59 所示。

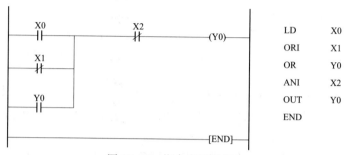

LD	X0
ORI	X1
OR	Y0
ANI	X2
OUT	Y0
END	

图 12.59　指令应用举例 3

4. 接点块操作指令（ANB、ORB）

比较分析如图 12.60 所示的两个梯形图指令表写法的区别。左侧梯形图中，输入变量 X0 对应的动合（常开）接点处于支路上；右侧梯形图中，输入变量 X0 对应的动合（常开）接点处于干路上。不同的逻辑关系应有不同的指令语句加以区分。

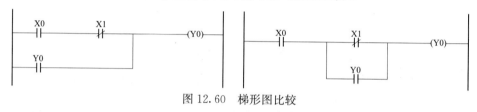

图 12.60　梯形图比较

在 PLC 梯形图程序中除了单个接点的串联与并联形式外，还有接点块的串联和并联形式。

ANB：串接"并连接构接点块"。指令写法："并连接构接点块"中第一个接点用 LD/LDI，结束用 ANB。

ORB：并接"串连接构接点块"。指令写法："串连接构接点块"中第一个接点用 LD/LDI，结束用 ORB。

如图 12.60 所示的两个梯形图的指令语句表分别为：

左侧：

```
LD    X0
ANI   X1
OR    Y0
OUT   Y0
```

右侧：

```
LD    X0
LDI   X1
OR    Y0
ANB
OUT   Y0
```

例 12.1：分析如图 12.61 所示的梯形图程序，分别写出对应指令表。

例 12.2：分析如图 12.62 所示的梯形图程序，写出对应指令表。

本例梯形图对初学者而言直接分析逻辑结构有些难度，可将其改画为如图 12.63 所示变形结构，变化后并未改变程序逻辑关系。指令表为：

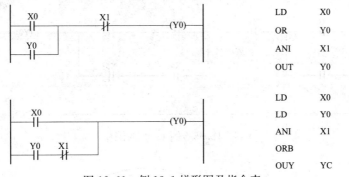

图 12.61　例 12.1 梯形图及指令表

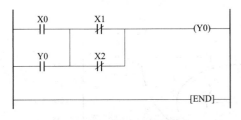

图 12.62　例 12.2 梯形图

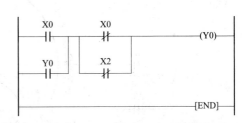

图 12.63　例 12.2 梯形图变形

```
LD   X0
OR   Y0
LDI  X1
OR   X2
ANB
OUT  Y0
END
```

例 12.3：分析如图 12.64 所示的梯形图程序，写出对应指令表。

指令表为：

```
LD   X0
ANI  X1
LD   Y0
AND  X2
ORB
ANI  X3
OUT  Y0
END
```

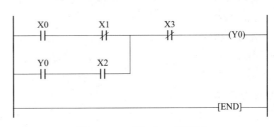

图 12.64　例 12.3 梯形图

例 12.4：分析如图 12.65 所示的梯形图程序，写出对应指令表。

梯形图逻辑关系错综复杂时，可采用"画圈"法来分析，如图 12.66 所示。

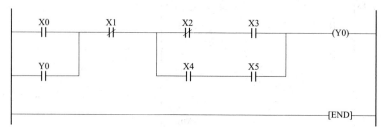

图 12.65　例 12.4 梯形图

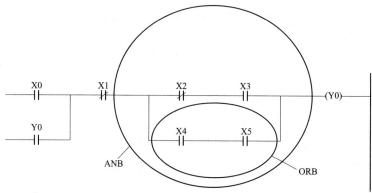

图 12.66　例 12.4 梯形图"画圈"分析图

指令表为：

```
LD   X0
OR   Y0
ANI  X1
LDI  X2
AND  X3
LD   X4
AND  X5
ORB
ANB
OUT  Y0
END
```

练习 1：画出下列指令程序的梯形图，并比较其功能，指出哪个更加合理?

(1)   (2)

```
LD   Y0              LD   X2
LD   X0              AND  X3
ANI  X1              AND  X4
ORB                 LD   X0
LD   X2              ANI  X1
AND  X3              ORB
AND  X4              OR   Y0
```

```
ORB                                    OUT    Y0
OUT    Y0
```

练习 2：将下列指令表转换成梯形图，分析其不合理之处并进行优化。

```
LD    M200      OR    M313      ORB
ORI   X0        ANI   M102      ANB
LD    X1        LD    M101      ORI   X5
ANI   X2        ANI   M102      OUT   M101
```

5. 多重输出指令（MPS、MRD、MPP）

比较分析如图 12.67 所示的两个梯形图指令表写法的区别。左侧梯形图中，输入变量 X1 对应的动合（常开）接点处于干路上；右侧梯形图中，输入变量 X1 对应的动合（常开）接点处于支路上。不同的逻辑关系应有不同的指令语句加以区分。

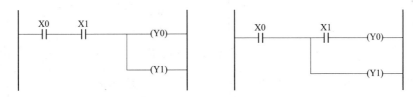

图 12.67　多重输出梯形图比较

MPS：进栈指令，用于运算结果存储。

MRD：读栈指令，用于存储内容的读出。

MPP：出栈指令，用于存储内容的读出和堆栈复位。

单行多输出结构中，三条多重输出指令应遵循以下使用原则。

（1）MPS 用在第一条有"支路接点"的输出支路前端，且该支路不是最后一条输出支路。

（2）MRD 用在 MPS 之后的其他支路前端，最后一条输出支路除外。

（3）MPP 用在 MPS 之后的最后一条输出支路前端。

（4）MPS、MRD、MPP 之后的节点用普通指令，而非 LD/LDI。

图 12.67 所示两个梯形图对应的指令表分别为：

左侧：　　　　　　　　　　　　右侧：

```
LD    X0                      LD    X0
AND   X1                      MPS
OUT   Y0                      AND   X1
OUT   Y1                      OUT   Y0
                              MPP
                              OUT   Y1
```

例 12.5：分析如图 12.68 所示的梯形图，写出指令表。

例 12.6：分析如图 12.69 所示的二层堆栈梯形图，写出指令表。

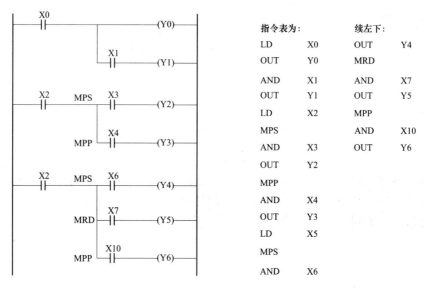

图 12.68　例 12.5 梯形图

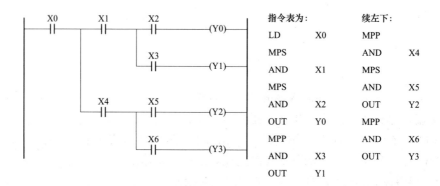

图 12.69　例 12.6 梯形图

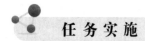任 务 实 施

12.7　指令表综合使用

分析如图 12.70 所示的梯形图，写出指令表，并在 GX Developer 软件中编程实现。

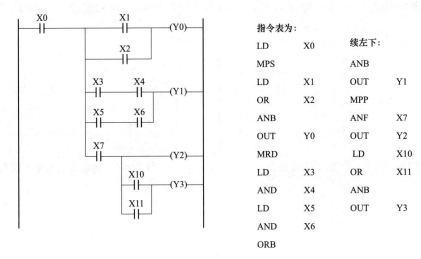

指令表为：

LD	X0	续左下：	
MPS		ANB	
LD	X1	OUT	Y1
OR	X2	MPP	
ANB		ANF	X7
OUT	Y0	OUT	Y2
MRD		LD	X10
LD	X3	OR	X11
AND	X4	ANB	
LD	X5	OUT	Y3
AND	X6		
ORB			

图 12.70　混合结构梯形图

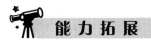

12.8　梯形图编制原则

梯形图中相同的接点数量并不代表相同的程序执行时间，因为其对应的指令表语句数量不一定相同。通过分析归纳指令表语句特点总结梯形图编制原则如下。

（1）串连接点多的支路尽量放在程序行上部。如图 12.71 所示，两个梯形图逻辑关系相同，但右侧梯形图指令表更短，程序执行效率更高。

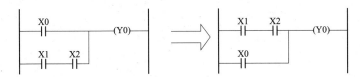

图 12.71　上重下轻原则

（2）并连接点块尽量靠近左母线。如图 12.72 所示，两个梯形图逻辑关系相同，但右侧梯形图指令表更短，程序执行效率更高。

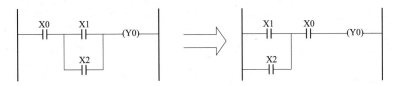

图 12.72　左重右轻原则

（3）垂直方向上不能存在接点，否则不能进行程序变换和编译，如图 12.73 所示。

（4）不能将接点放在输出变量右侧，否则不能进行程序变换和编译，如图 12.74 所示。

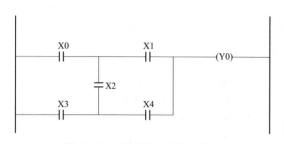

图 12.73　垂直方向不能有接点

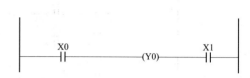

图 12.74　输出变量右侧不能有接点

学习情境 13 延时与时序控制

情境任务：通过本情境的学习，掌握 PLC 中定时器的工作原理和编号类型，掌握普通定时器和累计定时器的使用方法，掌握 SET、RST 指令的使用方法；能使用 PLC 中定时器进行延时控制和时序控制。

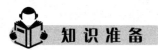 **知识准备**

13.1 PLC 定时器

PLC 中的定时器可以对 PLC 内部电路产生的 1ms、10ms、100ms 周期的时钟脉冲进行加法计数，当达到其设定值时，对应的定时器变量 T 的状态值从 $0 \rightarrow 1$（其所关联的动合接点逻辑通，动断接点逻辑断）。FN3U 系列 PLC 中定时器信息如表 13.1 所示。

表 13.1 　　　　　　　　　FN3U 系列 PLC 定时器类型、编号及可定时间

100ms 型 $0.1 \sim 3276.7$s	10ms 型 $0.01 \sim 327.67$s	1ms 累计型[*1] $0.001 \sim 32.767$s	100ms 累计型[*1] $0.1 \sim 3276.7$s	1ms 型 $0.001 \sim 32.767$s
T0～T199 200 点 其中子程序用 T192～T199	T200～T245 46 点	T246～T249 4 点 执行中断用	T250～T255 6 点	T256～T511 256 点

注　*1—可编程控制器的累计型定时器是通过电池进行停电保持的。

对定时器定时时间（即脉冲数值）的设定，常见的有两种方法。

（1）可以在用户程序中直接通过 Kx 的方式设定，K 表示采用十进制单位，x 为用户定时所需的脉冲个数（$1 \leqslant x \leqslant 32767$）。例如，T0 K100 表示选用 PLC 中的 T0 定时器（脉冲周期为 100ms），计数个数为 100 个，则定时时间为

$$定时时间＝脉冲周期 \times 脉冲个数$$

即 $100ms \times 100 = 0.1s \times 100 = 10s$。

（2）用数据寄存器 D 的内容进行间接设置。

定时器定时时间的两种设定方法如图 13.1 所示。

13.1.1 普通定时器

如图 13.2 所示为在梯形图中应用普通非累计定时器编程示例。

当 X0 接通时，T200 定时器起动，T200 的当前值计数器对 10ms 时钟脉冲进行加法计数，即每过 10ms（0.01s）当前值加 1，该值与设定值 K123 不断进行比较，当两值相等时定时器 T200 状态值置 1，对应的动合接点逻辑通，即 1.23s 后定时器定时时间到。当 X0 接通时间小于 K123 值时断开，X0 再次接通时，定时时间将重新计算。如图 13.2（b）详细动

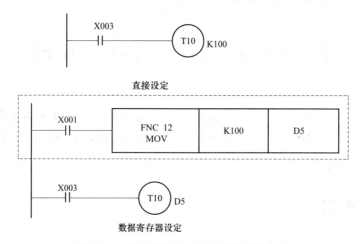

图 13.1　定时器定时时间的两种设定方法

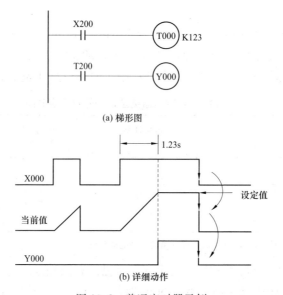

图 13.2　普通定时器示例

作所示，X0 接通过两次，第一次接通时间较短（＜1.23s），定时器 T200 并未完成有效定时；第二次接通时间较长（＞1.23s），定时器 T200 完成有效定时，状态值变为 1，对应动合接点逻辑通，Y0 从 0→1。

　　上例中定时器的编号若换为 T0～T199 中的任意一个（如 T20），则每隔 100ms 当前值加 1。同样设定值为 K123，从 X0 接通到定时结束时间间隔为 12.3s。

　　注意：（1）定时器 T 变量状态值判别方法：定时时间没到状态值为 0，定时时间到及超过状态值为 1。

　　（2）无论定时时间是否到达，普通定时器前端控制接点一旦逻辑断开，定时器当前值和状态值全部归零。

　　（3）定时器的当前值寄存器用于计算定时脉冲个数，对编程者而言，更应关注定时器状态值（0 或 1）的变化条件和变化时间。

13.1.2　累计型定时器

图 13.3 所示为累计型定时器编程示例。

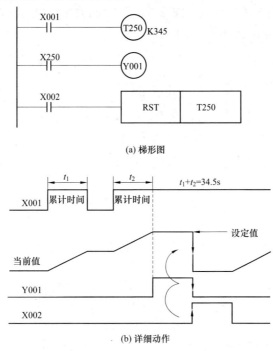

(a) 梯形图

(b) 详细动作

图 13.3　累计定时器示例

当输入 X1 接通时，定时器 T250 起动，当前值计数器开始对 100ms 脉冲加法计数，即每过 100ms（0.1s）其当前值加 1，该值不断与设定值 K345 进行比较，两值相等时，定时器 T250 状态值置 1，对应的动合接点逻辑通，即累计 34.5s 后定时器定时时间到。

与普通定时器不同的是，当累计型定时器 T250 定时期间因断电或程序前端控制接点断开（即未到 34.5s，X1 断开或 PLC 断电）时，其当前值可保持。当输入 X1 再次接通时，定时器不是从 0 开始计时，而是从断电的那一时刻累计，前后累计时间共 34.5s 后，T250 定时时间到，T250 状态值置 1。

注意：累计型定时器定时时间到达后，即使程序行前端的控制接点逻辑断，累计型定时器当前值和状态值也不会复位归零，直到复位输入（如本例中的 X2）接通，执行 RST 复位指令，累计型定时器才会复位，故程序中使用了累计型定时器时，应为其配置对应的复位指令。

13.2　SET、RST 指令

1. 位变量的置位（SET 指令 [状态保持]）

SET 指令是当指令输入为 ON 时，对输出变量（Y）、中间变量（M）、状态变量（S）以及字变量的位指定（D□. b）ON 的指令。即使指令输入为 OFF，通过 SET 指令置 ON 的变量也可以保持 ON 状态。

2. 位变量的复位（RST 指令［解除状态保持］）

RST 指令是对输出变量（Y）、辅助变量（M）、状态变量（S）、定时器变量（T）、计数器变量（C）以及字变量的位指定（D□.b）进行复位的指令。RST 指令可以对用 SET 指令置 ON 的软变量进行复位（OFF 处理）。

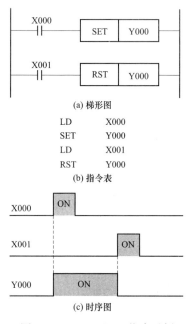

（a）梯形图

```
LD      X000
SET     Y000
LD      X001
RST     Y000
```

（b）指令表

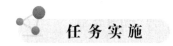

（c）时序图

图 13.4　SET、RST 指令示例

3. 字变量的当前值清除（RST 指令［当前值及寄存器的清除］）

RST 指令是清除定时器变量（T）、计数器变量（C）、数据寄存器（D）、扩展寄存器（R）和变址寄存器（V、Z）的当前值数据的指令。

此外，要将数据寄存器（D）和变址寄存器（V、Z）的内容清零时，使用 RST 指令和使用常数为 K0 的 MOV 传送指令可以得到相同效果；使用 RST 指令也可以对累计定时器 T246～T255 的当前值和状态值复位；可以对同一变量多次使用 SET、RST 指令，而且顺序也可随意，但最后执行的一条有效。

SET、RST 指令示例如图 13.4 所示。

动作过程为：X0＝0，前端控制接点逻辑断，SET 指令不执行，Y0＝0；X0＝1，前端控制接点逻辑通，SET 指令执行，Y0＝1；X0 复位为 0，前端控制接点逻辑断，SET 指令不执行，但 Y0＝1 状态可保持；X1＝1，前端控制接点逻辑通，RST 指令执行，Y0 复位为 0。

任 务 实 施

13.3　延 时 控 制

延时控制是 PLC 定时器的最常见应用，应掌握多个定时器的顺接定时。

例 13.1：用多个定时器组合实现 9000s 的延时。

用多个定时器组合实现延时的梯形图及时序图如图 13.5 所示，当 X0＝1，T0 起动并开始延时（3000s），定时时间到 T0 对应动合接点通，又使 T1 起动，开始计时（3000s），当定时器 T1 定时时间到，其对应动合接点通，使 T2 起动，开始计时（3000s），当定时器 T2 定时时间到，其对应动合接点通，Y0 接通。因此从 X0＝ON 开始到 Y0 接通共延时 9000s。

例 13.2：如图 13.6 所示，三盏灯 L1～L3，按下开始按钮 SB0（拨动开关），L1 灯立刻亮，L2 灯 5s 后亮，L3 灯 10s 后亮。断开按钮 SB0 则全灭。

本例的第一种编程方法采用集中定时法，第一行程序中同时开始 T0 的 5s 和 T1 的 10s 定时。本例的第二种编程方法采用分开定时法，T0 的 5s 定时时间到才会起动 T1 的 5s 定时。

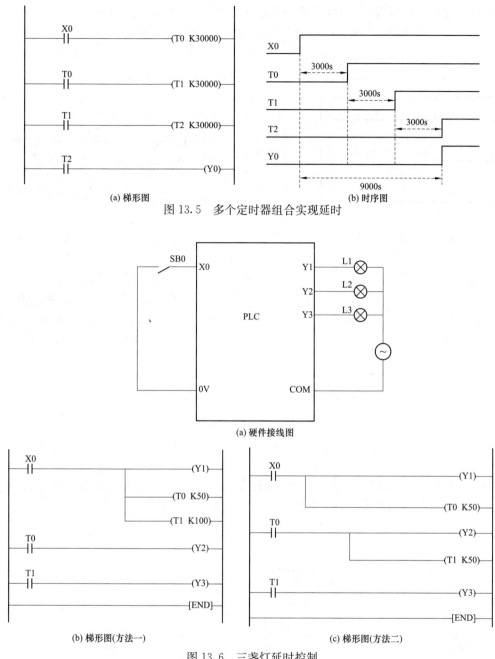

图 13.5 多个定时器组合实现延时

(a) 硬件接线图

(b) 梯形图(方法一)

(c) 梯形图(方法二)

图 13.6 三盏灯延时控制

能 力 拓 展

13.4 PLC 时 序 控 制

例 13.3：点动 X0 端口所接按钮，设计梯形图使 Y0～Y2 按如图 13.7 所示时序变化。

分析与设计：通过 X0 时序图可知，点动 X0 端口所接按钮时间很短（＜4s），为了完成所需定时，应设计使用中间变量并自锁的程序结构，如图 13.8 所示。

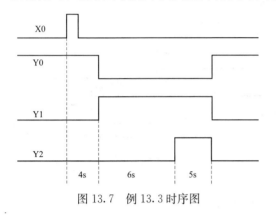

图 13.7 例 13.3 时序图

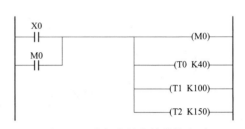

图 13.8 中间变量自锁维持定时

Y1 与 Y2 时序波形接近，属于"凸"型结构，可通过两定时器变量接点串接方式实现，如图 13.9 所示。以 Y1 为例，T0 时间到，T2 时间未到，Y1＝1；T2 时间到，Y1＝0。

Y0 的状态在 X0 有效之前已经为 1，整个时序呈"凹"型结构，可通过两定时器变量并接的方式实现，如图 13.10 所示。T0 时间未到，Y0＝1；T0 时间到，T2 时间未到，Y0＝0；T2 时间到，Y0＝1。

图 13.9 "凸"型时序编程

图 13.10 "凹"型时序编程

本例完整程序如图 13.11 所示。仔细观察 Y0 和 Y1 的时序，很容易发现时序波形完全相反，即两变量状态值相反，故可考虑用 Y1 来控制 Y0，如图 13.12 所示。

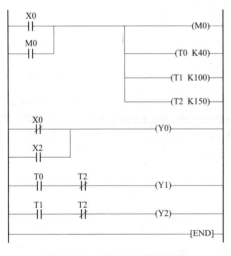

图 13.11 例 13.3 完整程序

图 13.12 相反时序控制

例 13.4：设计满足如图 13.13 所示时序的梯形图。

分析与设计：本例只出现一个时间（4s），其他控制节点通过 PLC 外部按钮控制 X0 和 X1 实现。Y0 时序波形属于"凸"型，无具体时间信息，可通过"起停保"结构实现，如图 13.14 所示。

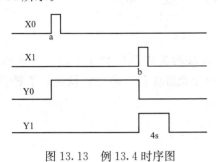

图 13.13　例 13.4 时序图

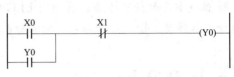

图 13.14　"起停保"结构实现"凸"形时序

Y1 时序波形也属于"凸"型，b 时刻上升，4s 后下降，可采用定时器的"自断"结构实现，如图 13.15 所示。因 X1 有效时间短（<4s），故需自锁定时；定时时间未到，T0＝0，Y1＝1，定时继续；定时时间到，T0＝1，Y1＝0，下一次程序执行定时器复位为 0，Y1＝0。

本例完整程序如图 13.16 所示。

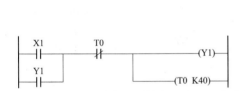

图 13.15　定时器"自断"结构实现"凸"形时序

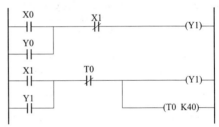

图 13.16　例 13.4 完整程序

例 13.5：用定时器组成闪烁电路。

闪烁电路梯形图如图 13.17（a）所示。开始时 T0 和 T1 均为 OFF，当 X0 为 ON 后，T0 定时器起动。2s 后，T0 时间到动合接点接通，使 Y0＝ON，同时定时器 T1 起动定时。3s 后，T1 的动断接点断开，使 T0＝OFF，T0 的动合接点断开，使 Y0＝OFF，同时使 T1 复位，T1 的动断接点再次接通，T0 又开始定时，此后 Y0 将这样周期性地通电和断电，直到 X0＝OFF。Y0 通电和断电的时间分别为 T1 和 T0 的设定值。各变量的状态值时序情况如图 13.17（b）所示，其中 T1 时序中的竖线表示 T1 状态值为 1 的有效时间只有 1 个扫描周期。

若 Y0 端外接一盏彩灯，系统运行时，彩灯会亮灭交替，产生闪烁现象。通过修改程序中 T0 和 T1 的定时时间，可以调整彩灯的闪烁频率。

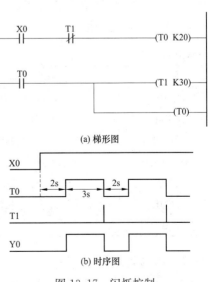

图 13.17　闪烁控制

学习情境 14 行 程 控 制

情境任务：通过本情境的学习，掌握 PLC 中计数器的工作原理和编号类型，掌握 16 位、32 位计数器的使用方法；能使用 PLC 中定时器和计数器进行小车行程控制；了解 PLC 高速计数器种类、输入信号形式、输入分配和使用方法。

 知识准备

14.1 PLC 计 数 器

FX3U 系列 PLC 中计数器的编号如表 14.1 所示。

表 14.1　　　　　　　　　　　**FX3U 系列 PLC 计数器（十进制编号）**

16 位增计数器 1～32767		32 位增/减计数器 −2147483648～2147483647	
一般用	停电保持用 （电池保持）	一般用	停电保持用 （电池保持）
C0～C99 100 点 *1	C100～C199 100 点 *2	C200～C219 20 点 *1	C220～C234 15 点 *2

注　*1—非停电保持区域。根据设定的参数，可以更改为停电保持区域。

　　　*2—停电保持区域。根据设定的参数，可以更改为非停电保持区域。

16 位计数器和 32 位计数器的特点如表 14.2 所示，可以根据计数方向、计数范围等使用条件的不同而分开使用。

表 14.2　　　　　　　　　　　**两类计数器特征**

项目	16 位计数器	32 位计数器
计数方向	增计数	增/减计数可切换使用
设定值	1～32767	−2147483648～2147483647
设定值的指定	常数 K 或数据寄存器 D	同左，但数据寄存器 D 需要成对（2 个）
当前值的变化	计数值到后不变化	计数值到后仍然变化（环形计数）
状态值	计数值到后置 1	增计数时置 1，减计数时置 0
复位动作	执行 RST 指令，计数器的当前值和状态值全部复位	
当前值寄存器	16 位	32 位

14.1.1 16 位计数器

FX3U 系列 PLC 中的 16 位计数器为 16 位加计数器，其设定值范围在 K1～K32767（十进制常数）之间。

设定值设为 K0 和 K1 具有相同的意义，即只完成一次计数。16 位计数器分为一般通用型计数器和断电保持型计数器。C0～C99 为一般通用型计数器，C100～C199 为断电保持型计数器。

加计数器的动作过程如图 14.1 所示。X11 为计数输入，X10 为复位输入。当 X10＝0 时，X11 每接通一次，计数器的当前值加 1。计数器 C0 的设定值为 K10，当 X11 接通 10 次时，计数器的当前值由 9 变为 10，这时 C0 的状态值置 1，对应的动合接点逻辑通，动断接点逻辑断。若 X11 再次接通，计数器的当前值也不再变化，且 C0 状态值一直为 1。

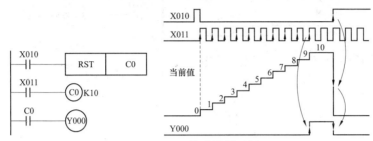

图 14.1　16 位计数器示例

计数器变量 C 状态判别方法：计数次数不够状态值为 0，次数够及超过状态值为 1。

当计数器复位输入接通（复位输入 X10 接通）时，执行 RST，则执行 C0 的复位命令，计数器当前值和状态值全部变为 0。

如果切断 PLC 电源，一般通用型计数器（C0～C99）的计数当前值将被清除，而断电保持型计数器（C100～C199）则可存储停电前的计数值，当再来计数脉冲时，这些计数器按上一次的数值继续累计计数，当复位输入接通时，执行 RST，计数器当前值和状态值都置为 0。

14.1.2　32 位加/减计数器

FX3U 系列 PLC 中的 32 位计数器为 32 位加/减计数器，其设定值的设定范围在 $-2147483648～2147483647$（十进制常数）。利用特殊中间变量 M8200～M8234 可以指定为加计数或减计数。对应的特殊中间变量（M8200～M8234）为 1，计数器进行减计数，反之为加计数。

32 位加/减计数器分为一般通用型计数器和断电保持型计数器，C200～C219 为一般通用型计数器，C220～C234 为断电保持型计数器。

计数器的设定值可以直接用常数置入，也可由数据寄存器间接指定。用数据寄存器间接指定时，将连号的数据寄存器的内容视为一对，作为 32 位数据处理。如果指定 D0 作为计数器的设定值，D1 和 D0 两个数据寄存器的内容合起来作为 32 位设定值。

32 位加/减计数器示例如图 14.2 所示。X14 为计数的输入，其动合接点由 OFF→ON 时 C200 可实现加计数或减计数。

当 X12 断开时，C200 为加计数器，X14 由 OFF→ON 变化一次，C200 内的当前值加 1。当 X12 接通时，C200 为减计数器，X14 由 OFF→ON 变化一次，C200 内的当前值减 1。

程序中 C200 的设定值为 -5，当计数器的当前值由 -6→-5 时，C200 置 1（增计数），而由 -5→-6 减小时（减计数），C200 复位。如果从 2147483647 起进行加计数，当前值就成为 -2147483648；同样若从 -2147483648 起进行减计数，当前值就成了 2147483647。这种动作称为环形计数或循环计数。若复位输入 X13 接通，则执行 RST 指令，计数器 C200 复位，当前值变为 0，状态值也为 0。

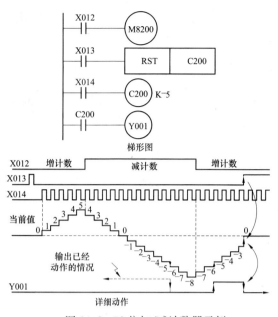

图 14.2　32 位加/减计数器示例

使用断电保持计数器（C220～C234）时，计数器的当前值和状态值均能断电保持。

16 位计数器计数值指定方法与定时器相同，32 位计数器计数值指定方法如图 14.3 所示。

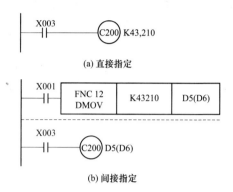

图 14.3　32 位计数器计数值指定方法

14.2　定时器与计数器组合使用

用定时器和计数器组合，能实现长延时功能。

用定时器与计数器组合实现长延时的梯形图和时序图如图 14.4 所示，当 X0＝OFF 时，T0＝OFF 和 C0＝OFF。当 X0＝ON 时，T0 开始计时，3000s 后 T0 定时时间到，其动断接点断开，使它自己复位，复位后 T0 的当前值变为 0，它的动断接点接通，又开始计时。T0 将这样周而复始地工作。而第三程序行的 T0 的动合接点通、断一次，计数器计数 1 次。当计到 K30000 次时，C0＝ON，其动合接点接通 Y0。总时间为 3000×3000s＝2500h。

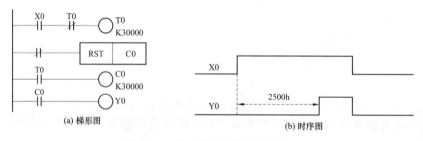

图 14.4　定时器和计数器组合延时

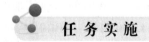

14.3　行　程　控　制

如图 14.5 所示，限位开关连接 PLC 输入端口 X，小车运动到指定位置接通该处限位开

关，对应端口变量为 1。小车在初始位置时中间的限位开关 X1 为 "1" 状态，按下起动按钮 X3，小车按箭头所示顺序运动，最后返回并停在初始位置，试设计对应的 PLC 控制梯形图。

　　分析与设计：小车的起动、停止、换向与左、中、右三个限位开关紧密相关。运动轨迹有三条，可先分别用 "起停保" 结构编程实现，如图 14.6 所示。

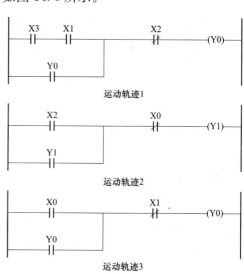

图 14.6　分段编程

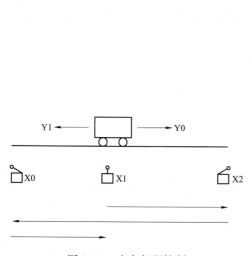

图 14.5　小车行程控制

　　因轨迹 1 与轨迹 3 方向相同，都是驱动 Y0，若同时存在属于 PLC 程序中禁止的 "同变量双输出" 结构。假设轨迹 1 和轨迹 3 的程序共存，按下起动按钮 X3，第一行程序判定 Y0＝1，第三行程序中的轨迹 3 的停止接点（X1 的动断接点）会导致程序判定 Y0＝0，小车不能正常起动离开起点。故轨迹 1 与轨迹 3 的程序应进行整合。

　　轨迹 1 与轨迹 3 程序整合的结果如图 14.7 所示。第一种整合是程序的直接合并，因 X1 动断接点的存在，小车依然无法正常起动。第二种整合直接删掉 X1 动断接点，该程序可以完成轨迹 1 和轨迹 3，但轨迹 3 的截止点小车将无法停止。第三种整合将 X1 动断接点串入 Y0 的自锁并接支路上，虽可以完成轨迹 3 的停止，但因影响了小车轨迹 1 的起动自锁，同样存在问题。

　　小车轨迹 1 的起动和轨迹 3 的停止问题可通过引入计数器来解决。如图 14.8 所示，因小车完成三段轨迹会经过中点（X1 处）3 次，故将 X1

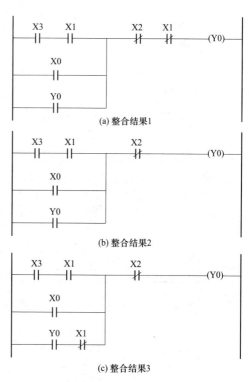

图 14.7　轨迹 1 与轨迹 3 整合结果

作为计数输入接点，将C0的动断接点串入Y0的自锁并接支路上。轨迹1起动时，计数次数不足，C0动断接点逻辑通，不影响Y0的起动自锁；轨迹3截止时（第3次到达X1处），计数值满，C0动断接点逻辑断，Y0=0，小车停止。

本例完整程序如图14.9所示。

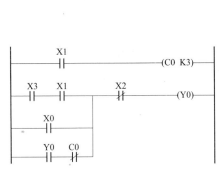

图 14.8 引入计数器

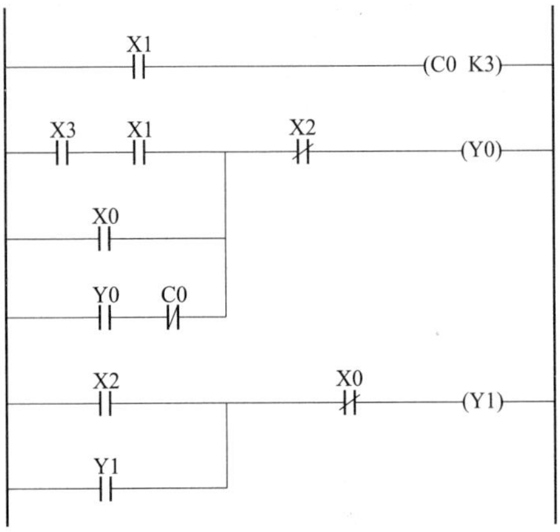

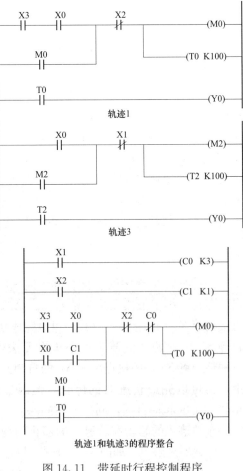

图 14.9 行程控制完整程序

练习：如图 14.10 所示，限位开关连接 PLC 输入端口 X，小车运动到指定位置接通该处限位开关，对应端口变量为1。小车在初始位置时 X0 为"1"状态，按下起动按钮 X3，小车按箭头所示顺序运动，每到一个停止位置，需停留的时间分别为 5s、10s、15s，最后返回并停在初始位置，试设计对应的 PLC 控制梯形图。

分析与设计：小车行程控制加入停靠装卸货时间更符合工程应用实际。编程时需在"起停保"结构中正确引入定时器和计数器方可完成设计。轨迹1和轨迹3的程序设计过程如图14.11所示，轨迹2和轨迹4的程序设计自己思考完成。

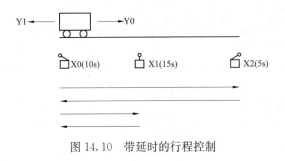

图 14.10 带延时的行程控制

图 14.11 带延时行程控制程序

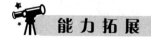
能力拓展

14.4　高　速　计　数　器

计数器就是在对可编程控制器的内部信号 X、Y、M、S、C 等对应接点动作执行循环运算的同时进行计数。例如，X 作为计数输入时，它的 ON 和 OFF 的持续时间必须要比可编程控制器的扫描时间还要长（通常是几十 Hz 以下）。对于这个问题，FX3U 系列 PLC 提供的高速计数器，就是用中断处理对特定的输入计数，与扫描时间无关，可执行几 kHz 的计数。

1. 高速计数器的种类

基本单元中，内置了 32 位增减计数器的高速计数器（单相单计数、单相双计数以及双相双计数）。在这个高速计数器中，根据计数的方法不同可以分为硬件计数器和软件计数器两种。而且，在高速计数器中，提供了可以选择外部复位输入端子和外部起动输入端子（开始计数）的功能。

2. 高速计数器输入信号的形式

高速计数器的种类（单相单计数、单相双计数以及双相双计数）和输入信号（波形）如表 14.3 所示。

表 14.3　　　　　　　　高速计数器的种类和输入信号的形式

	输入信号形式	计数方向
单相单计数的输入	UP/DOWN ⎍⎍⎍	通过 M8235～M8245 的 ON/OFF 来指定增计数或减计数： ON 为减计数； OFF 为增计数
单相双计数的输入	UP ＋1 ＋1 ＋1　DOWN −1 −1 −1	如左图所示，进行增计数或减计数。其计数方向可以通过 M8246～M8250 进行设置： ON 为减计数； OFF 为增计数
双相双计数的输入 1 倍 4 倍	A相 B相 ＋1 ＋1 正转时　A相 B相 −1 −1 反转时 A相 B相 ＋1＋1＋1＋1＋1 正转时　A相 B相 −1−1−1−1−1 反转时	如左图所示，根据 A 相/B 相的输入状态变化，自动进行增计数或减计数。其计数方向可以通过 M8251～M8255 进行设置： ON 为减计数； OFF 为增计数

3. 高速计数器的输入分配

对应各个高速计数器的编号，输入 X000～X007 如表 14.4 所示进行分配。

表 14.4　　　　　　　　　　　高速计数器的输入分配表

	计数器编号	区分	输入端子的分配							
			X000	X001	X002	X003	X004	X005	X006	X007
单相单计数的输入	C235*1	H/W*2	U/D							
	C236*1	H/W*2		U/D						
	C237*1	H/W*2			U/D					
	C238*1	H/W*2				U/D				
	C239*1	H/W*2					U/D			
	C240*1	H/W*2						U/D		
	C241*1	H/W*2							U/D	
	C241	S/W	U/D	R						
	C242	S/W			U/D	R				
	C243	S/W					U/D	R		
	C244	S/W	U/D	R					S	
	C244（OP）*3	H/W*2							S	
	C245	S/W			U/D	R				S
	C245（OP）*3	H/W*2								U/D
单相双计数的输入	C246*1	H/W*2	U	D						
	C247	S/W	U	D	R					
	C248	S/W				U	D	R		
	C248（OP）*1*3	H/W*2				U	D			
	C249	S/W	U	D	R				S	
	C250	S/W				U	D	R		S
双相双计数输入*4	C251*1	H/W*2	A	B						
	C252	S/W	A	B	R					
	C253*1	H/W*2				A	B	R		
	C253（OP）*3	S/W				A	B			
	C254	S/W	A	B	R				S	
	C255	S/W				A	B	R		S

注　H/W：硬件计数器　　　S/W：软件计数器　　　U：增计数输入　　　D：减计数输入

　　A：A相输入　　　B：B相输入　　　R：外部复位输入　　　S：外部起动输入

*1：在这个高速计数器中，接线上有需要注意的事项。

*2：与高速计数器用的比较置位复位指令（DHSCS、DHSCR、DHSZ、DHSCT）组合使用时，硬件计数器（H/W）变为软件（S/W）计数器。而且，执行外部复位输入的逻辑反转以后，C253 会变成软件计数器。

*3：通过用程序驱动特殊辅助继电器可以切换使用的输入端子及功能。

*4：双相双计数的计数器通常为 1 倍计数。但是，如果和特殊辅助继电器组合使用时，可以变成 4 倍计数。

4. 高速计数器的使用

(1) 单相单计数的输入，示例如图 14.12 所示。

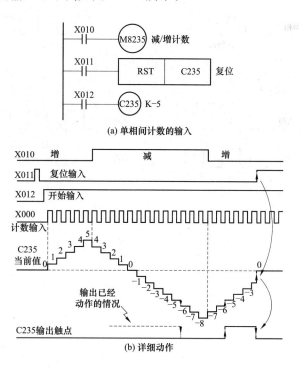

(a) 单相间计数的输入

(b) 详细动作

图 14.12　单相单计数示例

(2) 单相双计数的输入。单相双计数就是 32 位增/减的二进制计数器，对应于当前值的输出动作与上述的单相单计数输入的高速计数器相同，如图 14.13 所示。

(3) 双相双计数的输入。双相双计数就是 32 位增/减的二进制计数器，对应于当前值的输出动作与上述的单相高速计数器相同，如图 14.14 所示。

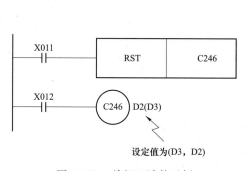

图 14.13　单相双计数示例

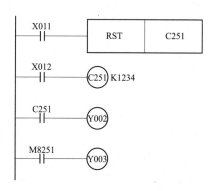

图 14.14　双相双计数示例

双相编码器输出有 90° 相位差的 A 相和 B 相。据此，高速计数器如图 14.15～图 14.16 所示自动地执行增/减的计数。

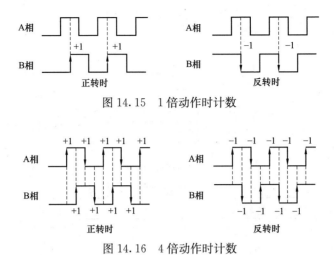

图 14.15　1 倍动作时计数

图 14.16　4 倍动作时计数

学习情境 15 顺 序 控 制

情境任务：通过本情境的学习，掌握 PLC 中顺序控制的基本原理和状态变量 S 的编号类型，掌握单流程、选择性分支与合并、并行分支与汇合的程序结构；能使用 PLC 中步进指令进行顺序控制程序设计；熟悉分支·汇合的组合、步进梯形图中可使用的指令和 SFC 编程方法。

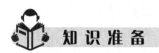 **知识准备**

15.1 PLC 顺序控制基础

用梯形图或基本指令表方式编程，已广为电气技术人员接受，但对于一个复杂的控制系统，由于内部的互锁、联动关系极其复杂，其梯形图往往长达数百行，通常需要由熟练的电气工程师才能编制出这样的程序。

实际的工业控制中，控制过程往往流程性清楚，如果将各过程独立编程，各过程之间只有过渡关系而无互锁关系，则可大大简化编程难度，程序查错和扩展更加方便。使用三菱可编程控制器中的顺序控制指令即可实现顺序化（过程化）编程。

15.1.1 状态变量 S

状态变量 S 是对工序步进形式的控制进行编程所需的重要 PLC 变量，需要与步进梯形图指令 STL 组合使用。在使用顺序功能图（Sequential Function Chart，SFC）编程方式时也可以使用状态变量 S。

FX3U 可编程控制器状态变量 S 的编号如表 15.1 所示（编号以 10 进制数分配）。步进指令 STL 和 RET 相关信息如表 15.2 所示。

表 15.1　　　　　　　　　　　FX3U 可编程控制器状态变量 S 编号

初始状态用	一般用	停电保持用 （电池保持）	停电保持专用 （电池保护）	信号报警器用
S0~S9 10 点 [1]	S0~S499 500 点 [1]	S500~S899 400 点 [2]	S1000~S4095 3096 点 [3]	S900~S999 100 点 [2]

注　[1]：非停电保持区域。根据设定的参数，可以更改为停电保持区域。
　　[2]：停电保持区域。根据设定的参数，可以更改为非停电保持区域。
　　[3]：关于停电保持的特性可以通过参数进行变更。

表 15.2　　　　　　　　　　步 进 指 令 信 息 表

记号	称呼	符　　号	功　　能	对象软元件
STL	步进梯形图	STL 对象软元件	步进梯形图的开始	S
RET	返回	RET	步进梯形图的结束	—

15.1.2 步进梯形图

使用步进梯形图指令编写程序，就是以工作流程为基础，对各工序分配状态变量 S。每

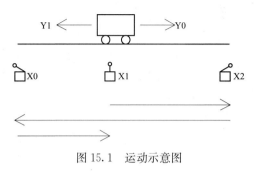

图 15.1 运动示意图

个状态（STL）中的程序，按输入条件和输出控制的顺序进行编写。

下面通过一个行程控制实例介绍步进梯形图的结构和编写方法。如图 15.1 所示，限位开关连接 PLC 输入端口 X，小车运动到指定位置接通该处限位开关，对应端口变量为 1。小车在初始位置时中间的限位开关 X1 为"1"状态，按下起动按钮 X3，小车按箭头所示顺序运动，最后返回并停在初始位置。

用步进梯形图编写顺序控制程序，首先需要拆分工作过程。本例的工作过程如图 15.2 所示，步进梯形图如图 15.3 所示。

图 15.2 工作过程

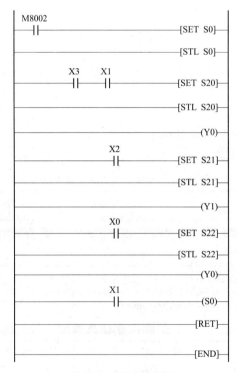

图 15.3 步进梯形图

1. 初始步

系统的初始状态相对应的"步"称为初始步,初始状态一般是系统等待起动命令的相对静止状态。每一个步进梯形图至少应有一个初始步。初始步一般用特殊中间变量 M8002 的常开接点初始化,状态变量可选择 S0~S9,如图 15.4 所示。

2. 步的开始与转换

顺序控制中,每个状态(步)都对应着相应的工作任务。当前步骤的任务完成时(满足转换条件),必须通过步进梯形图的转换程序进行状态转换。如图 15.5 所示,第一行为初始状态的开始,步进梯形图必须使用 STL Sn 的指令结构来表示某个工作状态的开始;第二行为状态的转换,小车停靠在中点 X1 处,并按下起动按钮 X3,即可实现状态的转换。

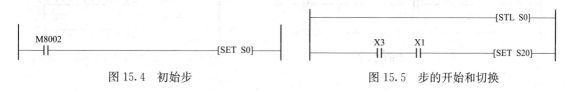

图 15.4　初始步　　　　　　　　　　　　图 15.5　步的开始和切换

3. 与步对应的动作或命令

初始步一般没有真正的动作,从初始步切换到工作步后,每个步序都会完成各自对应的任务(运动、定时、计数等)。如图 15.6 所示,第二行驱动 Y0 使小车向右运动就是步序 S20 对应的任务。

4. 活动步和非活动步

当程序执行正处于某一工作步时,该步称为"活动步",活动步包含的指令有效。已执行过或未执行到的步称为"非活动步",非活动步的指令停止执行。如图 15.7 所示,程序执行到 STL S20—SET S21 之间时,步序 S20 为活动步(Y0 有效),S21 为非活动步(Y1 无效);程序执行到 STL S21—SET S22 之间时,步序 S21 为活动步(Y1 有效),S20 为非活动步(Y0 无效)。

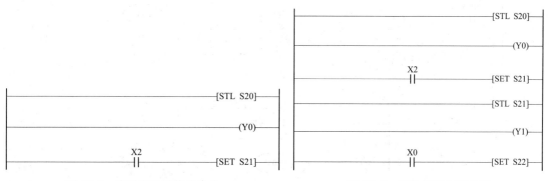

图 15.6　步对应的动作或命令　　　　　　图 15.7　活动步和非活动步

5. 步的返回

工作流程全部结束后,应在最后一个步序程序之后使用 RET 指令,表示步进梯形图步序的结束。如图 15.8 所示,步序 S22 为小车行程的最后一个工作步,故在其程序之后加入 RET 指令。

经过对以上实例的分析，应注意如下几点。

（1）单流程步进梯形图中，下一个步进序"激活"后，上一个步序自动失效，但被 SET 指令驱动的变量将继续保持。如图 15.9 所示，步序已转换到 S32，但上一个步序中的 Y31 依然有效（因为 Y31 由 SET 指令驱动）。

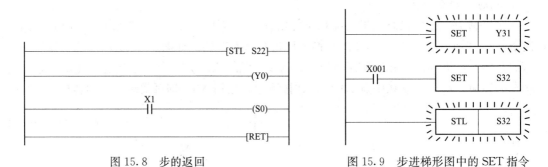

图 15.8　步的返回　　　　　　　　　图 15.9　步进梯形图中的 SET 指令

（2）PLC 执行步进梯形图程序时，只执行活动步对应的程序。在没有并行步序时，任何时候只有一个活动步，因此大大缩短了扫描周期。

（3）因为 PLC 只执行活动步对应的程序，故在不同的步序中，可以重复使用相关变量（如定时器 T）。

（4）STL 指令只能关联状态变量 S，步进梯形图中不能重复使用同一个状态编号。

（5）工作步中的程序一旦开始写入 LD 或是 LDI 指令后，就不能再编写不需要接点的指令，如图 15.10 所示。

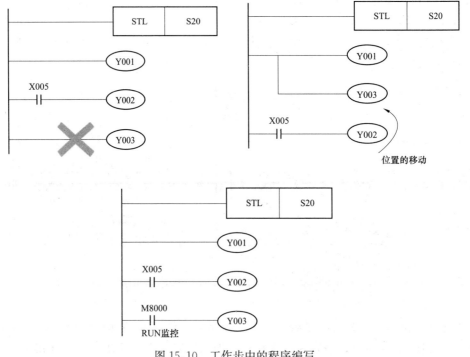

图 15.10　工作步中的程序编写

（6）不论对状态变量 S 使用 OUT 指令还是 SET 指令，都可使转移源状态自动复位，新状态自保持。

由以上分析，可知：

（1）步进梯形图的前三行比较固定，主要是初始化并进入初始步和准备进入工作步，如图 15.11 所示。

（2）步进梯形图的工作步的程序写法也比较固定，包括进入工作步、本步序任务、步序切换，如图 15.12 所示。

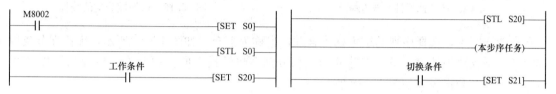

图 15.11　步进梯形图的前三行模板　　　　　图 15.12　步进梯形图工作步模板

例 15.1：单流程闪烁控制闪烁控制，按照如图 15.13 所示的时序控制 Y0 和 Y1。

分析与设计：使可编程控制器运行，通过初始脉冲（M8002）驱动状态 S3。在状态 S3 中输出 Y000，1 秒钟以后转移到状态 S20。在状态 S20 中输出 Y001，1.5 秒钟以后返回状态 S3。梯形图如图 15.14 所示，本例的初始步也加入了工作任务。

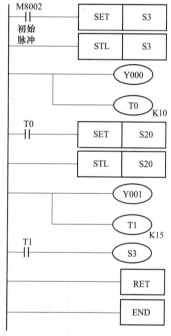

图 15.14　例 15.1 梯形图

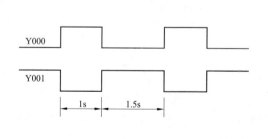

图 15.13　例 15.1 时序图

15.2　选择性分支与合并

在工业控制中，除了单流程工作过程外，还存在着选择性分支工作过程和并行分支工作过程。

在功能图中，选择序列的开始称为分支。如图 15.15 所示，PLC 程序执行到工作步 S20，下一个转换方向不再唯一，会根据转换条件（X0、X1、X2）的满足情况转往 S21、S31 和 S41 的其中一个。对应的梯形图和指令表如图 15.16 所示。

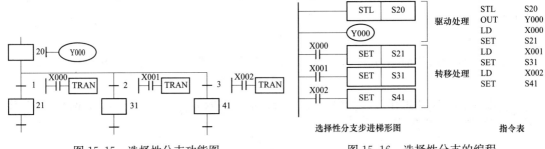

图 15.15　选择性分支功能图　　　　　　　　图 15.16　选择性分支的编程

　　在功能图中,选择序列的结束称为合并,也称为汇合。如图 15.17 所示,无论在分支时选择了三条支路中的哪一条,支路的结束部分都会将转换方向指向共同的后续工作步 S50。对应的梯形图和指令表如图 15.18 所示。

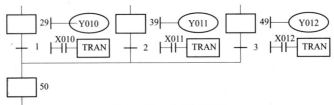

图 15.17　合并功能图

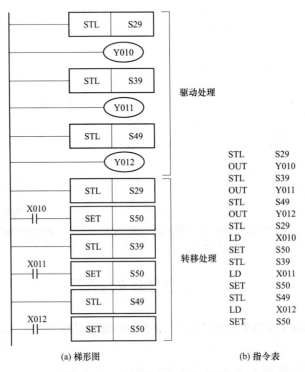

图 15.18　选择性分支与合并的编程

15.3 并行分支与汇合

并行分支的工作步是同时工作的，并行分支的步进梯形图应保证两个并行序列同时开始工作和同时结束。

并行分支的功能图和梯形图如图 15.19 所示，PLC 程序执行到工作步 S20，若转换条件 X0 满足，则同时激活 S21、S31 和 S41 三个工作步。

并行汇合的功能图和梯形图如图 15.20 所示，只有当工作步 S29、S39 和 S49 同时有效，且切换条件满足（X10、X11 和 X12 有效）时，才能结束并行分支，汇合到工作步 S50。

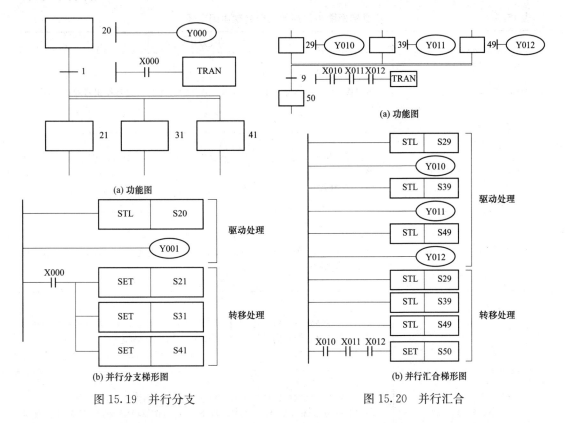

图 15.19　并行分支　　　　　　　　图 15.20　并行汇合

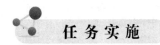

任务实施

15.4 顺序控制工程示例

15.4.1 单流程喷水控制

单流程喷水控制，要求如下。

(1) 单周期运行（X001＝OFF，X002＝OFF）。

按下起动按钮 X000 后，按照 Y000（待机显示）→Y001（中央指示灯）→Y002（中央喷

水)→Y003(环状线指示灯)→Y007(环状线喷水)→Y000(待机显示)的顺序动作,然后返回待机状态。

通过预置的 2s 定时器依次切换各输出。

(2)连续运行(X001=ON)。

重复 Y001~Y007 的动作。

(3)步进运行(X002=ON)。

每按一次起动按钮,各输出依次动作一次。

分析与设计:本例要求完成三种运行方式,需引入 M8040 等禁止状态转移的特殊中间变量。步进梯形图中常用的几个特殊中间变量如表 15.3 所示。本例梯形图如图 15.21 所示。

表 15.3　　　　　　　　　　　　步进梯形图中常用的几个特殊中间变量

软元件编号	名称	功能及用途
M8000	RUN 监控	在可编程控制器运行过程中一直为 ON 的继电器。 可以作为需要一直驱动的程序的输入条件以及作为可编程控制器的运行状态的显示来使用
M8002	初始脉冲	仅仅在可编程控制器从 STOP 切换成 RUN 的瞬间(1 个运算周期)为 ON 的继电器。 用于程序的初始设定和初始状态的置位
M8040	禁止转移	驱动了这个继电器后,所有的状态之间都禁止转移。 此外,即使是在禁止转移的状态下,由于状态内的程序仍然动作,所以输出线圈等不会自动断开
M8046 [*1]	STL 动作	只要 S0~S899,S1000~S4095 有 1 个状态为 ON 时,M8046 就会自动置 ON。 用于避免与其他流程同时起动,或者作为工序的动作标志位
M8047 [*1]	STL 监控有效	驱动了这个继电器后,将状态 S0~S899、S1000~S4095 中正在动作(ON)的状态的最新编号保存到 D8040 中,将下一个动作(ON)的状态编号保存到 D8041 中。 • 在 FX - PCS/WIN(—E)、FX - 30P,FX - 20P(—E)和 FX - 10P(—E)中,驱动了这个继电器后,可以自动读出正在动作中的状态并加以显示。 详细内容,请参考各外围设备的手册。 • 在 GX Developer 的 SFC 监控中,即使不驱动这个继电器,也可以实现自动滚动监控

注 [*1]:在执行 END 指令时处理。

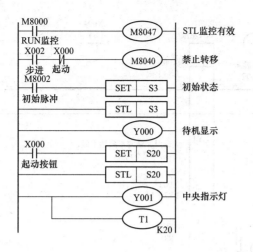

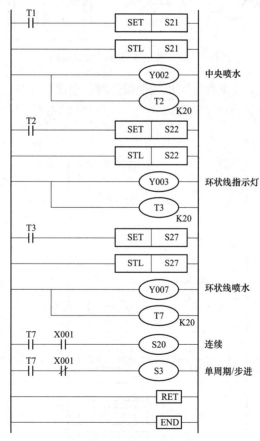

图 15.21　喷水控制梯形图

15.4.2　大小球的选择搬运

图 15.22 所示为使用传送带将大、小球分类传送的机械装置。左上为原点，按照下降、吸住、上升、右行、下降、释放、上升、左行的顺序动作。此外，当机械手臂下降，电磁铁压住大球时，下限开关 LS2 为 OFF，压住小球时，LS2 为 ON。

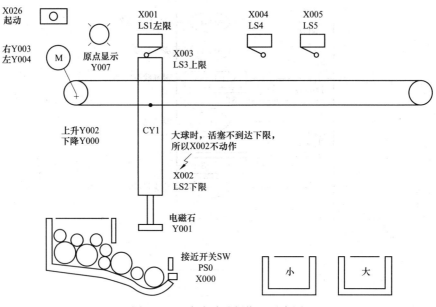

图 15.22　大小球选择搬运示意图

分析与设计：本例为二分支程序，机械手搬运时，电磁铁压住大球还是压住小球是随机的。当为小球的时候右行到 X004 动作，当为大球的时候右行到 X005 动作时。梯形图如图 15.23 所示。

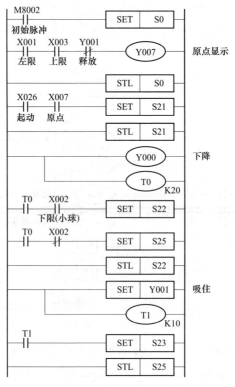

图 15.23　大小球选择搬运梯形图

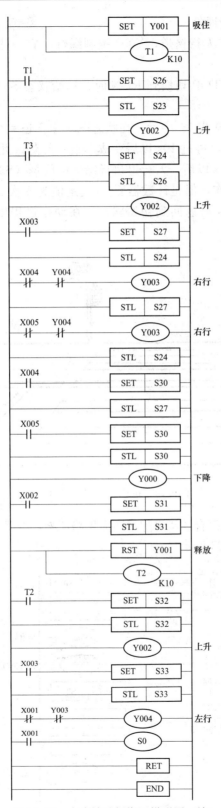

图 15.23　大小球选择搬运梯形图（续）

15.4.3　按钮式人行横道交通灯

图15.24所示为按钮式人行横道，Y003控制绿灯，Y002控制黄灯，Y001控制红灯。控制要求如下。

（1）可编程控制器从STOP切换到RUN时，初始状态S0动作，平时为车道＝绿灯，人行道＝红灯。

（2）按下横穿按钮X000或X001后，在状态S21中车道＝绿灯，状态S30中人行道＝红灯。30s以后车道＝黄灯，再过10s以后变成车道＝红灯。此后，定时器T2（5s）动作后，变为人行道＝绿灯。15s以后，人行道执行绿灯的闪烁（S32＝灭、S33＝亮）。在闪烁过程中，S32、S33重复动作，但是计数器C0（设定值为5次）动作后，动作状态转移到S34，在人行道＝红灯的5s后返回到初始状态。在动作过程中，即使按横穿按钮X000、X001也无效。

图15.24　按钮式人行横道示意图

分析与设计：并行分支汇合的步进梯形图需思路清晰，准确控制分支条件、并行步序和汇合要求，梯形图如图15.25所示。

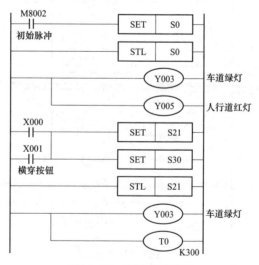

图15.25　交通灯梯形图

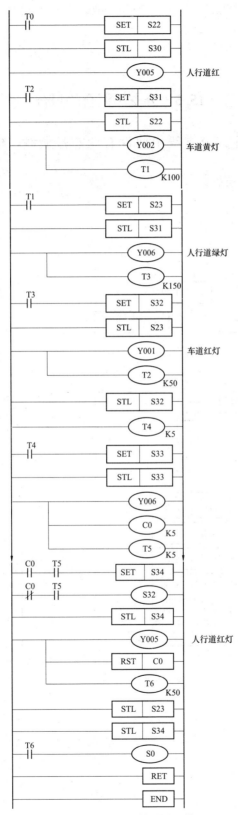

图 15.25　交通灯梯形图（续）

15.5　分支·汇合的组合

从汇合线开始直接连接分支线中间没有状态过渡时，建议在中间加入一个空状态。

1. 选择汇合和选择分支的组合

示例如图 15.26 所示。

2. 并行汇合和并行分支的组合

示例如图 15.27 所示。

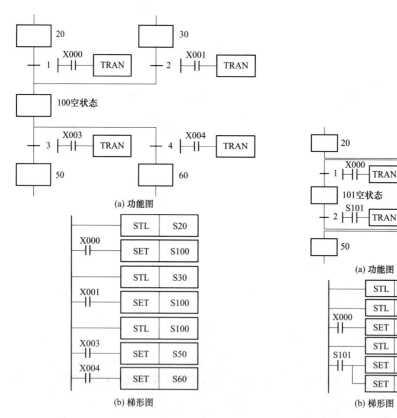

图 15.26　选择汇合和选择分支的组合　　　图 15.27　并行汇合和并行分支的组合

3. 选择汇合和并行分支的组合

示例如图 15.28 所示。

4. 并行汇合和选择分支的组合

示例如图 15.29 所示。

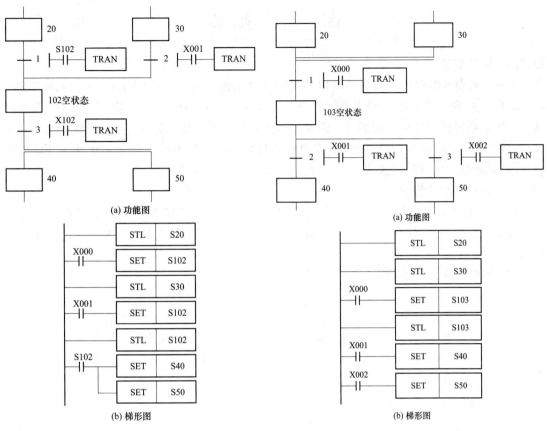

图 15.28　选择汇合和并行分支的组合　　　图 15.29　并行汇合和选择分支的组合

15.6　步进梯形图中可使用的指令

STL 指令～RET 指令之间可以使用的顺控指令如表 15.4 所示。

表 15.4　　　　　　STL 指令～RET 指令之间可以使用的顺控指令一览表

状　态		指　令		
		LD/LDI/LDP/LDF，AND/ANI/ANDP/ANDF，OR/ORI/ORP/ORF，INV，MEP/MEF，OUT，SET/RST，PLS/PLF	ANB/ORB/MPS/MRD/MPP	MC/MCR
初始状态/一般状态		可以使用	可以使用[*1]	不可以使用
分支、汇合状态	驱动处理	可以使用	可以使用[*1]	不可以使用
	转移处理	可以使用	不可以使用	不可以使用

注　（1）中断程序和子程序中不可以使用 STL 指令。

　　（2）使用 STL 指令时，在中断程序中勿使用 SET 指令或 OUT 指令驱动状态 S。

　　（3）并非禁止在步序中使用跳转指令，而是由于使用了会产生复杂的动作，所以建议尽量不使用。

　　[*1]：即使是驱动处理梯形图，也不能在 STL 指令的后面直接使用 MPS 指令。

15.7 SFC 程 序

15.7.1 SFC 概述

在 FX 系列可编程控制器中,可以使用顺序功能图(Sequential Function Chart,SFC)实现顺控。用 SFC 程序能以便于理解的方式表现基于机械动作的各工序的作用和整个控制流程,所以顺控的设计也变得简单。因此,即使对第三方人员也能轻易传达机械的动作,所以能够编制出便于维护以及应对规格变更和故障发生的更加有效的程序。此外,SFC 程序和步进梯形图指令,都是按照既定的规则进行编程的,所以可以相互转换。

15.7.2 功能和动作说明

在 SFC 程序中,将状态变量 S 视作 1 个控制工序,在其中对输入条件和输出控制的顺序进行编程。由于工序推进时,前工序就转为不动作,所以可以按各工序的简单的顺序来控制机械。

15.7.3 SFC 程序的创建步骤

1. 动作实例

如图 15.30 所示的系统,控制要求如下。

(1) 按下起动按钮 PB 后,电机驱动车前进,限位开关 LS1 动作后,台车后退。

(2) 限位开关 LS2 动作,台车停止 5s 后再次前进,限位开关 LS3 动作时,台车再次后退。

(3) 限位开关 LS2 动作时,驱动台车的电动机停止。

(4) 若再次起动,则重复执行上述的动作。

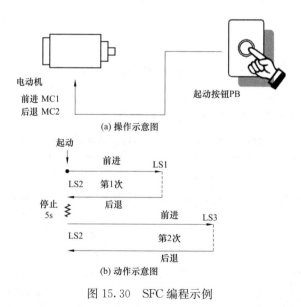

图 15.30 SFC 编程示例

2. 工序图的创建

按照下述步骤,创建如图 15.31 所示的工序图。

(1) 将上述事例的动作分成各个工序,按照从上至下动作的顺序用矩形表示。

（2）用纵线连接各个工序，并写入工序推进的条件。执行重复动作的情况下，在一连串的动作结束时，用箭头表示返回到哪个工序。

（3）在表示工序的矩形的右边写入各个工序中执行的动作。

3. 变量分配

如图 15.32 所示，给已经创建好的工序图分配可编程控制器的端口变量。

（1）给表示各个工序的矩形分配状态。初始工序中分配初始状态（S0～S9）。初始工序以后，分配初始状态以外的状态编号。状态编号的大小与工序的顺序无关。在状态中，还包括即使停电也能记忆其动作状态的停电保持用状态。

（2）给转移条件分配输入端口和变量（按钮开关以及限位开关连接的输入端子编号以及定时器编号）。

（3）对各个工序执行的动作中使用的输出端口和变量（外部设备连接的输出端子编号及定时器编号）进行分配。

（4）执行重复动作以及工序的跳转时使用［↳］，指定要跳转的目标状态编号。

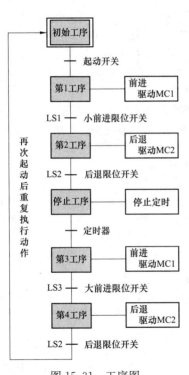

图 15.31　工序图

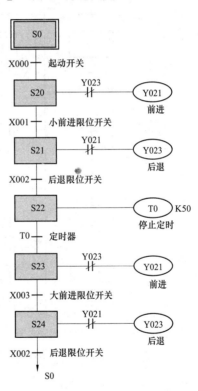

图 15.32　分配变量

实际编程中，要使 SFC 的程序运行，还需要将初始状态置 ON 的梯形图，如图 15.33 所示。

图 15.33　初始状态置 ON

4. 在 GX Developer 中输入及显示程序

输入使初始状态置 ON 的梯形图。在本

例的梯形图块中，使用了当可编程序控制器从 STOP 变为 RUN 时，仅瞬间动作的特殊中间变量 M8002，使初始状态 S0 被置位（ON）。

在 GX Developer 中输入程序时，将初始状态置 ON 的梯形图程序写入梯形图块中，把 SFC 的程序写入 SFC 块中。

表示状态内动作的程序及转移条件，作为状态以及转移条件的内部梯形图使用普通梯形图编程。在 GX Developer 中输入程序时，RET 和 END 会被自动写入。

程序如图 15.34 所示。

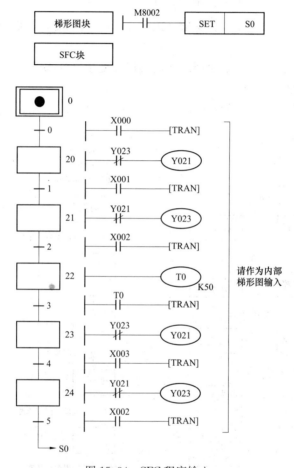

图 15.34 SFC 程序输入

练习 1：如图 15.35 所示，限位开关连接 PLC 输入端口 X，小车运动到指定位置接通该处限位开关，对应端口变量为 1。小车在初始位置时 X0 为 "1" 状态，按下起动按钮 X3，小车按箭头所示顺序运动，每到一个停止位置，需停留的时间分别为 5s、10s、15s，最后返回并停在初始位置，试编写单流程步进梯形图。

练习 2：如图 15.36 所示，运料小车在左侧装料处（X3 限位）从 a、b、c 三种原料中选择一种装入，右行送料，自动将原料卸在 A（X4 限位）、B（X5 限位）、C（X6 限位）处，停留 15s 后左行返回装料处。用开关 X1、X0 的状态组合选择在何处卸料：

X1X0＝11，则卸在 A 处；

X1X0＝10，则卸在 B 处；

X1X0＝01，则卸在 C 处。

试编写选择性步进梯形图。

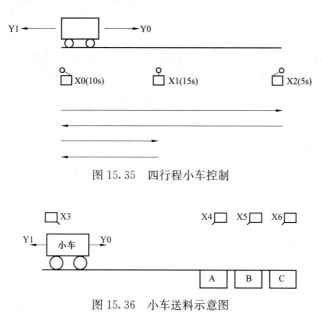

图 15.35　四行程小车控制

图 15.36　小车送料示意图

练习 3：用选择性步进梯形图编写三人抢答器。

学习情境 16　群　体　控　制

情境任务: 通过本情境的学习,了解 PLC 中应用指令的作用和类别,熟悉应用指令的表示和执行形式,掌握数据寄存器 D、位组合、变址寄存器 [V、Z] 的使用方法;能使用 PLC 的功能指令进行群体控制;了解 PLC 中文件寄存器、扩展寄存器和扩展文件寄存器。

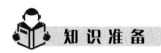

16.1　应　用　指　令　概　述

可编程控制器除了基本逻辑指令和步进指令,还有很多的应用指令(也称为功能指令)。应用指令极大地扩展了可编程控制器的应用范围,具有下述两大特点。

(1) 功能丰富。

FX3U 系列 PLC 不仅有数据的传送和比较、四则运算、逻辑运算、数据的循环和移位等基本应用指令,还有输入输出刷新、中断、高速计数器专用比较指令、高速脉冲输出等高速处理指令、在 SFC 控制上将机械控制的常规动作程序封装化的初始化状态指令等,满足了功能丰富、处理迅速、使用简单的要求。

(2) 高级控制简化。

由于 PLC 备有多个将复杂的顺序控制封装化的便捷指令,因此可以减轻编制顺控程序的工作量,并且可以节约输入输出点数。此外,为了适应更加高级的控制,它还备有浮点运算和 PID 运算。

16.1.1　应用指令分类

FX3U 系列 PLC 的应用指令主要分为程序流程、传送比较、四则逻辑运算等九类。下列指令为相应类别中有代表性的指令。

1. 程序流程
- 条件跳转 (CJ/FNC 00)
- 子程序调用 (CALL/FNC 01)
- 允许中断 (EI/FNC 04)
- 禁止中断 (DI/FNC 05)
- 循环范围的起始 (FOR/FNC 08) 等

2. 传送比较
- 比较 (CMP/FNC 10)
- 触点比较 (FNC 224~246)
- 浮点数比较 (ECMP/FNC 110、EZCP/FNC 111)
- 区间比较 (ZCP/FNC 11)

- 高速计数器比较（FNC 53～55）
- 高速计数器表比较（HSCT/FNC 280）
- 数据传送（MOV/FNC 12）
- 浮点数数据传送（EMOV/FNC 112）
- 高速计数器传送（HCMOV/FNC 189）
- BCD 转换（BCD/FNC 18）
- BIN 转换（BIN/FNC 19）
- 格雷码的转换（FNC 170、171）等

3. 四则逻辑运算

- BIN 加法运算（ADD/FNC 20）
- BIN 减法运算（SUB/FNC 21）
- BIN 乘法运算（MUL/FNC 22）
- BIN 除法运算（DIV/FNC 23）
- BIN 加一（INC/FNC 24）
- BIN 开方运算（SQR/FNC 48）
- 三角函数（FNC 130～135）
- 浮点数转换（FNC 49、118、119、129）
- 浮点数四则运算（FNC 120～123）
- 浮点数开方运算（ESQR/FNC 127）等

4. 循环移位

- 循环右移（ROR/FNC 30）
- 循环左移（ROL/FNC 31）
- 带进位循环右移（RCR/FNC 32）
- 带进位循环左移（RCL/FNC 33）
- 位右移（SFTR/FNC 34）
- 位左移（SFTL/FNC 35）
- 字右移（WSFR/FNC 36）
- 字左移（WSFL/FNC 37）等

5. 数据处理

- 成批复位（ZRST/FNC 40）
- 译码（DECO/FNC 41）
- 编码（ENCO/FNC 42）
- ON 位数（SUM/FNC 43）
- 平均值（MEAN/FNC 45）
- 字节单位的数据分离与结合（FNC 141、142）
- 16 位数据的 4 位的结合与分离（FNC 143、144）
- 上下限限位控制（LIMIT/FNC 256）
- 死区控制（BAND/FNC 257）
- 区域控制（ZONE/FNC 258）

- 数据块处理（FNC 192～199）
- 字符串处理（FNC 200～209）等

6. 高速处理

- 输入刷新（REF/FNC 50）
- 输入刷新（带滤波器设定）（REFF/FNC 51）
- 脉冲密度（SPD/FNC 56）
- 脉冲输出（PLSY/FNC 57）
- 带加减速的脉冲输出（PLSR/FNC 59）等

7. 便捷指令与外围设备用的指令

- 初始化状态（IST/FNC 60）
- 示教定时器（TTMR/FNC 64）
- 交替输出（ALT/FNC 66）
- 斜坡指令（RAMP/FNC 67）
- 旋转工作台控制（ROTC/FNC 68）
- 数字键输入（TKY/FNC 70）
- 数字开关（DSW/FNC 72）
- 7 段解码器（SEGD/FNC 73）
- 7SEG 时分显示（SEGL/FNC 74）
- ASCII 数据输入（ASC/FNC 76）
- BFM 的读出、BFM 的写入（FNC 78、79、278、279）
- 串行数据传送（FNC 80、87）
- 模拟量旋钮（FNC 85、86）
- 变频器通信（FNC 270～274）
- HEX→ASCII 转换（ASCI/FNC 82）
- ASCII→HEX 转换（HEX/FNC 83）
- CRC 运算（CRC/FNC 188）
- 产生随机数（RND/FNC 184）
- 时钟数据处理（FNC 160～167）
- 计时表（HOUR/FNC 169）
- 发出定时脉冲（DUTY/FNC 186）
- 登录到扩展寄存器（LOGR/FNC 293）等

8. 复杂的控制

- 数据检索（SER/FNC 61）
- 数据排列（FNC 69、149）
- PID 运算（PID/FNC 88）等

9. 定位控制

- 带 DOG 搜索的原点回归（DSZR/FNC 150）
- 中断定位（DVIT/FNC 151）
- 使用成批设定方式定位（TBL/FNC 152）

- 读出 ABS 的当前值（ABS/FNC 155）
- 原点回归（ZRN/FNC 156）
- 可变速的脉冲输出（PLSV/FNC 157）
- 相对定位（DRVI/FNC 158）
- 绝对定位（DRVA/FNC 159）

16.1.2　应用指令的表示和执行形式

1. 指令和操作数

可编程控制器的应用指令被分配了 FNC 00～FNC □□□ 的功能编号，各指令中被授予了表示其内容的符号（助记符）。

以 FNC 12 对应 MOV（传送）指令为例。应用指令一般由指令名和操作数组合构成，如图 16.1 所示。

源操作数 S：不会因为执行指令而使内容发生变化的操作数称为源操作数。

目标操作数 D：通过执行指令，其内容发生变化的操作数称为目标操作数。

应用指令在 GX Developer 中输入的简写形式如图 16.2 所示（不显示功能编号），表示将数据寄存器 D10 中存放的数据传送到数据寄存器 D50。D10 作为源操作数数据不发生变化，D50 作为目标操作数，其内容将被 D10 中所传送来的数据覆盖。

图 16.1　应用指令基本格式　　　　图 16.2　GX Developer 中应用指令输入示例

2. 指令形式和执行形式

根据应用指令处理的数值的大小，可以分为 16 位指令和 32 位指令两种。根据该指令的执行方式不同，可分为连续执行型和脉冲执行型两种类型。

1）16 位/32 位指令

处理数值的应用指令中，根据数值数据的位数分为 16 位和 32 位。如图 16.3 所示，使用 32 位指令时，在 MOV 指令之前添加了前缀符号 [D]。第一行程序将 D10 中的 16 位数据传送到 D12，第二行程序将（D21，D20）中的 32 位数据传送到（D23，D22）。

2）脉冲执行型/连续执行型

（1）脉冲执行型。如图 16.4 所示，X000 从 OFF 变成 ON 的时候，只执行一次指令，除此以外的情况都不执行。因此，不需要一直执行的情况下，建议使用脉冲执行型指令。脉冲执行型指令需在指令之后加后缀符号 [P]。32 位脉冲执行型指令（如 DMOVP）执行要求相同。

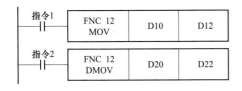

图 16.3　16 位/32 位数据传送

图 16.4　脉冲执行型指令

（2）连续执行型。如图16.5所示为连续执行型的指令，X001为ON的时候，每个运算周期都会执行。

思考： 脉冲执行型/连续执行型指令需准确理解，正确应用。如图16.6所示，INC为加1指令（指令每执行一次，对应数据寄存器的值＋1）。假设X0从OFF变成ON状态并持续0.5s，分别分析两行指令中D10中数据的大小。

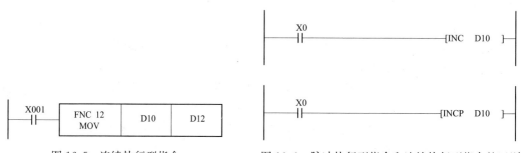

图16.5　连续执行型指令　　　　　　　图16.6　脉冲执行型指令和连续执行型指令的区别

16.2　应用指令中数据的存放与表示

16.2.1　数据寄存器D

1. 数据寄存器的编号

数据寄存器是保存数值数据的存储单元。一般情况下，使用应用指令对数据寄存器的数值进行读出/写入，也可以用人机界面、显示模块、编程工具直接进行读出/写入。数据寄存器D的编号如表16.1所示（编号以10进制数分配）。

表16.1 　　　　　　　　　　　　　　　　数据寄存器D的编号

数据寄存器			
一般用	停电保持用 电池保持	停电保持专用 （电池保持）	特殊用
D0～D199 200点[*1]	D200～D511 312点[*2]	D512～D7999 7488点[*3*4]	D8000～D8511 512点

注　[*1]：非停电保持区域。根据设定的参数，可以更改为停电保持区域。

　　[*2]：停电保持区域。根据设定的参数，可以更改为非停电保持区域。

　　[*3]：关于停电保持的特性不能通过参数进行变更。

　　[*4]：根据设定的参数，可以将D1000以后的数据寄存器以500点为单位作为文件寄存器。

2. 数据寄存器的存储结构

每个数据寄存器都是16位，最高位为正负符号位，0：正数；1：负数。将两个数据寄存器组合后可以组成32位数据寄存器，也是最高位为正负符号位。

1）16位

1个（16位）数据寄存器可以处理$-32768\sim+32767$范围的数值，如图16.7所示。

2）32位

使用 2 个相邻的数据寄存器可保存 32 位数据。编号大的数据寄存器存数据高位，编号小的数据寄存器存数据低位，可以处理 −2147483648～ +2147483647 范围的数值，如图 16.8 所示。

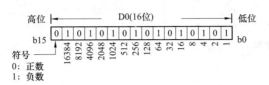

图 16.7　16 位数据寄存器示意图

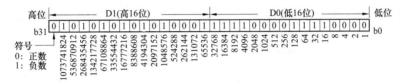

图 16.8　32 位数据寄存器示意图

指定 32 位时，如指定了低位侧（如 D0），高位侧就自动占有紧接的号码（如 D1）。

低位侧既可指定奇数，也可指定偶数的数据寄存器编号，但是考虑到人机界面、显示模块、编程工具的监控功能等，建议低位侧取偶数的数据寄存器编号。

3. 数据寄存器的预存功能

数据寄存器除了一般用/停电保持用之外，还可将特定目的的数据预先写入特定的数据寄存器，该内容在每次上电时会被设置为初始值。例如，如图 16.9 所示，系统 ROM 对 D8000 中的 WDT 时间进行初始设定，但如果要更改，使用传送指令 MOV（FNC 12）可以向 D8000 中写入目的时间。

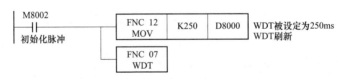

图 16.9　数据寄存器特殊用法

4. 数据寄存器动作举例

数据寄存器可以处理数值数据，用于各种控制。在此，选取了基本指令和应用指令的代表说明动作。

1）基本指令中的数据寄存器

如图 16.10 所示，指定为定时器和计数器的设定值。

2）应用指令中的数据寄存器

MOV（FNC 12）指令的动作实例如下。

（1）如图 16.11 所示，更改计数器的当前值。

（2）如图 16.12 所示，将定时器和计数器的当前值读出到数据寄存器中。

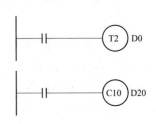

图 16.10　定时器和计数器的设定值

（3）如图 16.13 所示，数值保存在数据寄存器中。

（4）如图 16.14 所示，将数据寄存器的内容传送至其他数据寄存器中。

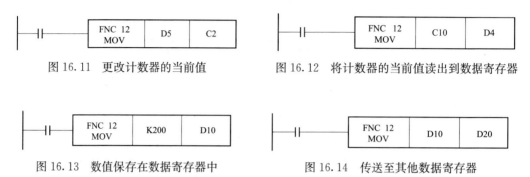

图 16.11　更改计数器的当前值　　　　　图 16.12　将计数器的当前值读出到数据寄存器

图 16.13　数值保存在数据寄存器中　　　　　图 16.14　传送至其他数据寄存器

3）将未使用的定时器及计数器作为数据寄存器使用

如图 16.15 所示，程序中不使用的定时器和计数器可作为 16 位或是 32 位的数据寄存器使用。

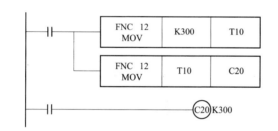

图 16.15　未使用的定时器及计数器作为数据寄存器使用

16.2.2　位组合

诸如 X、Y、M、S，仅处理 ON/OFF 信息的变量被称为位变量。与其相对，T、C、D 等处理数值的变量被称为字变量。应用指令的操作数，除了最常见的数据寄存器 D 之外，有时会处理 X、Y、M、S 等位变量，有时也会组合这些位变量，如 KnX、KnY、KnM、KnS，可以将其作为数值数据处理，称其为位组合。基本格式是，Kn 和起始位变量的编号组合，其中 Kn 表示组数，每组 4 个变量。

例如，K2M0，K2 表示 2 组（每组 4 个变量，共计 8 个变量），M0 表示变量起点，即 M0～M7。只要没有特别的限制，被指定的起始位变量编号可以是任意的，但是建议在 X、Y 的场合，尽量将最低位的编号设置为 0（指定 X000、X010、X020…Y000、Y010、Y020…）。

在 M、S 的场合，最理想的是 8 的倍数，但是为了避免混乱，建议设定为 M0、M10、M20…。

如图 16.16 所示，数据寄存器 D 和位组合之间传送数据时应遵从以下原则。

（1）数据寄存器 D 向位组合传送数据，但位组合位数不够时（如 K2M0，8 位），数据长度不足的高位部分不被传送。32 位数据的情况相同。

（2）位组合向数据寄存器 D 传送数据，但位组合位数不够时（如 K2M0，8 位），不足的高位视为 0。

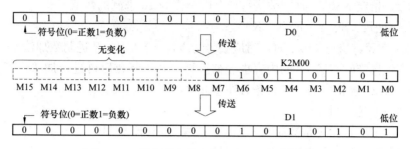

图 16.16　数据寄存器和位组合之间的数据传送

16.2.3　变址寄存器［V、Z］

变址寄存器是除了具有与数据寄存器相同的作用以外，还可以通过在应用指令的操作数中组合其他的变量编号和数值，从而在程序中更改变量编号和数值内容的特殊寄存器。

1. 变址寄存器的编号

变址寄存器［V、Z］的编号以 10 进制数分配，分别为：V0～V7，Z0～Z7。仅仅指定变址寄存器 V 或是 Z 的时候，分别作为 V0、Z0 处理。

2. 功能和构造

（1）16 位。变址寄存器具有和数据寄存器相同的结构，如图 16.17 所示。

（2）32 位。在 32 位的应用指令中时或者处理超出 16 位范围的数值时，必须使用 Z0～Z7。

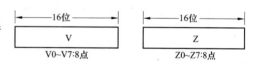

图 16.17　16 位变址寄存器

如图 16.18 所示 V、Z 组合，FX 可编程控制器将 Z 侧作为 32 位寄存器的低位侧。作为 32 位指定时，会同时参考 V（高位）、Z（低位），因此一旦 V（高位）侧中留存有别的用途的数值时，会变成相当大的数值，从而出现运算错误。

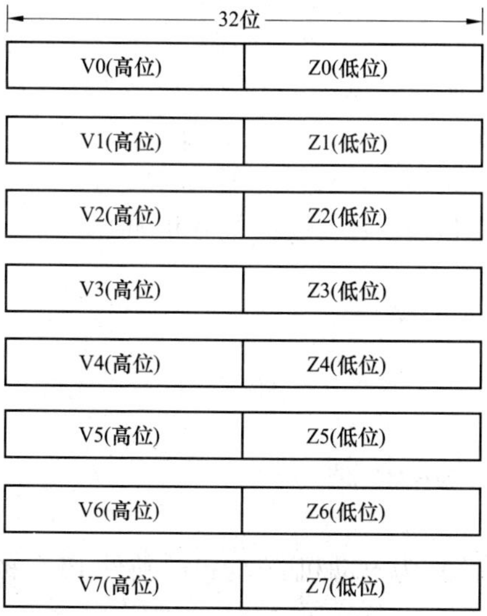

即使 32 位应用指令中使用的变址值没有超出 16 位数值范围，也应按照如图 16.19 所示程序结构，在对 Z 进行数值的写入时，使用 DMOV 等 32 位运算指令，同时改写 V（高位）、Z（低位）。

图 16.18　32 位变址寄存器

图 16.19　32 位变址寄存器的写入

3. 变量修饰

可以被修饰的变量及其修饰的内容如下。

（1）10 进制变量、数值：M、S、T、C、D、R、KnM、KnS、P、K。

例如，V0＝K5，执行 D20V0 时，对变量编号为 D25（D20＋5）的执行指令。此外，还

可以修饰常数，指定 K30V0 时，被执行指令的是作为 10 进制的数值 K35（30+5）。

（2）8 进制变量：X、Y、KnX、KnY。

例如，Z1=K8，执行 X0Z1 时，对应编号为 X10（X0+8；8 进制数加法）。对 8 进制变量编号进行变址修饰时，V、Z 的内容也会被换算成 8 进制数后再进行加法运算。例如，假定 Z1=K10，X0Z1 被指定为 X12，务必注意此时不是 X10。

（3）16 进制数值：H。

例如，V5=K30，指定常数 H30V5 时，被视为 H4E（30H+K30）。若 V5=H30，指定常数 H30V5 时，被视为 H60（30H+30H）。

任务实施

16.3 彩灯群体控制

PLC 的 Y0～Y17 连接了 16 盏彩灯，要求使用应用指令 MOV，通过控制按钮 SB0～SB3 分别实现下列亮法：奇数灯亮、偶数灯亮、全亮和全灭。

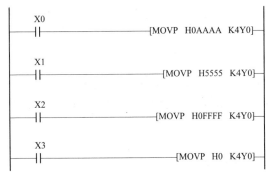

分析与设计：基本逻辑指令中，只能通过单输出或多输出结构来控制输出变量 Y。应用指令中的位组合 K4Y0（Y0～Y17）可完整表示 16 个输出端 Y 变量，结合数据传送指令 MOV 即可实现任务。梯形图如图 16.20 所示，采用 16 进制数据 H 作为数据源，分别转换为二进制状态值传送到 Y17～Y0，即可实现彩灯亮法控制（如 AAAA=1010101010101010 对应奇数灯亮）。十六进制数若以字母开头，需在前端加入 0。

图 16.20　彩灯群体控制梯形图

能力拓展

16.4 电动机的 Y-△起动控制

图 16.21（a）为电动机 Y-△起动硬件主电路，（b）为电动机 Y-△起动硬件 PLC 的 I/O 接线图。

分析与设计：电动机 Y-△起动控制用到了 PLC 的 Y0、Y1、Y2 共计 3 个输出变量，为了提高控制效率，可使用位组合 K1Y0 和传送指令 MOV 实现任务。梯形图程序如图 16.22 所示。

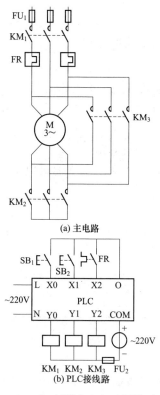

图 16.21 电动机丫-△起动硬件示意图

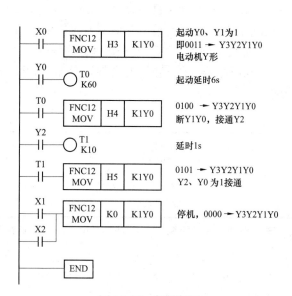

图 16.22 例梯形图

16.5 文 件 寄 存 器

文件寄存器是 FX3U 系列 PLC 处理数据寄存器初始值的存储单元，其位数构造与数据寄存器相同。根据设定的参数，可以将数据寄存器 D1000 以后的停电保持专用部分设定为文件寄存器。最多可设定 7000 点。

但需注意：

（1）通过参数设定，可以指定 1~14 个块（每个块相当于 500 点的文件寄存器），但是这样每个块就减少了 500 步的程序内存区域。

（2）将 D1000 以后的一部分设定为文件寄存器时，剩余的寄存器可以作为停电保持专用的数据寄存器使用。

文件寄存器的动作如图 16.23 所示，当可编程控制器上电时和 STOP→RUN 时，在内置存储器或存储器盒中设定的文件寄存器区域（［A］部）会被一并传送至系统

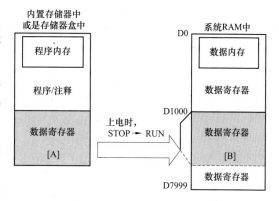

图 16.23 文件寄存器的动作

RAM 的数据内存区域［B］部中。

16.6　扩展寄存器［R］与扩展文件寄存器［ER］

扩展寄存器（R）是扩展数据寄存器（D）而使用的存储单元。扩展寄存器（R）的内容也可以保存在扩展文件寄存器（ER）中。但是，这个扩展文件寄存器为 FX3U、FX3UC 可编程控制器时，只有使用存储器盒时可以利用。

1. 扩展寄存器、扩展文件寄存器的编号

扩展寄存器（R）和扩展文件寄存器（ER）的编号如表 16.2 所示（编号以 10 进制数分配）。

表 16.2　　　　　　　　　　扩展寄存器、扩展文件寄存器编号

扩展寄存器（R） （电池保持）	扩展文件寄存器（ER） （文件用）
R0～R32767 32768 点	ER0～ER32767 32768 点 [*1]

注　*1：仅在使用存储器盒的时候可以使用（保存在存储器盒的闪存中）。

2. 数据的存储地点和访问方法

由于扩展寄存器（R）和扩展文件寄存器，保存数据用的内存不同，因此访问的方法如表 16.3 所示有所不同。

表 16.3　　　　　　　　　　数据存储地点

软元件	可编程控制器	数据存储地点
扩展寄存器	FX3U、FX3UC	内置 RAM（电池后备的区域）
	FX3G	内置 RAM
扩展文件寄存器	FX3U、FX3UC	存储器盒（闪存）
	FX3G	内置 EEPROM 或存储器盒（EEPROM）

学习情境 17   流 程 控 制

情境任务:通过本情境的学习,了解 PLC 中程序流程指令的写法与功能,掌握指针 P、I 的作用与编号,掌握分支与中断程序中指针的功能,熟悉循环指令的用法;掌握流程控制程序结构;了解看门狗定时器的作用和编程方法。

 **知识准备**

17.1   程 序 流 程 指 令

如表 17.1 所示,FNC 00~FNC 09 提供了与程序流程相关的跳转及中断相关指令。

表 17.1 程序流程指令表

FNC 号	指令记号	符 号	功 能
00	CJ	⊢⊢————[CJ | Pn]	条件跳转
01	CALL	⊢⊢————[CALL | Pn]	子程序调用
02	SRET	————————[SRET]	子程序返回
03	IRET	————————[IRET]	中断返回
04	EI	————————[EI]	允许中断
05	DI	————————[DI]	禁止中断
06	FEND	————————[FEND]	主程序结束
07	WDT	⊢⊢————[WDT]	看门狗定时器
08	FOR	————————[FOR | S]	循环范围的开始
09	NEXT	————————[NEXT]	循环范围的结束

17.2　指针 P、I

指针，作为一种程序标记符号，用作跳转、调用、中断程序的入口地址，与跳转、子程序、中断程序等指令组合使用。按用途分，指针可分为分支指针（P）和中断指针（I）两类。指针 P、I 的编号如表 17.2 所示（编号以 10 进制数分配）。

表 17.2　　　　　　　　　　　　　　指 针 编 号

分支用	END 跳转用	输入中断 输入延迟中断用		定时器中断用	计数器中断用
P0～P62 P64～P4095 4095 点	P63 1 点	I00□（X000）　I30□（X003） I10□（X001）　I40□（X004） I20□（X002）　I50□（X005） 6 点		I6□□ I7□□ I8□□ 3 点	I010　I040 I020　I050 I030　I060 6 点

17.2.1　分支用指针的功能和动作实例

1. CJ（FNC 00）条件跳转

如图 17.1 所示，X001 为 ON，跳转到 CJ（FNC 00）指令指定的标记位置（P0），执行 P0 及之后的程序。特点：根据前端接点通断决定跳转与否，一旦跳转，一去不返。

2. CALL（FNC 01）子程序调用

如图 17.2 所示，X001 为 ON，执行 CALL（FNC 01）指令指定的标签位置的子程序，使用 SRET（FNC 02）指令返回到原来的位置。特点：根据前端接点通断决定调用与否，如果调用，执行到 SRET 指令则结束调用并返回。

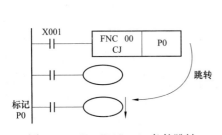

图 17.1　CJ（FNC 00）条件跳转

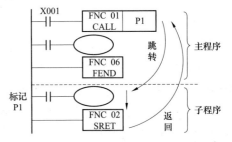

图 17.2　CALL（FNC 01）子程序调用

程序中出现的 FEND 指令表示主程序结束。执行 FEND 指令后，会执行与 END 指令相同的输出处理、输入处理、看门狗定时器的刷新，然后返回到 0 步的程序。在编写子程序和中断程序时需要使用这个指令。

3. END 跳转用指针 P63

P63 是表示使用 CJ（FNC 00）指令时跳跃到 END 步的特殊指针。因此，对标记 P63 编程时，可编程控制器中会显示错误代码 6507（标记定义错误）并停止运行。故不需要将指针 P63 写到 END 指令行前端，如图 17.3 所示。

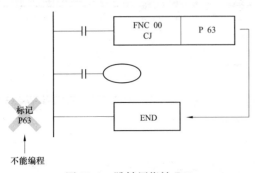

图 17.3　跳转用指针 P63

17.2.2　中断用指针的功能和动作实例

中断用指针分别与应用指令 IRET（FNC 03）中断返回、EI（FNC 04）允许中断和 DI（FNC 05）禁止中断组合使用，按功能可分为以下 3 种类型。

1. 输入中断（延迟中断）用：6 点

可以在不受可编程控制器运算周期的影响下，接收来自特定输入端口 X 的输入信号。若输入信号满足中断触发要求，则执行中断子程序。由于输入中断可以处理比运算周期更短的信号，因此可在顺控过程中作为需要优先处理或者短时间脉冲处理控制时使用。输入中断相关信息如表 17.3 所示。

表 17.3　　　　　　　　　　　　输　入　中　断　表

输入	输入中断用指针		禁止中断标志位	输入信号的 ON 脉宽或是 OFF 脉宽	
	上升沿中断	下降沿中断		FX3U、FX3UC	FX3G
X000	I001	I000	M8050 *1	5μs 以上	10μs 以上
X001	I101	I100	M8051 *1		10μs 以上
X002	I201	I200	M8052 *1		50μs 以上
X003	I301	I300	M8053 *1		10μs 以上
X004	I401	I400	M8054 *1		10μs 以上
X005	I501	I500	M8055 *1		50μs 以上

注　*1：从 RUN→STOP 时清除。

输入中断动作示例如图 17.4 所示，可编程控制器通常为禁止中断的状态。使用 EI 指令允许中断后，在扫描程序过程中，X000 或 X001 为 ON，执行中断子程序①或程序②，然后通过 IRET 指令返回到主程序。中断用指针（I***），在编程时请务必作为标记放在 FEND 指令后。

可编程控制器通常为禁止中断状态，使用 EI 指令，可以使可编程控制器变为允许中断的状态。使用输入中断、定时器中断、计数器中断功能的时候，需使用该指令。在使用 EI 指令将 PLC 改为允许中断后，可使用 DI（FNC 05）指令将 PLC 再次更改为禁止中断。EI 作为 PLC 的中断允许总控指令可以和输入中断的禁止中断标志位（M8050～M8055）结合使用。如图 17.5 所示，

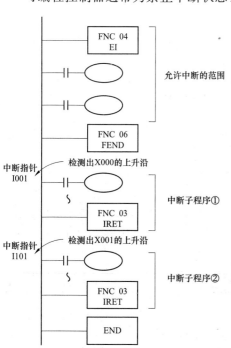

图 17.4　输入中断示例

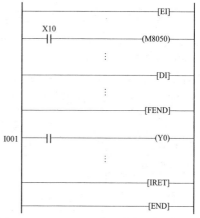

图 17.5　EI、DI 和禁止中断标志位结合

在 EI 开启 PLC 中断允许后，可通过 M8050 控制输入中断 I001（M8050＝0 开启中断），程序行 DI—FEND 之间的指令禁止中断。

2. 定时器中断用：3 点

每隔指定的中断循环时间（10～99ms），执行中断子程序。可在可编程控制器的运算周期以外，需要循环中断处理的控制中使用。定时器中断相关信息如表 17.4 所示。

表 17.4　　　　　　　　　　　　　　　定 时 中 断 表

输入编号	中断周期/ms	中断禁止标志位
I6□□	在指针名的□□中，输入 10～99 的整数。 例如：I610＝每 10ms 的定时器中断	M8056[*1]
I7□□		M8057[*1]
I8□□		M8058[*1]

注　[*1]：从 RUN→STOP 时清除。

定时中断动作示例如图 17.6 所示，EI 指令以后定时器中断变为有效（不需要定时器中断的禁止区间时，就不需要编写禁止中断指令 DI）。FEND 表示主程序的结束，定时中断子程序必须编写在 FEND 后。每隔 20ms 执行中断子程序，使用 IRET 指令返回到主程序。

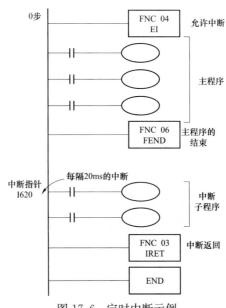

图 17.6　定时中断示例

3. 计数器中断用：6 点

根据高速计数器用比较置位指令（DHSCS 指令）的比较结果，执行中断子程序。用于使用高速计数器优先处理计数结果的控制。计数器中断指针相关信息如表 17.5 所示。

表 17.5　　　　　　　　　　　　　　　计 数 中 断 表

指针编号	中断禁止标志位	指针编号	中断禁止标志位
I010	M8059[*1]	I040	M8059[*1]
I020		I050	
I030		I060	

注　[*1]：从 RUN→STOP 时清除。

　　计数中断示例如图 17.7 所示，在比较置位指令 DHSCS（FNC 53）中指定了中断指针 I010，高速计数器 C255 的当前值在 999→1000 或 1001→1000 变化时，执行中断子程序。

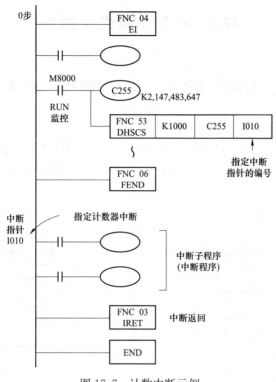

图 17.7　计数中断示例

17.3　循 环 控 制

　　FOR（FNC 08）和 NEXT（FNC 09）为循环开始和循环结束指令。如图 17.8 所示，指令 FOR 后的操作数指定了循环次数（1～32767），FOR—NEXT 之间的程序重复运行 10 次后，再执行 NEXT 之后的程序。注意：FOR、NEXT 指令必须成对使用，不可颠倒顺序；NEXT 指令不允许出现在 END、FEND 指令的后面。

图 17.8　循环指令示例

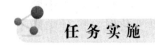

任务实施

17.4 流程控制程序结构

1. 含 CJ 跳转指令

如图 17.9 所示，因 CJ 跳转指令具有"二选一"的特性，故可在其分支程序最后分别编写 FEND 指令。

2. 含 CALL 调用指令及中断子程序

如图 17.10 所示，子程序和中断子程序应写在 FEND 之后，使用 SRET 和 IRET 返回。若主程序中有多个 FEND，子程序和中断子程序必须写在最后一个 FEND 和 END 之间。

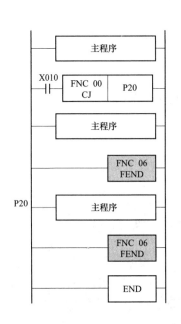

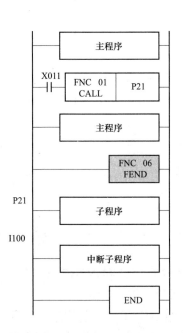

图 17.9　含 CJ 跳转指令程序结构　　　图 17.10　含 CALL 调用指令及中断子程序结构

3. 混合结构

如图 17.11 所示，混合结构中包含了中断允许 EI、中断禁止 DI、特殊变量 M8050、跳转指令 CJ、子程序调用指令 CALL 和中断子程序。

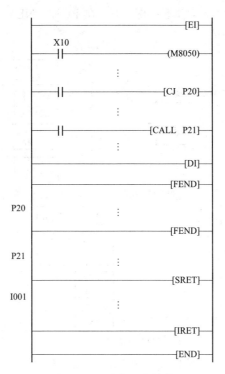

图 17.11 混合程序结构

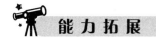

17.5 看门狗定时器

可编程控制器的运算周期（0～END 或 FEND 指令的执行时间）如果超出 200ms 时，可编程控制器会出现看门狗定时器错误（检测出运算异常），然后 CPU 错误，LED 灯亮后停止。针对运算周期较长的程序，应在程序中间插入 WDT 指令，更改或刷新看门狗定时器时间，即可避免出现错误。

1. 更改看门狗定时器时间

通过改写 D8000（看门狗定时器时间）的内容，可以更改看门狗定时器的检测时间（初始值为 200ms）。如图 17.12 所示，看门狗定时器的时间更改为 300ms。

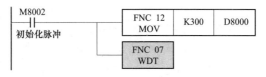

图 17.12 更改看门狗定时器时间

2. 刷新看门狗定时器时间

如图 17.13 所示，图 (a) 将 240ms 的程序一分为二，在其中间编写 WDT 指令后，前

半部分和后半部分都变成 200ms 以下；图（b）在 FOR～NEXT 指令重复次数较多的情况下，将 WDT 指令放入循环体中。

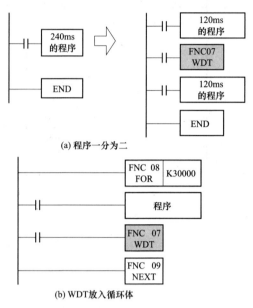

(a) 程序一分为二

(b) WDT放入循环体

图 17.13　刷新看门狗定时器时间

学习情境 18 传送与比较控制

情境任务：通过本情境的学习，掌握 PLC 中传送、比较、交换与转换指令的写法与功能；能使用比较指令进行密码锁设计；能使用传送和转换指令进行数据合成。

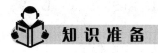
知识准备

18.1 比较和传送指令

如表 18.1 所示，FNC 10～FNC 19 中准备了应用指令中最为重要的数据传送和比较等基本的数据操作指令。

表 18.1 　　　　　　　　　　比较和传送指令表

FNC 号	指令记号	符　号	功　能
10	CMP	⊢⊢ CMP S1 S2 D	比较
11	ZCP	⊢⊢ ZCP S1 S2 S D	区间比较
12	MOV	⊢⊢ MOV S D	传送
13	SMOV	⊢⊢ SMOV S m1 m2 D n	位传送
14	CML	⊢⊢ CML S D	反转传送
15	BMOV	⊢⊢ BMOV S D n	成批传送
16	FMOV	⊢⊢ FMOV S D n	多点传送
17	XCH	⊢⊢ XCH D1 D2	交换
18	BCD	⊢⊢ BCD S D	BCD 转换
19	BIN	⊢⊢ BIN S D	BIN 转换

18.2 比 较 指 令

18.2.1 CMP（比较）

CMP是比较2个值，将其结果（大、一致、小）输出到对应位变量中（3点）。如图18.1所示，对比较值K100和C20（当前值）的内容进行比较，根据其结果（大、一致、小），使M0、M1（M0+1）、M2（M0+2）其中一个为ON。

CMP指令源操作数（两个）可选类型为：KnX、KnY、KnM、KnS、T、C、D、V、Z、K、H；目的操作数可选类型为：Y、M、S。

以图18.1为例，若想清除比较结果，可在程序下方补充如图18.2所示程序。

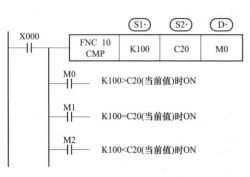

图18.1 CMP指令示例

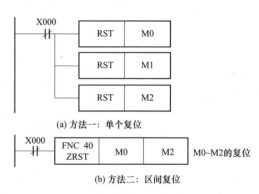

图18.2 清除CMP比较结果方法

18.2.2 ZCP（区间比较）

ZCP将数值区间与比较源比较得出的结果［大于、等于（区域内）、小于］输出到位变量（3点）中。如图18.3所示，ZCP指令的前两个操作数K100、K120组成数值区间（［100，120］，程序中数值小的作为第一个操作数），区间与第三个操作数C30（当前值）进行比较，比较结果反映到M3~M5中。

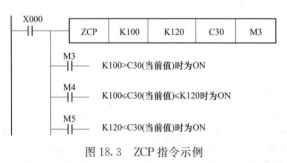

图18.3 ZCP指令示例

ZCP指令源操作数（三个）可选类型为：KnX、KnY、KnM、KnS、T、C、D、V、Z、K、H；目的操作数可选类型为：Y、M、S。

18.3 传 送 指 令

18.3.1 MOV（传送）

MOV是将变量内容传送（复制）到其他变量中的指令。MOV指令源操作数可选类型为：KnX、KnY、KnM、KnS、T、C、D、V、Z、K、H；目的操作数可选类型为：KnY、KnM、KnS、T、C、D、V、Z。

18.3.2　SMOV（位传送）

SMOV 指令以 4 位数为 1 个单位，进行数据分配合成。如图 18.4 所示，传送源 S 和传送目标 D 的内容转换（0000～9999）成 4 位数的 BCD 码（4 位二进制数转换成 1 位 BCD 码），传送源 m1 位数起的低 m2 位数部分被传送（合成）到传送目标 D 的 n 位数起始处，然后转换成 BIN，保存在传送目标 D 中。

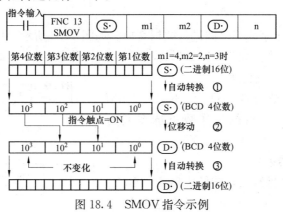

图 18.4　SMOV 指令示例

SMOV 指令源操作数可选类型为：KnX、KnY、KnM、KnS、T、C、D、V、Z；目的操作数可选类型为：KnY、KnM、KnS、T、C、D、V、Z；m1、m2、n 只能为 K、H 形式。

18.3.3　CML（反转传送）

CML 是以位为单位反转数据后进行传送（复制）的指令。如图 18.5 所示，指令将位组合 K1X0 的 4 位数据按位取反后，传送到位组合 K1M0 中。

CML 指令源操作数可选类型为：KnX、KnY、KnM、KnS、T、C、D、V、Z、K、H；目的操作数可选类型为：KnY、KnM、KnS、T、C、D、V、Z。

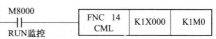

图 18.5　CML 指令示例

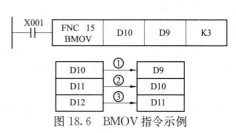

图 18.6　BMOV 指令示例

18.3.4　BMOV（成批传送）

BMOV 是对指定点数的多个数据进行成批传送（复制）。如图 18.6 所示，指令将 D10～D12 的数据分批次传送到 D9～D11 中。

BMOV 指令源操作数可选类型为：KnX、KnY、KnM、KnS、T、C、D；目的操作数可选类型为：KnY、KnM、KnS、T、C、D。

18.3.5　FMOV（多点传送）

FMOV 是将同一数据传送到指定点数变量中的多点传送指令。如图 18.7 所示，指令将数据 0 分别传送到数据寄存器 D0～D5 中。

FMOV 指令源操作数可选类型为：KnX、

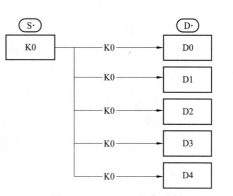

图 18.7　FMOV 指令示例

KnY、KnM、KnS、T、C、D、V、Z、K、H；目的操作数可选类型为：KnY、KnM、KnS、T、C、D。

18.4　交 换 与 转 换

18.4.1　XCH（交换）

XCH 指令可在两个字变量之间进行数据交换。如图 18.8 所示，指令将源操作数和目的操作数中的数据进行交换，如 D1←→D2。若指令中两操作数相同（如 XCH　D0　D0），则会将 D0 中高 8 位和低 8 位交换。

XCH 指令源操作数可选类型为：KnY、KnM、KnS、T、C、D、V、Z；目的操作数可选类型为：KnY、KnM、KnS、T、C、D、V、Z。

图 18.8　XCH 指令示例

18.4.2　BCD（BCD 转换）

BCD 是将 BIN（2 进制数）转换成 BCD（10 进制数）后传送的指令。可编程控制器的运算按照 BIN（二进制数）数据进行处理，在带 BCD 译码的 7 段码显示器中显示数值时，可使用 BIN 指令。如图 18.9 所示为 7 段数码管显示 1 位数的情况，指令将数据寄存器 D0 中的低 4 位数据转换成 BCD 码（0～9），再传送到位组合 K1Y0，PLC 外接的数码管将显示该 BCD 码（0～9）。多个数码管并排显示需要的数据量如表 18.2 所示。

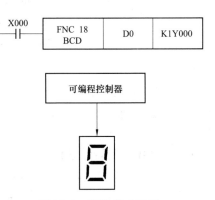

图 18.9　BCD 指令示例

表 18.2　　　　　　　　　　多数码管对应位数表

D·	位数	数据范围
K1Y000	1 位数	0～9
K2Y000	2 位数	00～99
K3Y000	3 位数	000～999
K4Y000	4 位数	0000～9999

BCD 指令源操作数可选类型为：KnX、KnY、KnM、KnS、T、C、D、V、Z；目的操作数可选类型为：KnY、KnM、KnS、T、C、D、V、Z。

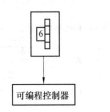

图 18.10　BIN 指令示例

18.4.3　BIN（BIN 转换）

BIN 是将 10 进制数（BCD）转换成二进制数（BIN）的指令。在将数字式开关之类，以 BCD（10 进制数）设定的数值转换成可编程控制器的运算中可以处理的 BIN（二进制数）数据后读取的情况下，可以使用 BIN 指令。如图 18.10 所示数字式开关 1 位数的情况，数字式开关连

接 PLC 输入端，输入 BCD 码信息 6，指令将 K1X0 中的 BCD 码信息 6 转换成二进制信号
0110，并存入 D0 中。

BIN 指令源操作数可选类型为：KnX、KnY、KnM、KnS、T、C、D、V、Z；目的操
作数可选类型为：KnY、KnM、KnS、T、C、D、V、Z。

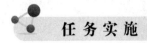

18.5　密　码　锁

用比较指令可以设计密码锁。六位键输入密码锁如图 18.11 所示，输入器件接在 X0～
X5，开锁动作通过 Y0 实现。

分析与设计： 六位键输入可产生的数值范围为 00～39（10 进制密码）或 00～3F（16 进
制密码）。为了提高保密性，可设置二重密码，通过比较指令 CMP 判断密码是否正确。

梯形图如图 18.12 所示，第一重密码为 H18（011000），输入正确（相等）后 M2＝1，
置位 M10，M10 启动第二重密码的输入。第二重密码为 H3C（111100），输入正确后 M5＝
1，M5 启动定时器 T0 和 T1。T0 的 3s 时间到，Y0 置位，吸动开锁线圈（开锁）；T1 的
10s 时间到，复位 Y0 和 M1～M10，关锁并清除密码标志位。

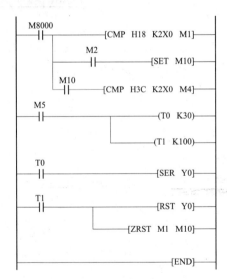

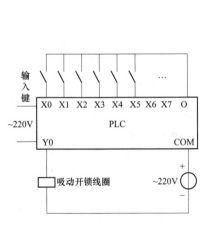

图 18.11　密码锁硬件示意图　　　　　　　　　图 18.12　密码锁梯形图

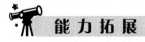

18.6　数据转换与合成

如图 18.13 所示，将非连续的输入端子中连接的 3 个数字式开关的数据进行合成。合成

3 位数的数字式开关的数据后，以二进制保存到 D2 中。

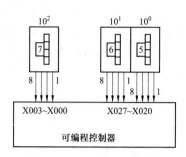

图 18.13　硬件示意图

分析与设计：先通过 BIN 指令将 X27～X20 输入的信息 65，X3～X0 输入的信息 7 分别转换为二进制信息。再通过 SMOV 指令将信息 7（0111）放置到 65（01100101）之前，形成 765 的二进制存放结构，梯形图如图 18.14 所示。

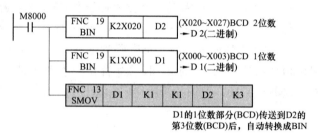

图 18.14　数据转换与合成梯形图

学习情境 19　数据运算与控制

情境任务：通过本情境的学习，掌握 PLC 中四则运算、增减 1、逻辑运算和求补码指令的写法与功能；能使用数据运算指令进行四则运算和移位控制；熟悉数据运算指令对一般标志位的影响。

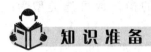 **知识准备**

19.1　四则运算及逻辑运算指令

如表 19.1 所示，FNC 20～FNC 29 准备了针对数值数据执行四则运算及逻辑运算的指令。

表 19.1　　　　　　　　　　　四则运算及逻辑运算指令表

FNC 号	指令记号	符　　号	功　　能
20	ADD	ADD S1 S2 D	BIN 加法运算
21	SUB	SUB S1 S2 D	BIN 减法运算
22	MUL	MUL S1 S2 D	BIN 乘法运算
23	DIV	DIV S1 S2 D	BIN 除法运算
24	INC	INC D	BIN 加一
25	DEC	DEC D	BIN 减一
26	WAND	WAND S1 S2 D	逻辑与
27	WOR	WOR S1 S2 D	逻辑或
28	WXOR	WXOR S1 S2 D	逻辑异
29	NEG	NEG D	补码

19.2　数　据　运　算

19.2.1　ADD（BIN 加法运算）

ADD 是两个值进行加法运算（A＋B＝C）后得出结果的指令。如图 19.1 所示，指令将将 S1 和 S2 的内容进行二进制加法运算后传送到 D 中，如 D10＋D12→D14。

图 19.1　ADD 指令示例

ADD 指令源操作数（两个）可选类型为：KnX、KnY、KnM、KnS、T、C、D、V、Z、K、H；目的操作数可选类型为：KnY、KnM、KnS、T、C、D、V、Z。

加法指令会影响 3 个常用标志位，标志位的动作及数值的正负关系如表 19.2 所示。

表 19.2　　　　　　　　　　　　　　　加法指令标志位关系表

标志位	名称	内　　容
M8020	零标志	ON：运算结果为 0 时； OFF：运算结果为 0 以外时
M8021	借位标志	ON：运算结果小于－32，768（16 位运算）或－2，147，483，648（32 位运算）时，借位标志位动作； OFF：运算结果不小于－32，768（16 位运算）或－2，147，483，648（32 位运算）时
M8022	进位标志	ON：运算结果大于 32，767（16 位运算）或 2，147，483，647（32 位运算）时，进位标志位动作； OFF：运算结果不大于 32，767（16 位运算）或 2，147，483，647（32 位运算）时

19.2.2　SUB（BIN 减法运算）

SUB 是两个值进行减法运算（A－B＝C）后得出结果的指令。如图 19.2 所示，指令将 S1 和 S2 的内容进行二进制减法运算后（S1－S2）传送到 D 中，如 D10－D12→D14。减法指令对标志位的影响与加法指令相同。

SUB 指令操作数类型要求与 ADD 相同。

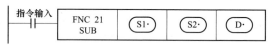

图 19.2　SUB 指令示例

19.2.3　MUL（BIN 乘法运算）

MUL 是两个值进行乘法运算（A×B＝C）后得出结果的指令。如图 19.3 所示，16 位乘法运算指令将（D 0）×（D 2）→（D 5，D 4），32 位乘法运算指令将（D 1，D 0）×（D 3，D 2）→（D 7，D 6，D 5，D 4）。当乘法指令结果为 0 时，将使零标志位 M8304＝1（FX3U 可编程控制器需要 Ver.2.30 以上的版本才能对应）。

MUL 指令源操作数（两个）可选类型为：KnX、KnY、KnM、KnS、T、C、D、Z、K、H；目的操作数可选类型为：KnY、KnM、KnS、T、C、D、Z。

19.2.4　DIV（BIN 除法运算）

DIV 是两个值进行除法运算［A÷B＝C…（余数）］后得出结果的指令。如图 19.4 所示，16 位除法指令将（D 0）÷（D 2）→（D4），余数存在 D5；32 位除法指令将（D 1，D 0）÷

（D 3，D 2)→(D 5，D 4），余数存在（D 7，D 6)。

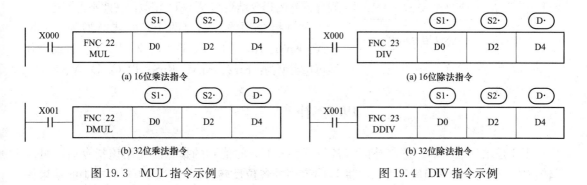

图 19.3 MUL 指令示例   图 19.4 DIV 指令示例

DIV 指令操作数类型要求与 MUL 相同。

除法指令会影响 2 个常用标志位，标志位的动作及数值的正负关系如表 19.3 所示，FX3U 可编程控制器需要 Ver.2.30 以上的版本才能对应。

表 19.3   **除法指令标志位关系表**

标志位	名称	内　　容
M8304	零标志	ON：运算结果为 0 时； OFF：运算结果为 0 以外时
M8306	进位标志	ON：运算结果超过 32，767（16 位运算）或 2，147，483，647（32 位运算）时，进位标志位动作； OFF：运算结果为 32，767（16 位运算）或 2，147，483，647（32 位运算）以下时

19.3 增　减　一

19.3.1 INC（BIN 加一）

INC 是将指定的存储单元中的数据中加"1"（＋1）的指令。指令操作数可选类型为：KnY、KnM、KnS、T、C、D、V、Z。

19.3.2 DEC（BIN 减一）

DEC 是将指定的存储单元中的数据减"1"（－1）的指令。如图 19.5 所示，指令将 D 中的内容减 1 运算后，传送到 D 中，如 D0－1→D0。同 INC（＋1 指令）相同，DEC 指令多为脉冲执行方式，即 DECP。

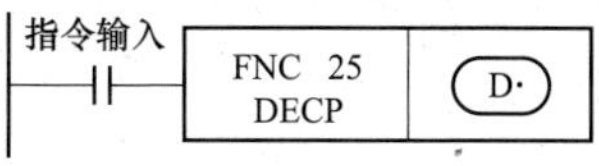

DEC 指令操作数类型要求与 INC 相同。

图 19.5 DEC 指令示例

19.4 逻　辑　运　算

WAND 是两个数值进行逻辑与运算的（AND）指令。如图 19.6 所示，S1 和 S2 的内容按位对齐进行逻辑与（AND）运算后，结果传送到 D 中，如 D0∧D2→D4。

图 19.6　WAND 指令示例

FNC 27 - WOR（逻辑或）和 FNC 28 - WXOR（逻辑异或）的指令结构与 WAND 相似，在此不再赘述。

逻辑指令源操作数（两个）可选类型为：KnX、KnY、KnM、KnS、T、C、D、V、Z、K、H；目的操作数可选类型为：KnY、KnM、KnS、T、C、D、V、Z。

19.5　补　　码

NEG 是求出数值的二进制补码（各位反转＋1 后的值）的指令。使用该指令后，可以反转数值的符号。如图 19.7 所示，将 D 内容中的各位反转（0→1、1→0）后加 1 的结果保存到 D 中。

NEG 指令操作数可选类型为：KnY、KnM、KnS、T、C、D、V、Z。

图 19.7　NEG 指令示例

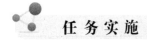

19.6　四　则　运　算

编程运算 38X/255＋2，式中 X 为输入端 K2X0（X0~X7）送入的二进制数，运算结果送输出端 K2Y0（Y0~Y7）。X10 为启停输入端控制开关。

分析与设计：四则运算式中出现了乘法、除法、加法，需要用到 MUL、DIV、ADD 指令。X 的输入和结果的输出与 PLC 输入输出端相关，还需使用数值传送指令 MOV。

编写的梯形图程序如图 19.8 所示，X10 控制多输出结构，前四个支路的 MOVP 全部为赋值语句，将四则运算所需数据送入 D0~D3 中，再根据运算优先级，依次完成乘法（38X）、除法（/255）和加法（＋2）。

程序中，乘法指令 MULP D0 D1 D4 的执行结果（38X 的乘积）存于（D5，D4）中，但下一行除法指令 DIVP D4 D2 D5 的被除数只用到 D4 而没用到 D5（DIVP 为 16 位除法）。原因是 38X 的上限值为 38×11111111B＝38×255＝9690＜32767（16 位数据存储器正值上限），故乘法指令 MULP D0 D1 D4 的执行结果（38X 的乘积）的有效数据仅存于 D4 中，D5 中并没存放有效数据。

程序中除法指令 DIVP D4 D2 D5 的商存于 D5，余数存于 D6。下一行的加法指令 ADDP D5 D3 K2Y0 中的被加数只用到了 D5 中的商。

四则运算指令具有丰富的操作数使用形式，如 MULP K2X0 K38 D4。通过优化四则运算的操作数，可减少赋值语句（MOV）的使用，减少程序量。

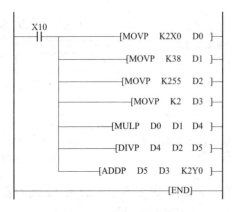

图 19.8　四则运算梯形图

19.7　乘除法移位控制

有一组灯共 15 盏，接于 PLC 输出点 Y0～Y16，要求灯每隔 1s 单个移位（端口从小到大），并循环。

分析与设计： 二进制乘法具有移位的特点，$0001 \times 2 = 0010$，$0010 \times 2 = 0100$，$0100 \times 2 = 1000 \cdots$ 故可利用位组合 K4Y0 的乘法指令（$\times 2$）实现任务。程序如图 19.9 所示，SET Y0 点亮第一盏灯，通过特殊中间变量 M8013，每隔 1s 执行一次乘法指令（MULP），实现 K4Y0 位组合数据的移位（灯同时移位）。当最后一盏灯 Y16 亮后，数据移位将使 Y17＝1（Y17 端口并未接灯），通过第一程序行，将使 Y0 重新点亮，并使 Y17 复位，从而实现循环。

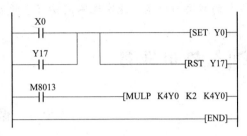

图 19.9　移位控制梯形图

通过除法指令可实现从高端口往低端口的移位控制，试改编程序实现该反向移位。

 **能力拓展**

19.8　一般标志位的使用

PLC 中标志位的置位/清零不需要用户操作，相关应用指令每次执行时，系统会根据相关规则自动对标志位作 ON 或 OFF 操作。根据应用指令的种类不同，主要影响以下标志位。

M8020：零标志位　　　　　　M8021：借位标志位　　　　M8022：进位标志位

M8029：指令执行结束标志位　　M8090：块比较标志位　　　M8328：指令不执行标志位

M8329：指令执行异常结束标志位　M8304：零标志位　　　　　M8306：进位标志位

学习情境 20 循 环 与 移 位 控 制

情境任务：通过本情境的学习，掌握 PLC 中循环移位、位（字）移动、移位写入/读出指令的写法与功能；能实现不同要求下的彩灯控制；了解产品出入库管理的编程思路。

20.1 循环与移位指令

如表 20.1 所示，FNC 30～FNC 39 中准备了可以使位数据和字数据按指定方向循环并移位的指令。

表 20.1   循 环 与 移 位 指 令 表

FNC 号	指令记号	符　　　号	功　　　能
30	ROR	─┤├──── ROR | D | n ──	循环右移
31	ROL	─┤├──── ROL | D | n ──	循环左移
32	RCR	─┤├──── RCR | D | n ──	带进位循环右移
33	RCL	─┤├──── RCL | D | n ──	带进位循环左移
34	SFTR	─┤├── SFTR | S | D | n1 | n2 ──	位右移
35	SFTL	─┤├── SFTL | S | D | n1 | n2 ──	位左移
36	WSFR	─┤├── WSFR | S | D | n1 | n2 ──	字右移
37	WSFL	─┤├── WSFL | S | D | n1 | n2 ──	字左移
38	SFWR	─┤├── SFWR | S | D | n ──	移位写入［先入先出/先入后出控制用］
39	SFRD	─┤├── SFRD | S | D | n ──	移位读出［先入先出控制用］

20.2 循 环 操 作

20.2.1 循环移位

FNC 30‐ROR 是使不包括进位标志在内的指定位数部分的位信息右移、循环的指令。如图 20.1 所示，指令将 D 中的 16 位数向右循环右移 n 位。最后移出的位保存在进位标志位（M8022）中。以 n＝4 为例的移位示意图如图 20.2所示。

图 20.1 ROR 指令示例

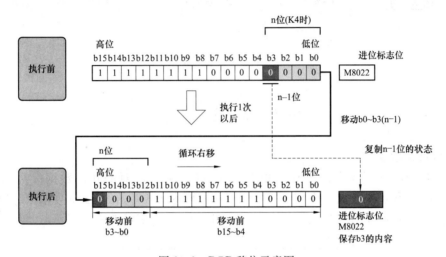

图 20.2 ROR 移位示意图

FNC 31‐ROL（循环左移）是使不包括进位标志位在内的指定位数部分的位信息左移、循环的指令，其指令格式与 ROR 相同，但移位方向相反。

循环移位指令操作数可选类型为：KnY、KnM、KnS、T、C、D、V、Z；n 可为：D、K、H。

20.2.2 带进位循环移位

FNC 32‐RCR（带进位循环右移）是使包括进位标志位在内的指定位数部分的位信息右移、循环的指令。如图 20.3 所示，指令将 D 中的 16 位加进位标志位（M8022）向右移动 n 位。以 n＝4 为例的移位示意图如图 20.4 所示。

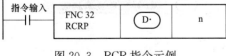

图 20.3 RCR 指令示例

FNC 33‐RCL（带进位循环左移）是使包括进位标志位在内的指定位数部分的位信息左移、循环的指令，其指令格式与 RCR 相同，但移位方向相反。

带进位循环移位指令操作数类型要求与不带进位循环移位指令相同。

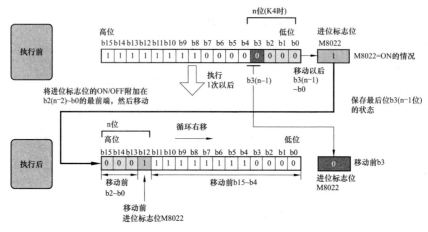

图 20.4　RCR 移位示意图

20.3　移　动　操　作

20.3.1　位移动指令

FNC 34 - SFTR 是位右移指令。如图 20.5 所示，指令将对 D 中的数据（共 n1 位）右移 n2 位，低 n2 位将溢出（丢失），高 n2 位空缺；再将从 S 开始的 n2 位数据传送到 D 中的高 n2 位中。以 n1＝9，n2＝3 为例的位移示意图如图 20.6 所示。

图 20.5　SFTR 指令示例

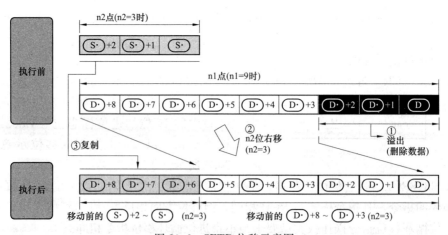

图 20.6　SFTR 位移示意图

FNC 35 - SFTL 是位左移指令，其指令格式与 SFTR 相同，但位移方向相反。

位移动指令源操作数可选类型为：X、Y、M、S；目的操作数可选类型为：Y、M、S；

n1可为：K、H；n2可为：D、K、H。

20.3.2　字移动指令

FNC 36 - WSFR 是字右移指令。如图 20.7 所示，指令将 D 中的字变量（共 n1 个）右移 n2 个字，低 n2 个字变量将溢出（丢失），高 n2 个字空缺；再将从 S 开始的 n2 个字变量传送到 D 中的高 n2 个字中。以 n1＝9，n2＝3 为例的字右移示意图如图 20.8 所示。

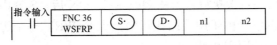

图 20.7　WSFR 指令示例

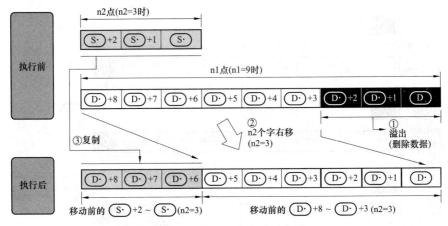

图 20.8　WSFR 字右移示意图

位组合的字右移示例如图 20.9 所示。

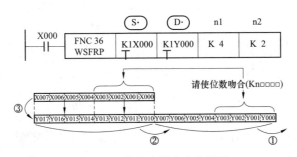

图 20.9　位组合的字右移示例

FNC 37 - WSFL 是字左移指令，其指令格式与 WSFR 相同，但字移动方向相反。

字移动指令源操作数可选类型为：KnX、KnY、KnM、KnS、T、C、D；目的操作数可选类型为：KnY、KnM、KnS、T、C、D；n1可为：K、H；n2可为：D、K、H。

20.4　移位写入/读出命令

FNC 38 - SFWR 是移位写入命令。如图 20.10 所示，指令在 D＋1 开始的 n－1 点中依次写入 S 的内容，并对 D 中保存的数据数＋1。指针 D 的内容超过 n－1 时，变为无处理

（不写入），且进位标志位 M8022 置 ON。

图 20.10　SFWR 指令示例

移位写入示意图如图 20.11 所示。

（1）指令输入控制接点从 OFF 变为 ON 时，S 的内容被保存到 D+1 中，即 D+1 的内容变为 S 的值。

（2）S 的内容变化后，再次执行输入从 OFF 变为 ON 后，S 的内容被保存到 D+2 中，即 D+2 的内容变为 S 的值（由于用连续执行型指令 SFWR，每个运算周期都依次被保存，因此用脉冲执行型指令 SFWRP 编程）。

（3）依次类推，从右端依次执行，指针 D 的内容表示数据的保存点数。

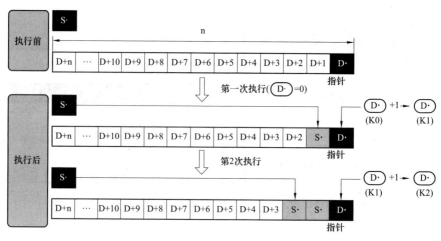

图 20.11　SFWR 示意图

SFWR 指令源操作数可选类型为：KnX、KnY、KnM、KnS、T、C、D、V、Z、K、H；目的操作数可选类型为：KnY、KnM、KnS、T、C、D；n 可为：K、H。

FNC 39 - SFRD 是移位读出指令，其指令格式与 SFWR 相同，但执行过程相反，如图 20.12 所示。

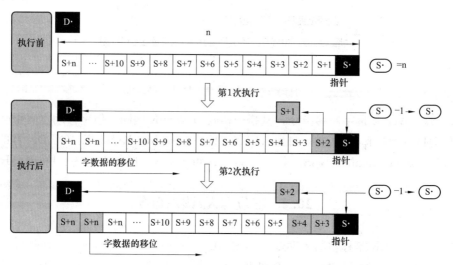

图 20.12　SFRD 示意图

SFRD 指令源操作数可选类型为：KnY、KnM、KnS、T、C、D；目的操作数可选类型为：KnY、KnM、KnS、T、C、D、V、Z；n 可为：K、H。

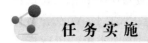
任 务 实 施

20.5 彩 灯 控 制

1. 轮流点亮

16 盏彩灯，接于 PLC 的 Y0~Y17，要求彩灯每隔 1s 轮流点亮，按 Y0→Y17，Y17→Y0 的顺序循环。

分析与设计：不带进位的循环移位指令 ROR 和 ROL 可以方便地实现彩灯的轮流点亮。程序如图 20.13 所示，通过 M8002 先点亮 Y0；通过 SET 和 RST 指令设计方向标志变量 M0，向左移位时（Y0→Y17），M0=0；向右移位时（Y17→Y0），M0=1；利用 M8013 和 M0 控制移位指令 ROL 和 ROR 即可实现任务。

2. 逐渐全亮/全灭

16 盏彩灯，接于 PLC 的 Y0~Y17，要求彩灯按 Y0→Y17 的方向每隔 1s 逐渐全亮，再按 Y17→Y0 的方向每隔 1s 逐渐全灭，并循环。

分析与设计：位移动指令 SFTR 和 SFTL 可以方便地实现彩灯的逐渐全亮/全灭。程序如图 20.14 所示，设计亮灭标志位 M0，通过启动接点 X0 先置位 M0；通过 SFTL 指令按照 Y0→Y17 的方向移位，并通过计数器 C1 统计次数，左移位 16 次，彩灯全亮，C1 置位，复位 M0 并切换执行 SFTR 指令；SFTR 指令按照 Y17→Y0 的方向移位，并通过计数器 C2 统计移位次数，右移位 16 次，彩灯全灭，重新置位 M0 并复位 C0、C1。

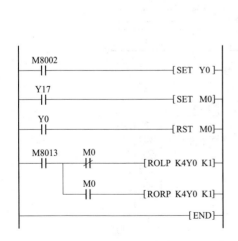

图 20.13 轮流点亮梯形图

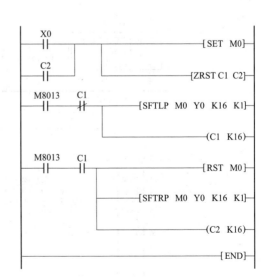

图 20.14 逐渐全亮/全灭梯形图

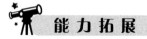

图 20.15　变址寄存器实现逐渐全亮梯形图

利用变址寄存器 V、Z 也可实现彩灯的逐渐全亮/全灭。如图 20.15 所示，第一次执行 INCP K4Y0Z0，K4Y0 的值＋1，使 Y0＝1；因 INCP Z0 已使 Z0＝1，故第二次执行 INCP K4Y0Z0，将使 K4Y1 的值＋1，使 Y1＝1；依次类推，可逐渐点亮 Y0→Y17。注意：K4Y0Z0＝ K4Y （0＋Z0）。

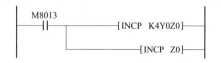

能力拓展

20.6　产 品 出 入 库

登记产品编号，同时为了能实现先入库的物品先出库的先入先出原则，输出当前应该取的产品编号。产品编号为 4 位数以下的 16 进制数，最大库存量在 99 点以下。

分析与设计：入库时，系统可从 X000～X017 输入产品编号，并将其传送到 D256 中。数据寄存器 D257 作为指针保存产品编号，D258～D356（99 点）依次存放产品编号。出库时，根据出库要求将先入的产品编号输出到 D357 中，再将应该取出的产品编号以 16 进制 4 位数输出到 Y000～Y017。梯形图程序如图 20.16 所示，功能示意如图 20.17 所示。

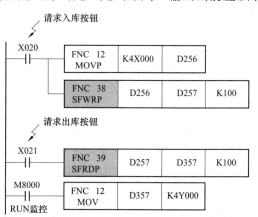

图 20.16　产品出入库梯形图

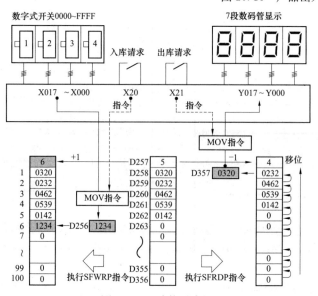

图 20.17　功能示意图

实践训练 1　搅拌器的 PLC 自动控制

一、训练目的

　　1. 掌握搅拌器 PLC 控制的基本原理。

　　2. 掌握置位、复位、步进指令的使用。

二、训练器材

　　1. FX3U 型可编程控制器　　　　　　　　1 台

　　2. 搅拌器演示板（如图）　　　　　　　　1 块

　　3. PC　　　　　　　　　　　　　　　　1 台

　　4. 编程电缆　　　　　　　　　　　　　　1 根

　　5. 连接导线　　　　　　　　　　　　　　若干

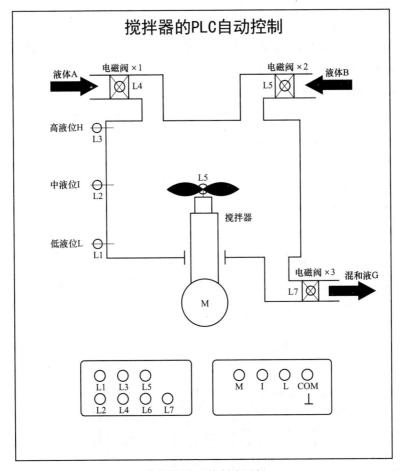

搅拌器 PLC 控制演示板

三、原理与步骤

　　1. 搅拌器 PLC 控制演示板结构如上图所示。

2. 图中 H、I、L 为液面传感器，当液面到达此位置时（指示灯亮），传感器发出信号，PLC 收到信号后控制电磁阀或搅拌电动机工作，X1、X2、X3 为三个电磁阀，M 为搅拌电动机。

3. 本演示装置利用 LED 指示灯模拟搅拌器各点的工作状态，如电磁阀的开闭状态、液面到位信号，搅拌电动机工作用 LED 闪烁来表示。同时采用定时器来模拟液面上升/下降。

4. 控制要求

（1）初始状态各阀门关闭，传感器 H、I、L 为 OFF。

（2）按下启动按钮定时器开始计时，同时阀门 X1 打开，开始注入液体 A，1s 后到达液面 L，低液位显示 L1 亮（即传感器 L=ON）；3s 后液面到达 I，中液位显示 L2 亮（传感器 I=ON），控制阀 X1 关闭、阀 X2 打开注入液体 B；再经过 3s 后，液面到达 H，高液位显示 L3=ON（传感器 H=ON），控制 X2 关闭、搅拌电动机开始工作，3s 后搅拌结束，阀 X3 打开，液面下降，7s 后液体放空阀 X3 关闭，一个循环工作结束，阀 X1 打开继续工作。

5. 具体时序控制如图所示。

6. 训练步骤

（1）PC 与 PLC 连接。

（2）根据具体情况编制输入程序，并检查是否正确。

（3）系统硬件接线，如图所示。

（4）按下启动按钮，观察运行结果。

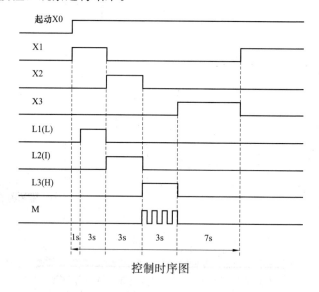

控制时序图

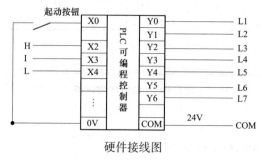

硬件接线图

四、设计程序清单

1. I/O 地址分配

输入地址：起动　　X0　　H　　X2
　　　　　　I　　　X3　　L　　X4
输出地址：L1　　　Y2　　L2　　Y1
　　　　　　L3　　Y0　　L4　　Y3
　　　　　　L5　　Y4　　L6　　Y5
　　　　　　L7　　Y7

2. 程序清单

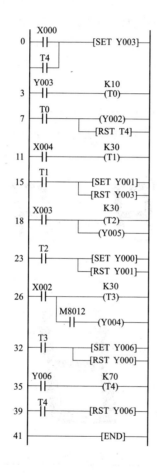

实践训练 2　LED 数码管显示 PLC 自动控制

一、训练目的

1. 学会利用 PLC 控制 LED 数码管。
2. 采用循环扫描法控制输出 LED 显示。

二、训练器材

1. FX3U 型可编程控制器　　　　　　　　　　　1台
2. 数码管显示 PLC 自动控制演示板（如图）　　1块
3. PC　　　　　　　　　　　　　　　　　　　1台
4. 编程电缆　　　　　　　　　　　　　　　　1根
5. 连接导线　　　　　　　　　　　　　　　　若干

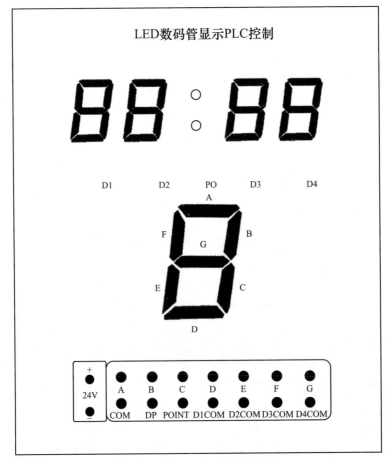

数码管显示 PLC 自动控制演示板

三、原理与步骤

1. LED 数码管显示自动控制演示板结构如上图所示。

2. 本实训利用 4 个 LED 7 段显示数码管和两个 LED 发光管来设计一个电子时钟，左边两个数码管显示时 00～23，右边两个显示分钟 00～60，中间两个发光管模拟秒显示。

3. 控制要求：开始状态为 00∶00，启动以后开始计时。

4. 训练步骤。

（1）PC 与 PLC 连接。

（2）根据具体情况编制输入程序，并检查是否正确。

（3）系统硬件接线，如图所示。

（4）按下启动按钮，观察运行结果。

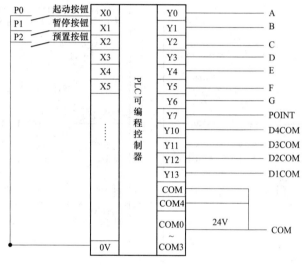

硬件接线图

四、设计程序清单

1. I/O 地址分配

输入地址：起动按钮　　　　　　X0

输出地址：显示 A 段	Y0	显示 B 段	Y1
显示 C 段	Y2	显示 D 段	Y3
显示 E 段	Y4	显示 F 段	Y5
显示 G 段	Y6	显示 POINT	Y7
显示 1 公共端	Y10	显示 2 公共端	Y11
显示 3 公共端	Y12	显示 4 公共端	Y13

2. 程序清单

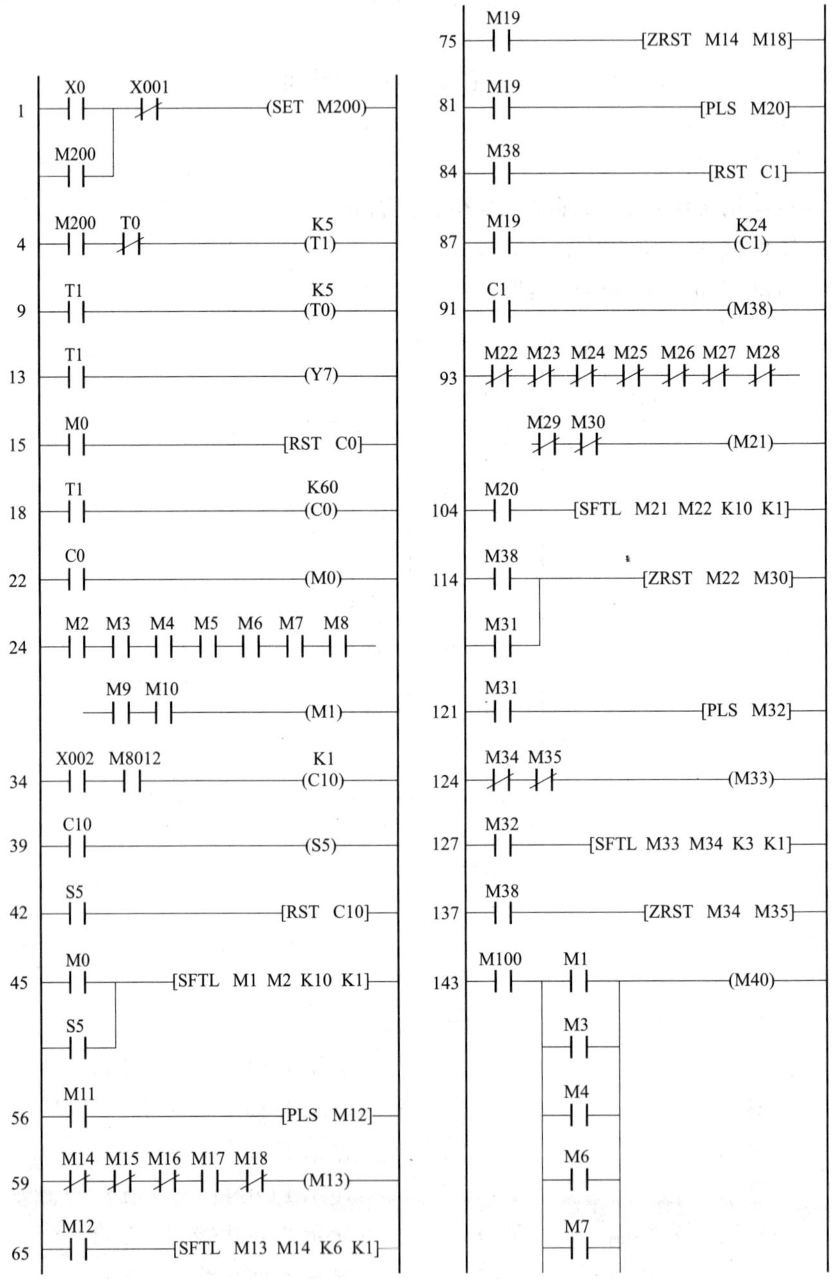
1 X0 X001 (SET M200)
M200
4 M200 T0 K5 (T1)
9 T1 K5 (T0)
13 T1 (Y7)
15 M0 [RST C0]
18 T1 K60 (C0)
22 C0 (M0)
24 M2 M3 M4 M5 M6 M7 M8
M9 M10 (M1)
34 X002 M8012 K1 (C10)
39 C10 (S5)
42 S5 [RST C10]
45 M0 [SFTL M1 M2 K10 K1]
S5
56 M11 [PLS M12]
59 M14 M15 M16 M17 M18 (M13)
65 M12 [SFTL M13 M14 K6 K1]
75 M19 [ZRST M14 M18]
81 M19 [PLS M20]
84 M38 [RST C1]
87 M19 K24 (C1)
91 C1 (M38)
93 M22 M23 M24 M25 M26 M27 M28
M29 M30 (M21)
104 M20 [SFTL M21 M22 K10 K1]
114 M38 [ZRST M22 M30]
M31
121 M31 [PLS M32]
124 M34 M35 (M33)
127 M32 [SFTL M33 M34 K3 K1]
137 M38 [ZRST M34 M35]
143 M100 M1 (M40)
M3
M4
M6
M7

```
         │  M8                              │  M10                        │
         │ ─┤├─                             │ ─┤├─                        │
         │  M9                              │  M1                         │
         │ ─┤├─                             │ ─┤├───────────(M43)         │
         │  M10                             │  M3                         │
         │ ─┤├─                             │ ─┤├─                        │
         │  M1                              │  M4                         │
         │ ─┤├──────────(M41)               │ ─┤├─                        │
         │  M2                              │  M6                         │
         │ ─┤├─                             │ ─┤├─                        │
         │  M3                              │  M7                         │
         │ ─┤├─                             │ ─┤├─                        │
         │  M4                              │  M9                         │
         │ ─┤├─                             │ ─┤├─                        │
         │  M5                              │                             │
         │ ─┤├─                        188  │ M100  M1                    │
         │  M8                           ─┤├──┤├──────────(M44)            │
         │ ─┤├─                             │  M3                         │
         │  M9                              │ ─┤├─                        │
         │ ─┤├─                             │  M7                         │
         │  M10                             │ ─┤├─                        │
         │ ─┤├─                             │  M9                         │
    166  │ M100  M1                         │ ─┤├─                        │
      ─┤├──┤├──────────(M42)                │  M1                         │
         │  M2                              │ ─┤├──────────(M45)          │
         │ ─┤├─                             │  M5                         │
         │  M4                              │ ─┤├─                        │
         │ ─┤├─                             │  M6                         │
         │  M5                              │ ─┤├─                        │
         │ ─┤├─                             │  M7                         │
         │  M6                              │ ─┤├─                        │
         │ ─┤├─                             │  M9                         │
         │  M7                              │ ─┤├─                        │
         │ ─┤├─                             │  M10                        │
         │  M8                              │ ─┤├─                        │
         │ ─┤├─                        205  │ M100  M3                    │
         │  M9                           ─┤├──┤├──────────(M46)            │
         │ ─┤├─                             │  M4                         │
         │                                  │ ─┤├─                        │
```

```
                    M5                               M13
                   ─┤├─                             ─┤├──────────────(M53)─
                    M6                               M15
                   ─┤├─                             ─┤├─
                    M7                               M16
                   ─┤├─                             ─┤├─
                    M9                               M18
                   ─┤├─                             ─┤├─
                    M10           246  M101   M13
                   ─┤├─               ─┤├──   ─┤├──────────────(M54)─
        M101   M13                            M15
215    ─┤├──   ─┤├──────────────(M50)─       ─┤├─
                    M15                              M13
                   ─┤├─                             ─┤├──────────────(M55)─
                    M16                              M17
                   ─┤├─                             ─┤├─
                    M18                              M18
                   ─┤├─                             ─┤├─
                    M13                              M15
                   ─┤├──────────────(M51)─          ─┤├──────────────(M56)─
                    M14                              M16
                   ─┤├─                             ─┤├─
                    M15                              M17
                   ─┤├─                             ─┤├─
                    M16                              M18
                   ─┤├─                             ─┤├─
                    M17           265  M102   M21
                   ─┤├──             ─┤├──   ─┤├──────────────(M60)─
                    M13                              M23
                   ─┤├──────────────(M52)─          ─┤├─
                    M14                              M24
                   ─┤├─                             ─┤├─
                    M16                              M26
                   ─┤├─                             ─┤├─
                    M17                              M27
                   ─┤├─                             ─┤├─
                    M18                              M28
                   ─┤├─                             ─┤├─
```

```
        ┌─ M29 ─┐                        ┌─ M21 ─┬──────────(M63)─
        │ ─┤├─  │                        │ ─┤├─  │
        │       │                        │       │
        ├─ M30 ─┤                        ├─ M23 ─┤
        │ ─┤├─  │                        │ ─┤├─  │
        │       │                        │       │
        ├─ M21 ─┼──────────(M61)─        ├─ M24 ─┤
        │ ─┤├─  │                        │ ─┤├─  │
        │       │                        │       │
        ├─ M22 ─┤                        ├─ M26 ─┤
        │ ─┤├─  │                        │ ─┤├─  │
        │       │                        │       │
        ├─ M23 ─┤                        ├─ M27 ─┤
        │ ─┤├─  │                        │ ─┤├─  │
        │       │                        │       │
        ├─ M24 ─┤                        ├─ M29 ─┘
        │ ─┤├─  │                        │ ─┤├─
        │       │                        │
        ├─ M25 ─┤                        ├─ M21 ─┬──────────(M64)─
        │ ─┤├─  │                        │ ─┤├─  │
        │       │                        │       │
        ├─ M28 ─┤                        ├─ M23 ─┤
        │ ─┤├─  │                        │ ─┤├─  │
        │       │                        │       │
        ├─ M29 ─┤                        ├─ M27 ─┤
        │ ─┤├─  │                        │ ─┤├─  │
        │       │                        │       │
        └─ M30 ─┘                        └─ M29 ─┘
          ─┤├─                             ─┤├─

      M102   M21                         M102   M21
288 ─┤ ├──┬─┤├───────────(M62)─      317 ─┤ ├──┬─┤├──────────(M65)─
        │ ─┤├─  │                        │ ─┤├─  │
        │       │                        │       │
        ├─ M22 ─┤                        ├─ M25 ─┤
        │ ─┤├─  │                        │ ─┤├─  │
        │       │                        │       │
        ├─ M24 ─┤                        ├─ M26 ─┤
        │ ─┤├─  │                        │ ─┤├─  │
        │       │                        │       │
        ├─ M25 ─┤                        ├─ M27 ─┤
        │ ─┤├─  │                        │ ─┤├─  │
        │       │                        │       │
        ├─ M26 ─┤                        ├─ M29 ─┤
        │ ─┤├─  │                        │ ─┤├─  │
        │       │                        │       │
        ├─ M27 ─┤                        └─ M30 ─┘
        │ ─┤├─  │                          ─┤├─
        │       │
        ├─ M28 ─┤                        ┌─ M23 ─┬──────────(M66)─
        │ ─┤├─  │                        │ ─┤├─  │
        │       │                        │       │
        ├─ M29 ─┤                        ├─ M24 ─┤
        │ ─┤├─  │                        │ ─┤├─  │
        │       │                        │       │
        └─ M30 ─┘                        └─ M25 ─┘
          ─┤├─                             ─┤├─
```

```
        M26
        ┤├                          M60
                                    ┤├
        M27
        ┤├                          M70
                                    ┤├
        M29
        ┤├                    275   M41                              (Y1)
                                    ┤├
        M30
        ┤├                          M51
                                    ┤├
      M103  M33                     M61
337   ┤├   ┤├              (M70)    ┤├
        M35                         M71
        ┤├                          ┤├
        M33                   380   M42                              (Y2)
        ┤├                (M71)     ┤├
        M34                         M52
        ┤├                          ┤├
        M35                         M62
        ┤├                          ┤├
        M33                         M72
        ┤├                (M72)     ┤├
        M34                   385   M43                              (Y3)
        ┤├                          ┤├
        M33                         M53
        ┤├                (M73)     ┤├
        M35                         M63
        ┤├                          ┤├
        M33                         M73
        ┤├                (M74)     ┤├
        M35                   390   M44                              (Y4)
        ┤├                          ┤├
        M33                         M54
        ┤├                (M75)     ┤├
        M35                         M64
        ┤├                (M76)     ┤├
       M40                          M74
360   ┤├                    (Y0)    ┤├
       M50                    395   M45                              (Y5)
      ┤├                            ┤├
```

```
         M55
         ─┤├─
         M65
         ─┤├─
         M75
         ─┤├─
         M46
400      ─┤├──────────────────────(Y6)
         M56
         ─┤├─
         M66
         ─┤├─
         M76
         ─┤├─
         M100
405      ─┤├──────────────────────(Y12)
         M101
407      ─┤├──────────────────────(Y13)
         M102
409      ─┤├──────────────────────(Y14)
         M103
411      ─┤├──────────────────────(Y15)
         M101 M102 M103
413      ─┤↓├─┤↓├─┤↓├─────────────(M100)
         M110
417      ─┤├──────────────────[RST C5]
         M8011                      K2
420      ─┤├──────────────────────(C5)
         C5
424      ─┤├──────────────────────(M110)
                                  K  K
         M110
426      ─┤├─────────────[SFTL M100 M101 4 1]
         M104
436      ─┤├─────────────[ZRST M100 M103]
                                  K  K
         M110
442      ─┤├──────────────────────[END]
```

实践训练 3　四层电梯的 PLC 自动控制

一、训练目的

1. 掌握 PLC 控制的基本原理及各种指令的综合应用。
2. 掌握置位、复位、步进指令的使用。
3. 了解并掌握 PLC 电梯控制原理。

二、训练器材

1. FX3U 型可编程控制器	1 台
2. 四层电梯的 PLC 自动控制演示板（如图）	1 块
3. PC	1 台
4. 编程电缆	1 根
5. 连接导线	若干

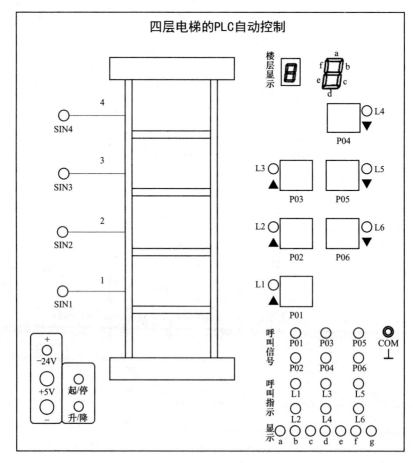

四层电梯的 PLC 自动控制演示板

三、原理与步骤

1. 四层电梯 PLC 自动控制演示板结构如上图所示。

2. 图中 SIN1～SIN4 为四个霍尔开关，分别接到 PLC 的四个输入点，作为控制电梯的行程开关，当电梯经过霍尔开关时，开关输出 0 信号。PO1～PO6 是六个呼叫按钮，用来表示一到四层的呼叫信号，L1～L6 是六个 LED 发光管，用来指示呼叫情况（PLC 输出点不够时，可以省略），顶端的一个 LED 数码管用来显示电梯的所在位置。"启/停""升/降"是步进电动机的两个控制信号，电梯的升降依靠 PLC 控制步进电动机带动皮带轮转动来实现，步进电动机的驱动由演示板内部的一个单片机来控制。

3. 控制要求

（1）电梯上升。

① 电梯停于某层，当有高层某一信号呼叫时，电梯上升到呼叫层停止。例如，电梯在 1 楼，4 楼呼叫，则电梯上升到 4 楼停止。

② 电梯停于某层，当有高层多个信号同时呼叫时，电梯先上升到低的呼叫层，停 5s 后继续上升到高的呼叫层。例如，电梯在 1 楼，2、3、4 层同时呼叫，则电梯先上升到 2 楼，停 3s 后继续上升到 3 楼，再停 3s 后继续上升到 4 楼停止。

（2）电梯下降。

① 电梯停于某层，当有低层某一信号呼叫时，电梯下降到呼叫层停止。例如，电梯在 4 楼，1 楼呼叫，则电梯下降到 1 楼停止。

② 电梯停于某层，当有低层多个信号同时呼叫时，电梯先下降到高的呼叫层，停 5s 后继续下降到低的呼叫层。例如，电梯在 4 楼，3、2、1 层同时呼叫，则电梯先下降到 3 楼，停 3s 后继续下降到 2 楼，再停 3s 后继续下降到 1 楼停止。

（3）电梯在上升过程中，任何反向的呼叫按钮均无效。

（4）电梯在下降过程中，任何反向的呼叫按钮均无效。

（5）数码管应该显示电梯的即时楼层位置。

（6）I/O 端口足够时，可以接入呼叫指示。

4. 训练步骤

（1）PC 与 PLC 连接。

（2）根据具体情况编制输入程序，并检查是否正确。

（3）系统硬件接线，如图所示。

（4）按下起动按钮，观察运行结果。

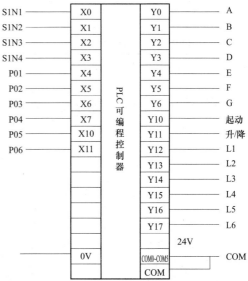

系统接线图

四、设计程序清单

1. I/O 地址分配

输入地址：SIN1   X0   SIN2   X1

             SIN3   X2   SIN4   X3

             P01   X4   PO2   X5

             P03   X6   PO4   X7

             P05   X10   PO6   X11

输出地址：A   Y0   B   Y1

             C   Y2   D   Y3

             E   Y4   F   Y5

             G   Y6   L1   Y12

             L2   Y13   L3   Y14

             L4   Y15   L5   Y16

             L6   Y17

             启动   Y10   升/降   Y11

电动机控制逻辑关系如下表所示。

电动机控制逻辑关系表

Y10（启动）	Y11（升/降）	电梯状态
1	1	升
1	0	降
0	0	停止
0	1	停止

2. 程序清单

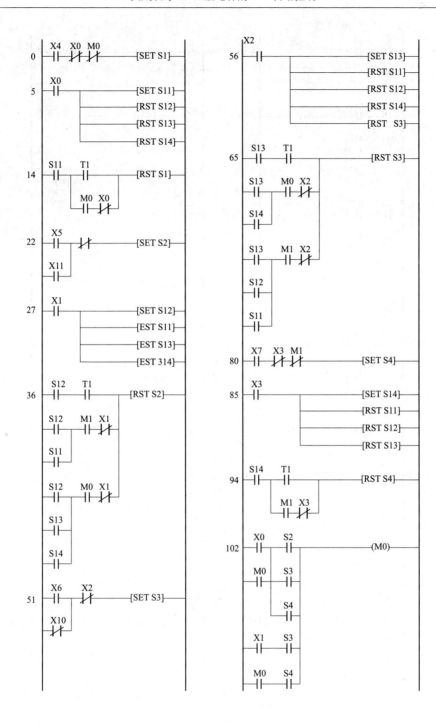

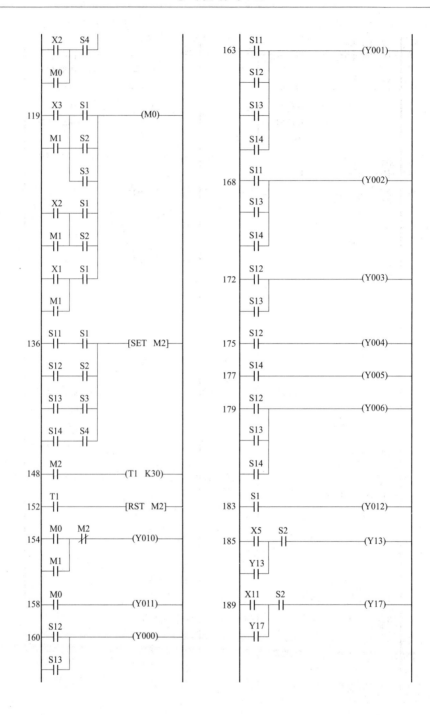

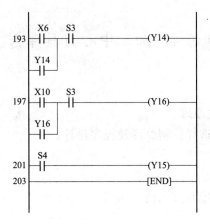

实践训练 4 加工中心刀具库选择控制

一、训练目的

1. 掌握 PLC 控制的基本原理。

2. 掌握加工中心刀具库选择控制原理及程序设计。

二、训练器材

1. FX3U 型可编程控制器   1台

2. 加工中心刀具库选择控制演示板（如图）   1块

3. PC   1台

4. 编程电缆   1根

5. 连接导线   若干

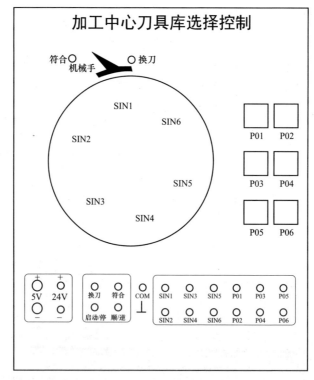

加工中心刀具库选择控制演示板

三、原理与步骤

1. 加工中心刀具库选择控制演示板结构如上图所示。图中 SIN1~SIN6 是六个刀具到位信号开关，P01~P06 是六个刀具请求信号按钮。L1、L2 是"符合""换刀"指示灯。演示板下面有一个步进电动机极其控制电路。"起动/停""顺/逆"是 PLC 给电动机的两个控制信号。

2. 控制要求

（1）按下刀具选择按钮，控制开始，PLC 记录当前刀号 A，等待请求。

（2）按请求信号，PLC 记录请求刀号 B。

（3）刀具盘按照离请求刀具号最近的方向转动，到位符合后，显示符合指示。

（4）机械手开始换刀，换刀指示灯闪烁。5s 后结束。

（5）记录当前刀号等待请求。

换刀过程中，其他请求信号均视为无效。

3. 训练步骤

（1）PC 与 PLC 连接。

（2）根据具体情况编制输入程序，并检查是否正确。

（3）系统硬件接线，如图所示。

（4）按下刀具选择按钮，观察运行结果。

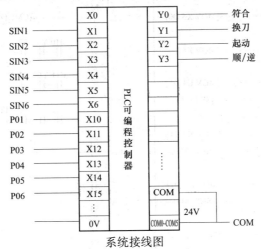

系统接线图

四、设计程序清单

1. I/O 地址分配

输入地址：

SIN1	X1	SIN2	X2
SIN3	X3	SIN4	X4
P01	X10	PO2	X11
P03	X12	PO4	X13
P05	X14	PO6	X15

输出地址：符合　　Y0　　换刀　　Y1

　　　　　起动　　Y2　　顺/逆　　Y3

电动机控制逻辑关系如表所示。

电动机控制逻辑关系表

Y2（起动）	Y3（顺/逆）	刀具盘
1	0	顺
1	1	逆
0	0	停止
0	1	停止

2. 程序清单

```
0    X1
     ┤├────────────────────[MOV K1 D0]

6    X2
     ┤├────────────────────[MOV K2 D0]

12   X3
     ┤├────────────────────[MOV K3 D0]

18   X4
     ┤├────────────────────[MOV K4 D0]

24   X5
     ┤├────────────────────[MOV K5 D0]

30   X6
     ┤├────────────────────[MOV K6 D0]

36   X10 M5
     ┤├──┤╱├──────────────[MOV K1 D1]
                          [SET M5]

44   X11 M5
     ┤├──┤╱├──────────────[MOV K2 D1]
                          [SET M5]

52   X12 M5
     ┤├──┤╱├──────────────[MOV K3 D1]
                          [SET M5]

60   X13 M5
     ┤├──┤╱├──────────────[MOV K4 D1]
                          [SET M5]

68   X14 M5
     ┤├──┤╱├──────────────[MOV K5 D1]
                          [SET M5]

76   X15 M5
     ┤├──┤╱├──────────────[MOV K6 D1]
                          [SET M5]


84   M5
     ┤├────────────────────[CMP D0 D1 M0]
         M0
         ┤├────────────────[SUB D0 D1 D10]
         M1
         ┤├─────────────────────────(Y0)
         M2
         ┤├────────────────[ADD D0 K6 D2]
         M2
         ┤├────────────────[SUB D2 D1 D10]

122  M5
     ┤├────────────────────[CMP D10 K3 M10]
         M10 Y0  S2
         ┤├─┤├─┤╱├─────────────────(S1)
         M11 Y0  S2
         ┤├─┤├─┤╱├─────────────────(S3)
         M12 Y0  M20 M21
         ┤├─┤╱├─┤╱├─┤╱├────────────(S2)

149  S1
     ┤├─────────────────────────────(Y2)
     S2
     ┤├
     S3
     ┤├

153  S1
     ┤├─────────────────────────────(Y2)
     S2
     ┤├

156  Y0
     ┤├──────────────────────────(T1  K50)

160  Y0  M8013
     ┤├──┤├────────────────────────(Y1)

163  T1
     ┤├─────────────────────────[RST M5]

165  ────────────────────────────[END]
```

实践训练 5　艺术彩灯造型的 PLC 控制

一、训练目的

1. 掌握 PLC 控制的基本原理。

2. 掌握移位寄存器的使用。

3. 掌握 PLC 直接驱动小型负载。

二、训练器材

1. FX3U 型可编程控制器　　　　　　　　1 台

2. 艺术彩灯造型 PLC 控制演示板（如图）　　1 块

3. PC　　　　　　　　　　　　　　　　1 台

4. 编程电缆　　　　　　　　　　　　　　1 根

5. 连接导线　　　　　　　　　　　　　　若干

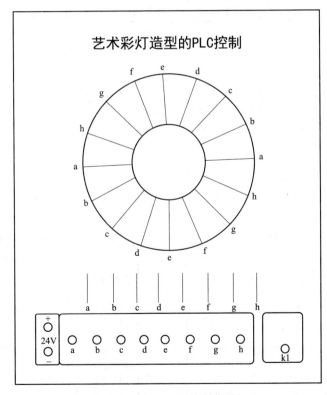

艺术彩灯造型 PLC 控制演示板

三、原理与步骤

1. 艺术彩灯造型 PLC 控制演示板结构如上图所示。

2. 图中 A、B、C、D、E、F、G、H 为八路 LED 发光管，模拟彩灯显示。上面八路形成一个环形，下面八路形成一字形，上下同时控制，形成交相辉映的效果。

3. 控制要求

A→B→C→D→E→F→G→H→ABCDEFGH→H→G→F→E→D→C→B→A→ABCDEFGH

4. 训练步骤

（1）PC 与 PLC 连接。

（2）根据具体情况编制输入程序，并检查是否正确。

（3）系统硬件接线，如图所示。

（4）按下启动按钮，观察运行结果。

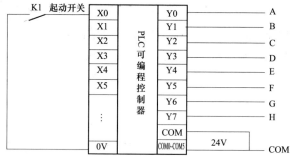

系统接线图

四、设计程序清单

1. I/O 地址分配

输入地址：起动　　X0　　　　停止　　X1

输出地址：A　　　Y0　　　B　　　Y1

　　　　　C　　　Y2　　　D　　　Y3

　　　　　E　　　Y4　　　F　　　Y5

　　　　　G　　　Y6　　　H　　　Y7

2. 程序清单

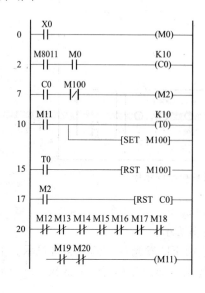

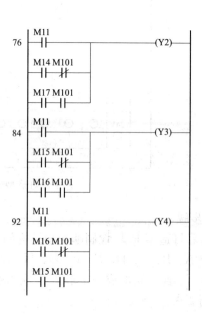

```
      M20   M101              K1
30    ┤├────┤╱├────────────────(C1)

      C1
35    ┤├──────────────────[SET  M101]

      M101
37    ┤├──────────────────[RST  C1]

      M20   M101              K1
40    ┤├────┤├─────────────────(C2)

      C2
45    ┤├──────────────────[RST  M101]

      M101
47    ┤╱├─────────────────[RST  C2]

      M2
50    ┤├────[SFTL  M11 M12 K9 K1]

      M11
60    ┤├──────────────────────(Y0)
      M19  M101
      ┤├───┤├
      M12  M101
      ┤├───┤╱├

      M11
68    ┤├──────────────────────(Y1)
      M13  M101
      ┤├───┤╱├
      M18  M101
      ┤├───┤├


       M11
100    ┤├─────────────────────(Y5)
       M17  M101
       ┤├───┤╱├
       M14  M101
       ┤├───┤├

       M11
108    ┤├─────────────────────(Y6)
       M18  M101
       ┤├───┤╱├
       M13  M101
       ┤├───┤├

       M11
116    ┤├─────────────────────(Y7)
       M19  M101
       ┤├───┤╱├
       M12  M101
       ┤├───┤├

       M11
124    ┤├─────────────[ZRST M12 M19]

130    ─────────────────────[END]
```

课 后 习 题

1. 什么是电器？什么是低压电器？
2. 低压电器按用途分哪几类？
3. 低压电器的主要技术参数有哪些？
4. 选用低压电器时应注意哪些事项？
5. 电磁机构由哪几部分组成？
6. 铁芯和衔铁的结构形式分哪几种？
7. 触头的形式有哪几种？
8. 灭弧方式一般分为哪几种？
9. 什么是主令电器？使用时应注意什么？
10. 接触器主要由哪几部分组成？
11. 使用接触器应注意什么？
12. 接近开关适合哪些场合？有什么优点？
13. 固态继电器适合哪些场合？有什么优点？
14. 使用固态继电器时应注意什么？
15. 无触点电器有何优点？电气控制系统中常用的有哪些？
16. 熔断器的主要作用是什么？常用的类型有哪几种？
17. 使用熔断器应注意什么？
18. 试简述自动空气开关的动作原理。
19. 使用低压开关应注意什么？
20. 如何确定熔断器的熔体电流？
21. 刀开关应如何安装？为什么？
22. 画出两台三相异步电动机的顺序控制电路，要求其中一台电动机 M1 起动后第二台电动机 M2 才能起动；M2 停车后，M1 才能停车。
23. 分析如下图所示各控制电路按正常操作时会出现什么现象？若不能正常工作应如何改进？

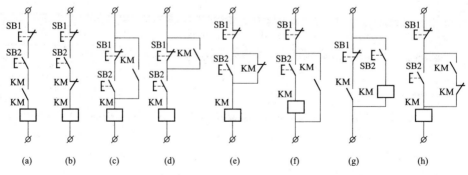

(a)　　(b)　　(c)　　(d)　　(e)　　(f)　　(g)　　(h)

24. 试画出某机床主电动机控制线路图。要求：（1）可正反转；（2）可正向点动；

（3）两处起停。

25．设计可从两地对一台电动机实现连续运行和点动控制的电路。

26．电磁继电器与接触器有何异同？

27．时间继电器有何特点？按延时方式分，时间继电器有哪几种类型？

28．试述电磁式电器的工作原理。

29．中间继电器在电路中起什么作用？

30．过电流继电器是否可替代热继电器作为电动机的过载保护？

31．中间继电器与接触器的区别是什么？

32．什么叫降压起动？常用的降压起动方法有哪几种？

33．电动机在什么情况下应采用降压起动？定子绕组为丫形接法的三相异步电动机能否用丫-△降压起动？为什么？

34．找出如下图所示的丫-△降压起动控制线路中的错误，并画出正确的电路。

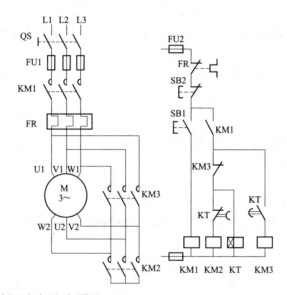

35．异步电动机的调速方法有哪些？

36．某机床的主轴电动机控制要求如下所列，画出对应的控制线路图。

（1）能低速起动，高速运行；

（2）能点动；

（3）有必要的保护措施。

37．将所学的控制线路组成两种或两种以上的综合控制线路，画出并分析其控制线路图。

38．电气控制系统设计的基本内容和一般原则是什么？

39．电气控制系统设计应注意哪些事项？

自测试题

一、填空题

1. 低压电器是指用于交流额定电压小于_____ V、直流额定电压小于_____ V 的电路中起通断、控制、调节及保护作用的电器。

2. 通常电压继电器_____联在电路中，电流继电器_____联在电路中。

3. 时间继电器按延时方式可分为_____延时型和_____延时型两种。

4. 接触器主要由_____、_____等组成。

5. 低压电器按其用途可分为_____和_____。

6. 电磁式继电器反映的是电信号，当线圈反映电压信号时，为_____继电器；当线圈反映电流信号时，为_____继电器。

7. 行程开关的工作原理和_____相同，区别在于它不是靠手的按压，而是利用_____使触头动作。

8. 当接触器线圈得电时，使接触器_____闭合、_____断开。

9. 热继电器主要作用是电动机_____保护。

10. 熔断器主要作用是_____保护。

11. 直流接触器铁芯不会产生磁滞损耗和_____，也不会_____，因此铁芯采用整块铸钢或软铁制成。

12. 触头的形式有_____、_____、_____三种。

13. 速度继电器主要用作_____控制。

14. 热继电器是利用电流的热效应原理来工作的保护电器。它在电路中主要用作三相异步电动机的_____。

15. 热继电器一般用于_____保护，通常是把其_____触点串接在控制电路中。接触器除通断电路外，还具有_____和_____保护作用。

16. 低压断路器具有_____、_____、_____、_____保护。

17. 要实现电动机的多地控制，应把所有的起动按钮_____连接，所有的停机按钮_____连接。

18. 电动机长动与点动控制区别的关键环节是_____触头是否接入。

19. 电气控制图一般分为_____和_____两部分。

20. 三相鼠笼式异步电动机丫-△降压起动时起动电流是直接起动电流的_____倍，此方法只能用于定子绕组采用_____接法的电动机。

21. 笼型异步电动机常用的电气制动方式有_____和_____。

22. 工业自动化的三大支柱是机器人技术、_____技术和_____技术。

23. 平均故障间隔时间的英文缩写为_____。

24. PLC 控制的实质是按一定算法进行_____与_____的变换。

25. PLC 中虚拟的继电器也称为_____或_____。

26. PLC 主机内部配有两种不同类型的存储器，分别是_____和_____。

27. PLC 输入电路的输入方式有两种类型，分别是_____和_____。

28. PLC 外部输入器件可以是_____触点，也可以是_____器件。

29. 输入信号通过输入端口 X，再经_____和_____后，才会进入 PLC 的内部电路。

30. 各类 PLC 都有三种输出方式，即_____输出、_____输出和晶闸管输出。

31. PLC 的工作状态有两种，分别是_____状态和_____状态。

32. PLC 的工作方式采用_____扫描，_____输入和输出。

33. 输入采样时，输入量顺序存入_____寄存器。

34. PLC 执行梯形图的顺序为_____和_____。

35. PLC 每一个扫描周期分为_____、_____和输出刷新三个阶段。

36. PLC 中，常开接点用图形符号_____表示，常闭接点用图形符号_____表示。

37. 可编程控制器简称_____。

38. FX 系列 PLC 的输入继电器 X 以_____进制进行编号，X 端口的状态值由_____决定。

39. 输出继电器 Y 是 PLC 中唯一能连接_____的继电器，Y 端口的值由_____决定。

40. AND 指令完成逻辑_____运算，ANI 指令完成逻辑_____运算。

41. OR 指令完成逻辑_____运算，ORI 指令完成逻辑_____运算。

42. 特殊辅助继电器 M8000 的作用是_____，PLC 运转时始终保持_____状态。

43. 特殊辅助继电器 M8002 表示_____。

44. 特殊辅助继电器 M8034 表示全部输出继电器 Y _____。

45. 特殊辅助继电器 M8013 表示_____。

46. 被 SET 指令置位的继电器只能用_____指令才能复位。

47. 串联并连接构电路块时起点用_____指令，结束使用_____指令。

48. 并联串连接构电路块时起点用_____指令，结束使用_____指令。

49. 定时器是根据_____累计计时的。

50. 定时器定时时间到时其动合接点_____，动断接点_____。

51. 分支指针 P _____相当于 END。

52. PLC 中 32 位加/减计数器由_____控制其计数方式。

53. 加一指令的指令写法为_____。

54. 逻辑字"与"指令的写法为_____。

55. 变址寄存器 V、Z 是_____位的寄存器。

56. 子程序以_____作为开始标志，以_____作为结束标志。

57. 子程序编写在_____指令的后面，_____指令是指整个程序（包括主程序和子程序）的结束。

58. 循环指令中，_____表示循环开始，_____表示循环结束。

59. 如要进行 32 位操作，应该使用前缀_____，如要进行脉冲操作，应该使用后

缀_____。

60. 减一指令的指令写法为_____。

61. 中断程序以_____作为开始标志，以_____作为结束标志。

二、选择题

1. 甲乙两个接触器欲实现互锁控制则应（　　）。

(A) 在甲接触器的线圈电路中串入乙接触器的动断触点；

(B) 在两接触器的线圈电路中互串对方的动断触点；

(C) 在两接触器的线圈电路中互串对方的动合触点；

(D) 在乙接触器的线圈电路中串入甲接触器的动断触点

2. 低压断路器的符号为（　　）。

(A) KM；　　　　　(B) SQ；　　　　　(C) SB；　　　　　(D) QF

3. 下列电器属于主令电器的是（　　）

(A) 自动开关；　　　(B) 接触器；　　　(C) 电磁铁；　　　(D) 行程开关

4. 下列电器中不能实现短路保护的是（　　）。

(A) 熔断器；　　　(B) 热继电器；　　　(C) 过电流继电器；　　(D) 空气开关

5. 电压继电器的线圈与电流继电器的线圈相比，具有的特点是（　　）。

(A) 电压继电器的线圈与被测电路串联；

(B) 电压继电器的线圈匝数多，导线细，电阻大；

(C) 电压继电器的线圈匝数少，导线粗，电阻小；

(D) 电压继电器的线圈匝数少，导线粗，电阻大

6. 延时断开常闭触点的图形符号是（　　）。

A. 　　　　　；　　　　B. 　　　　　；　　　　C. 　　　　　；　　　　D.

7. 甲乙两个接触器，若要求甲工作后方允许乙接触器工作，则应（　　）。

(A) 在乙接触器的线圈电路中串入甲接触器的动合触点；

(B) 在乙接触器的线圈电路中串入甲接触器的动断触点；

(C) 在甲接触器的线圈电路中串入乙接触器的动断触点；

(D) 在甲接触器的线圈电路中串入乙接触器的动合触点

8. 在下图所示电路中，能正常工作的是图（　　）。

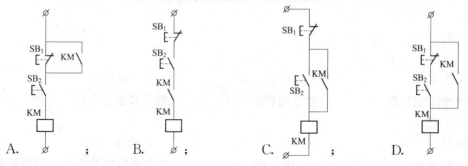

A. 　　　　　；　　　B. 　　　；　　　C. 　　　；　　　D.

9. 分析电气原理图的基本原则是 (　　)。

(A) 先分析交流通路;　　　　　　　(B) 先分析直流通路;

(C) 先分析主电路、后分析辅助电路;　　(D) 先分析辅助电路、后分析主电路

10. 通电延时时间继电器, 它的延时触点动作情况是 (　　)。

(A) 线圈通电时触点延时动作, 断电时触点瞬时动作;

(B) 线圈通电时触点瞬时动作, 断电时触点延时动作;

(C) 线圈通电时触点不动作, 断电时触点瞬时动作;

(D) 线圈通电时触点不动作, 断电时触点延时动作

11. 断电延时时间继电器, 它的延时触点动作情况是 (　　)。

(A) 线圈通电时触点延时动作, 断电时触点瞬时动作;

(B) 线圈通电时触点瞬时动作, 断电时触点延时动作;

(C) 线圈通电时触点不动作, 断电时触点瞬时动作;

(D) 线圈通电时触点不动作, 断电时触点延时动作

12. 热继电器的整定值为 6.8A, 则动作范围应选用 (　　)。

(A) 0.4～0.64A;　　(B) 0.64～1A;　　(C) 4～6.4A;　　(D) 6.4～10A

13. 欲使接触器 KM1 断电返回后接触器 KM2 才能断电返回, 需要 (　　)。

(A) 在 KM1 的停止按钮两端并联 KM2 的常开触点;

(B) 在 KM1 的停止按钮两端并联 KM2 的常闭触点;

(C) 在 KM2 的停止按钮两端并联 KM1 的常开触点;

(D) 在 KM2 的停止按钮两端并联 KM1 的常闭触点

14. 电压等级相同的两个电压继电器在线路中 (　　)。

(A) 可以直接并联;　　　　　　　(B) 不可以直接并联;

(C) 不能同时在一个线路中;　　　　(D) 只能串联

15. 下列电器中不能实现短路保护的是 (　　)。

(A) 熔断器;　　　(B) 热继电器;　　　(C) 过电流继电器;　　(D) 空气开关

16. 异步电动机的反接制动是指改变 (　　)。

(A) 电源电压;　　　(B) 电源电流;　　　(C) 电源相序;　　(D) 电源频率

17. 电流继电器的线圈是 (　　) 于被测电路中。

(A) 串联;　　　　(B) 并联;

(C) 混联;　　　　(D) 任意联

18. 右图控制电路可实现 (　　)。

(A) 三相异步电动机的正、停、反控制;

(B) 三相异步电动机的正、反、停控制;

(C) 三相异步电动机的正反转控制;

(D) 不确定

19. 在正反转和行程控制电路中, 各个动断辅助触点互相串联在对方的吸引线圈电路中, 其目的是为了 (　　)。

(A) 保证两个接触器的主触头不能同时动作;

(B) 能灵活控制正反转 (或行程) 运行;

(C) 保证两个接触器可以同时带电；

(D) 起自锁作用

20. 异步电动机的能耗制动采用的设备是（　　）装置。

(A) 电磁抱闸；　　　　(B) 直流电源；　　　　(C) 开关与继电器；　　(D) 电阻器

21.（　　）为复合行程开关的图形符号。

A.　　　　　　；　　　B.　　　　　　；　　C.　　　　　　；　　　D.

22. 在三相笼式异步电动机的丫-△起动控制电路中，电动机定子绕组接为丫形是为了实现电动机的（　　）起动。

(A) 降压；　　　　　　(B) 升压；　　　　　　(C) 增大电流；　　　　(D) 减小阻抗

23. 主令电器的主要任务是（　　）。

(A) 切换主电路；　　　　　　　　　　　(B) 切换信号电路；

(C) 切换测量电路；　　　　　　　　　　(D) 切换控制电路

24. 万能转换开关是（　　）。

A. 自动控制电器；　　B. 手动控制电器；　　C. 既可手动，又可自动的电器

25. 在电路中能起到短路保护、零压保护和过载保护的电器是（　　）。

(A) 接触器；　　　　　(B) 断路器；　　　　　(C) 热继电器；　　　　(D) 熔断器

26. 接触器在电路中的图形文字符号是（　　）。

(A) FU；　　　　　　　(B) FR；　　　　　　　(C) KM；　　　　　　　(D) SB

27. 热继电器在电路中所起的保护作用是（　　）。

(A) 零压保护；　　　　(B) 失压保护；　　　　(C) 过载保护；　　　　(D) 短路保护

28. 速度继电器是用来（　　）的继电器。

(A) 提高电动机的速度；　　　　　　　　(B) 降低电动机的速度；

(C) 改变电动机的转向；　　　　　　　　(D) 反映电动机转速和转向变化

29. 要使三相异步电动机反转，只要（　　）就能完成。

(A) 降低电压；　　　　　　　　　　　　(B) 降低电流；

(C) 将任意两根电源线对调；　　　　　　(D) 降低线路功率

30. 在三相笼式电动机的正反转控制电路中，为了避免主电路的电源两相短路采取的措施是（　　）。

(A) 自锁；　　　　　　(B) 互锁；　　　　　　(C) 接触器；　　　　　(D) 热继电器

31. 组成多地控制电路时，起动按钮（　　）接线；停止按钮应（　　）接线，并将不同功能按钮安装在不同的地方才可实现多地操作。

(A) 并联，串联；　　(B) 串联，并联；　　(C) 并联，并联；　　(D) 串联，串联

32. 低压断路器中的电磁脱扣器承担（　　）保护作用。

(A) 过流；　　　　　　(B) 过载；　　　　　　(C) 失电压；　　　　　(D) 欠电压

33. 三相电动机在制动时，采用能耗制动，方法是在（　　）。

(A) 反接相线，反接三相电源直到电机停车；

(B) 反接相线，加入直流电源直到电机停车；

(C) 切断电源，在定子绕组加入单相电源到停车然后断电；

(D) 切断电源，在定子绕组加入直流电源，然后转子转速要到零时断开直流电源

三、判断题

1. 熔断器应串接于电路中作为短路和严重过载保护。（　　）

2. 容量小于 10kW 的笼型异步电机，一般采用全电压直接起动。（　　）

3. 万能转换开关本身带有各种保护。（　　）

4. 电气原理图设计中，应尽量减少通电电器的数量。（　　）

5. 三相笼型异步电动机的电器控制线路如果使用热继电器作过载保护，就不必再装设熔断器作短路保护。（　　）

6. 现有三个按钮，欲使它们都能控制接触器通电，则它们的动合触点应串联连接到 KM 的线圈电路中。（　　）

7. 电气原理图设计中，应尽量减少通电电器的数量。（　　）

8. 安装刀开关时，刀开关在合闸状态下手柄应该向上，不能倒装和平装，以防止闸刀松动落下时误合闸。（　　）

9. 电动机采用制动措施的目的是为了停车平稳。（　　）

10. 交流接触器通电后如果铁芯吸合受阻，将导致圈烧毁。（　　）

11. 为了避免误操作，通常将控制按钮的按钮帽做成不同颜色，且常用红色表示停止按钮，绿色表示起动按钮。（　　）

12. 电磁机构由吸引线圈、铁芯、衔铁等几部分组成。（　　）

13. 频敏变阻器的起动方式可以使起动平稳，克服不必要的机械冲击力。（　　）

14. 接触器不具有欠压保护的功能。（　　）

15. 多地控制电路中，各地起动按钮的常开触点并联连接，各停止按钮的常闭触头并联连接。（　　）

16. 三相笼型电动机都可以采用星-三角降压起动。（　　）

17. 继电器的触头一般都为桥型触头，有常开和常闭形式、没有灭弧装置。（　　）

18. 电磁式继电器反映外界的输入信号是电信号。（　　）

19. 在电力拖动系统中应用最广泛的保护元件是双金属片式热继电器。（　　）

20. 接近开关是一种非接触式检测装置。（　　）

21. 每种 PLC 都有与主机相配的扩展模块，用来扩展输入/输出点数。（　　）

22. PLC 可以直接接收模拟量输入信号。（　　）

23. PLC 输出电路的负载电源由用户自行配备。（　　）

24. PLC 程序只可以用梯形图语言编写。（　　）

25. 步进程序中，并行分支必须同时开始且同时结束。（　　）

26. 辅助继电器 M 的作用相当于继电-接触器控制线路中的时间继电器。（　　）

27. 手持编程器具有在线和离线两种编程方式。（　　）

28. WDT 指令可以刷新 PLC 的监视定时器。（　　）

29. 步进程序以步序为依据，按顺序全部扫描。（　　）

30. 步进程序在任何时刻只有一个激活状态。（　　）

31. PLC 能检测到输入端口 X 在任何时刻发生的状态值变化。（　　）

32. PLC 中的 16 位计数器可以进行加减两种方式计数。（　　）

33. 任何型号的 PLC 都有步进指令。（　　）

34. PLC 内部电源容量允许时，有源输入器件可以采用 PLC 提供电源。（　　）

35. PLC 中定时器 T 的编号采用八进制。（　　）

四、简答题

1. 电动机控制系统常用的保护环节有哪些？各用什么低压电器实现？

2. 电气原理图阅读的方法和步骤是什么？

3. 电气原理图中，说出 QS、FU、KM、KS、SQ 各代表什么电气元件，并画出各自的图形符号。

4. 简述交流接触器的工作原理。

5. 分析下图中各控制电路按正常操作时会出现什么现象？若不能正常工作应如何改进？

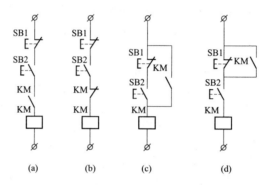

　　　　(a)　　　　　　(b)　　　　　　(c)　　　　　　(d)

6. 在 M7130 平面磨床中，为什么采用电磁吸盘来固定工件？电磁吸盘线圈为什么采用直流供电而不采用交流供电？

7. 设计控制线路的一般要求是什么？

8. 什么叫能耗制动？什么叫反接制动？各有什么特点？

9. 笼型三相异步电动机常用的丫-△换接起动降压起动是怎样实现的？有什么优缺点？

10. 电气控制系统的方案如何确定？

11. 短路保护和过载保护有什么区别？

12. 在电动机的主回路中，既然装有熔断器，为什么还要装热继电器？它们有什么区别？什么是自锁控制？为什么说接触器自锁控制线路具有欠压和失压保护？

13. 简述空气开关的作用。

14. 常用的灭弧方法有哪几类？

15. 简述 PLC 与继电-接触器控制系统的关系。

16. 简述 PLC 中 I/O 单元的特点和作用。

17. 简述 PLC 输出端口的公共端子（COM 端子）的特点。

18. 试列举影响 PLC 响应滞后的主要因素。

19. 简述普通定时器和累计定时器的区别。

20. 说明下列位元件组分别是由哪些位元件组合而成？表示多少位数据？

(1) K3X10；　　　(2) K2M10；　　　(3) K4S0；　　　(4) K2Y0

21. 已知（V0）=5，试求下列表达式的意义。

(1) D5V0；   (2) X0V0；   (3) K6V0；   (4) M9V0

22. 设（V2）＝10，（Z1）＝25，则下列式子各表示什么？

(1) K80V2；   (2) D8V2；   (3) K1X0V2；   (4) K2M55Z1

23. 试解释下列中断指针的含义。

(1) I2O1；   (2) I5O0；   (3) I670；   (4) I898

24. 简述高速计数器与一般计数器的区别。

25. 简述步进指令的使用范围及其优点。

26. 简述步进程序中选择性分支与并行分支的区别。

27. 简述 PLC 中辅助继电器 M 的种类。

28. 简述 PLC 中计数器的种类。

29. 试简述 C200 K‐5 这条指令的意义，并分析在什么情况下，C200 的状态值为 1。

30. 简述 CJ 和 CALL 指令的意义及其区别。

31. 写出 MPS、MRD 和 MPP 的指令名称，并简述其用法。

32. 执行命令语句"MOV K5 K1Y0"后，Y0～Y3 的状态是什么？

五、分析设计题

1. 要求两台电动机 M1、M2，按下列顺序起动：M1 起动后，M2 才能起动，试画出控制线路并分析其工作原理。

2. 试画出满足下面要求的三相异步电动机的起动控制电路图：

(1) 设计一个三相异步电动机两地起动的主电路和控制电路，并具有短路、过载保护。

(2) 设计一个三相异步电动机正-反-停的主电路和控制电路，并具有短路、过载保护。

3. 设计一个三相异步电动机星-三角形减压起动的主电路和控制电路，并具有短路、过载保护。

4. 某机床有两台三相异步电动机，要求第一台电机起动运行 5s 后，第二台电机自行起动，第二台电机运行 10s 后，两台电机停止；两台电机都具有短路、过载保护，设计主电路和控制电路。

5. 某机床主轴工作和润滑泵各由一台电动机控制，要求主轴电动机必须在润滑泵电动机运行后才能运行，主轴电动机能正反转，并能单独停机，有短路、过载保护，设计主电路和控制电路。

6. 一台小车由一台三相异步电动机拖动，动作顺序如下：（1）小车由原位开始前进，到终点后自动停止。（2）在终点停留 20s 后自动返回原位并停止。要求在前进或后退途中，任意位置都能停止或起动，并具有短路、过载保护，设计主电路和控制电路。

7. 设计三相异步电动机交流接触器控制的全压起动主辅控制电路，要求具有短路保护、热保护功能。

8. 试解释 PLC 中的自锁与联锁，画出相关的梯形图。

9. 根据下面指令画出梯形图。

0   LD   X0

1   OR   Y0

2   ANI   X1

3   LD   X2

4　ANI　X4

5　OR　X3

6　ANB

7　OUT　Y0

8　END

10. 根据下面指令画出梯形图。

0　LD　X0

1　ANI　X1

2　LD　Y0

3　ANI　X3

4　ORB

5　ANI　X2

6　OUT　Y0

7　END

11. 根据下面指令画出梯形图。

0　LD　X0

1　OR　Y0

2　ANI　X1

3　LDI　X2

4　AND　X3

5　LD　X4

6　AND　X5

7　ORB

8　ANB

9　OUT　Y0

10　END

12. 试设计周期为 5s 的振荡器。要求画出梯形图和振荡脉冲波形。

13. 有红黄绿三个小灯，要求：（1）红灯先亮 60s；（2）红灯灭，绿灯亮 58s；（3）绿灯灭，黄灯亮 2s。（4）整个流程实现自动循环，用步进指令实现。

14. 有两台电动机 M1 和 M2，控制要求为（1）电动机 M1 不起动，电动机 M2 则不能起动；（2）电动机 M1 停止，电动机 M2 也要停止。Y0 控制 M1，Y1 控制 M2，输入端口任意选用，试绘出相关梯形图。

15. 两台电动机分别受接触器 KM1、KM2 控制。系统控制要求是：两台电动机均可单独起动和停止；如果发生过载，则两台电动机均停止。第一台电动机的起动/停止控制端口是 X1、X2；第二台电动机的起动/停止控制端口是 X3、X4；过载端口为 X5；KM1、KM2 分别连接 Y1、Y2。试画出硬件接线图以及 PLC 梯形图。

16. 两台电动机分别受接触器 KM1、KM2 控制。系统控制要求是：只有先起动第一台电动机，才能起动第二台电动机；第一台电动机停止时，第二台电动机也自动停止；第二台电动机可单独停止；如果发生过载，则两台电动机均停止。第一台电动机的起动控制端口是

X1；两台电动机的总停止控制端口是 X2，第二台电动机的起动/停止控制端口是 X3、X4；过载端口为 X5；KM1、KM2 分别连接 Y1、Y2。试画出硬件接线图以及 PLC 梯形图。

17. 两台电动机分别受接触器 KM1、KM2 控制。系统控制要求是：只有先起动第一台电动机，才能起动第二台电动机；两台电动机均可独立停止；如果发生过载，则两台电动机均停止。第一台电动机的起动/停止控制端口是 X1、X2；第二台电动机的起动/停止控制端口是 X3、X4；过载端口为 X5；KM1、KM2 分别连接 Y1、Y2。试画出硬件接线图以及 PLC 梯形图。

18. 有三台电动机 M1～M3，控制要求如下：按下起动按钮，M1 起动；5min 后，M2 自行起动；M2 起动 3min 后，M3 自行起动。试用普通方法和步进两种方式编写相关梯形图。

19. 设有 12 盏指示灯，控制要求是：当 X0 接通时，全部灯亮；当 X1 接通时，1～6 盏灯亮；当 X2 接通时，7～12 盏灯亮；当 X3 接通时，全部灯灭。试采用数据传送指令编写梯形图。

20. 写出下面梯形图所对应的指令表。

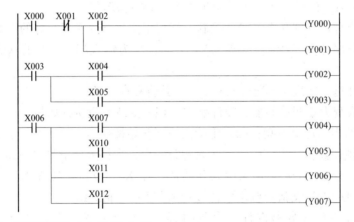

21. 写出下面梯形图所对应的指令表。

22. 写出下面梯形图所对应的指令表。

23. 设计一个程序，将 K85 传送到 D0，K23 传送到 D10，并完成以下操作。

(1) D0 与 D10 的和，结果送到 D20 存储；

(2) D0 与 D10 的差，结果送到 D30 存储；

(3) D0 与 D10 的积，结果送到 D40、D41 存储；

(4) D0 与 D10 的商和余数，结果送到 D50、D51 存储。

24. 判断寄存器 D0 中数据的奇偶性，如果（D0）是偶数，则输出 Y0 状态为 ON，如果（D0）是奇数，则输出 Y1 状态为 ON。

25. 判断 D0 与 D1 中的数据是否相等。如果相等，则输出 Y0 状态为 ON，如果两数不相等，则输出 Y1 状态为 ON。

26. 试编写密码锁程序。要求为：（1）两重密码，分别为 H52、HF1；（2）密码输入通过输入端口 X 实现，开锁线圈连接输出端口 Y0，外部电源为 220V 交流；（3）密码输入成功后 5s 开锁，20s 后重新锁定。试画出硬件接线图以及 PLC 梯形图。

27. 某灯光招牌有 24 个灯，要求按下起动按钮 X0 后，灯以正、反序每隔 1s 轮流点亮；按下停止按钮 X1 后，停止工作。试采用步进指令编写梯形图。

28. 有 8 个小灯，分别受 Y0~Y7 控制，试利用位移指令实现小灯的逐渐全亮。

29. 试编写程序计算（29X）/108+200，式中 X 为输入端 K2X0 的状态值，运算结果送 D20。

30. 试用循环指令实现 1+3+5+…+99，并将和存入 D0。

31. 设计四人智力竞赛抢答器。设计要求：（1）主持人没按开始按钮前，即使选手按下抢答按钮，选手的指示灯也不亮；（2）主持人按下开始按钮后，第一个按下抢答按钮选手的指示灯亮，并联锁住其他选手；（3）一次答题完毕后，主持人按下复位按钮，所有指示灯都灭。选手抢答按钮连接 X1~X4，主持人开始按钮连 X0，复位按钮连 X5，指示灯连 Y1~Y4，输出端电源为 220V 交流。画出硬件接线图和 PLC 梯形图。

32. 利用定时器和计数器设计一个延时程序。要求：按下起动按钮 SB1 后，Y0 在 18000s 后导通，SB1 接 X1 端口。

33. 小车在中间的初始位置时中间的限位开关 X0 为 "1" 状态。按下起动按钮 X3，小车按下图所示的顺序运动，最后返回并停在初始位置，试画出顺序控制功能流程图以及步进梯形图。

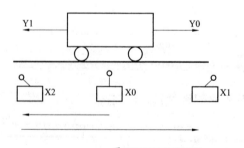

34. 某组合机床动力头在初始状态时停在最左边，限位开关 X0 为 "1" 状态。按下起动按钮 X4，动力头的进给运动如下图所示。工作一个循环后，返回并停在初始位置，控制各电磁阀 Y0~Y3 的各工作步的状态见下表。表中 1、0 分别表示动作与释放，试画出顺序控制功能流程图以及步进梯形图。

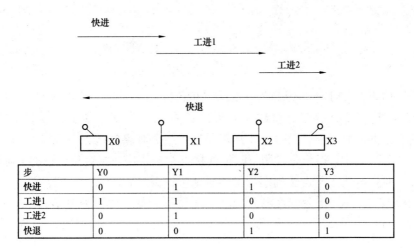

步	Y0	Y1	Y2	Y3
快进	0	1	1	0
工进1	1	1	0	0
工进2	0	1	0	0
快退	0	0	1	1

附 录 A 基 本 指 令 补 充

1. LDP、LDF、ANDP、ANDF、ORP、ORF 指令

LDP、ANDP、ORP 指令是检测上升沿的接点指令，仅在指定位变量的上升沿（从 OFF 改变到 ON 的时候）时，有效 1 个运算周期，指令对象包括 X、Y、M、T、C、S。

LDF、ANDF、ORF 指令是检测下降沿的接点指令，仅在指定位变量的下降沿（从 ON 改变到 OFF）时，有效 1 个运算周期，指令对象包括 X、Y、M、T、C、S。

LDP、ANDP、ORP 指令（检测到上升沿时运算开始、串联连接、并联连接）示例如图 A.1 所示，X000～X002 从 OFF 变成 ON 时，M0 或 M1 只维持 1 个运算周期为 ON。

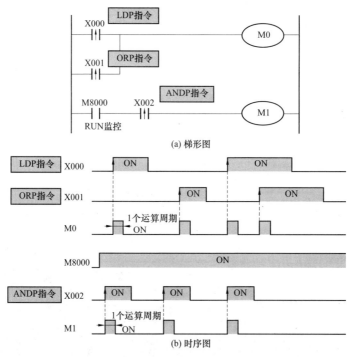

图 A.1 LDP、ANDP、ORP 指令示例

LDF、ANDF、ORF 指令（检测到下降沿时运算开始、串联连接、并联连接）示例如图 A.2 所示，X000～X002 从 ON 变成 OFF 时，M0 或 M1 只维持 1 个运算周期为 ON。

2. MC、MCR 指令

MC 连接到公共接点，MCR 解除连接到公共接点。执行 MC 指令后，母线（LD、LDI 点）移动到 MC 指令之后。使用 MCR 指令，母线返回原来的位置。通过更改 Y、M 变量编号，可以多次使用 MC 指令，但使用同一变量编号时，与 OUT 指令相同，会出现"双输出"结构。

执行 MC 指令后，母线移动到 MC 接点之后。MC 接点后的母线上连接的驱动指令，只在 MC 指令执行时才执行各个动作。

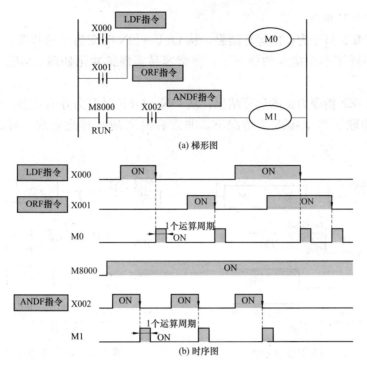

图 A.2　LDF、ANDF、ORF 指令示例

如图 A.3 所示的程序，当输入 X000 为 ON 时，则执行从 MC 到 MCR 的指令。当 X000 为 OFF 时，各个驱动软元件的动作如下：变为 OFF 的变量是定时器（累计定时器除外），用 OUT 指令驱动的变量；保持状态的变量是累计定时器、计数器、用 SET/RST 指令驱动的变量。

3. INV 指令

INV 指令，是将 INV 指令执行前的运算结果反转的指令，无需指定变量。INV 指令可以在与串连接点指令（AND、ANI、ANDP、ANDF 指令）相同的位置处编程。不能像指令表上的 LD、LDI、LDP、LDF 那样与母线连接，也不能像 OR、ORI、ORP、ORF 指令那样独立地与接点指令并联使用。INV 指令示例如图 A.4 所示，X000 为 OFF 时，Y000 为 ON，如果 X000 为 ON 时，则 Y000 为 OFF。

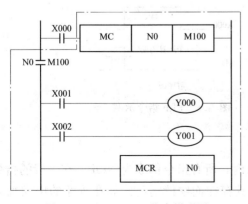

图 A.3　MC、MCR 指令梯形图

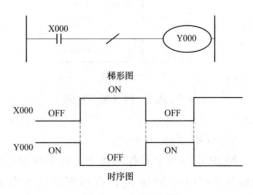

图 A.4　INV 示例

4. MEP、MEF 指令

MEP：到 MEP 指令为止的运算结果，从 OFF→ON 时变为导通状态。如果使用 MEP 指令，那么在串联了多个接点的情况下，非常容易实现脉冲化处理。MEP 指令示例如图 A.5 所示。

MEF：到 MEF 指令为止的运算结果，从 ON→OFF 时变为导通状态。如果使用 MEF 指令，那么在串联了多个接点的情况下，非常容易实现脉冲化处理。MEF 指令示例如图 A.6 所示。

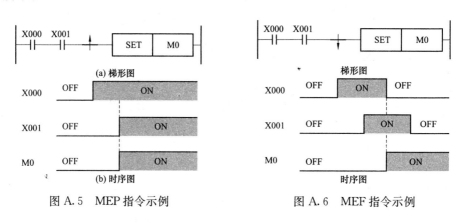

图 A.5　MEP 指令示例　　　　　　图 A.6　MEF 指令示例

5. PLS、PLF 指令

使用 PLS 指令后，仅在驱动输入 ON 以后的 1 个运算周期内，被控变量（Y、M）动作。PLS 指令示例如图 A.7 所示，X000 从 OFF 变为 ON 时，只有一个运算周期的 M1 为 ON。

使用 PLF 指令后，仅在驱动输入 OFF 以后的 1 个运算周期内，被控变量（Y、M）动作。PLF 指令示例如图 A.8 所示，X000 从 ON 变为 OFF 时，只有一个运算周期的 M1 为 ON。

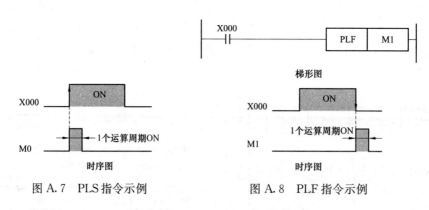

图 A.7　PLS 指令示例　　　　　　图 A.8　PLF 指令示例

6. NOP 指令

NOP 指令为空操作的指令。将程序全部清除时，所有指令都成为 NOP。在一般的指令和指令之间加入 NOP 时，可编程控制器会无视其存在而继续运行。如在程序的中间加入 NOP，当需要更改、增加程序的时候，只需要很小地变动步编号就能实现，但是要求程序

有余量。

此外，若将已经写入的指令换成 NOP 指令，则回路会发生变化，请务必注意。

7. END 指令

END 指令表示程序结束以及输入输出处理和返回 0 步。可编程控制器重复执行［输入处理］→［执行程序］→［输出处理］，若在程序的最后写入 END 指令，则不执行此后的剩余的程序步，而直接进行输出处理。在程序的最后没有写 END 指令的时候，FX 可编程控制器会执行到程序的最后一步，然后才执行输出处理。此外，第一次执行开始 RUN 时，是从 END 指令开始执行的。执行 END 指令时，也刷新看门狗定时器（检查运算周期是否过长的定时器）。程序中间请勿写入 END 指令，通过编程工具传送时，END 之后的指令都将成为 NOP 指令（空操作），如图 A.9 所示。

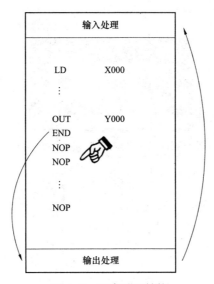

图 A.9　程序处理结构

附录 B 手持式 PLC 编程器（HPP）使用方法

1. 手持式编程器概述

FX 系列手持式编程器，简称 HPP。FX 系列 PLC 常用的型号有 FX - 20P - E 及 FX - 10P - E，两者基本功能相同，唯其显示屏前者为 4 行 16 字符液晶显示屏，后者为 2 行 16 字符液晶显示屏，FX - 20P 内部带存储器，FX - 10P 内部不带存储器。FX - 20P 操作面板如图 B.1 所示。

图 B.1 FX（HPP）面板图

（1）功能键：[RD/WR]，读出/写入；[INS/DEL]，插入/删除；[MNT/TEST]，监视/测试，各功能交替起作用：按一次时选择第 1 个功能；再按一次，则选择第 2 个功能。

（2）其他键 [OTHER]。在任何状态下按此键，显示方式菜单（项目单）。安装 ROM 进入模块时，在脱机方式菜单上进行项目选择。

（3）清除键 [CLEAR]。如在按 [GO] 键前（即确认前）按此键，则消除输入的数据。此键也可以用于清除显示屏上的出错信息或恢复原来的画面。

（4）帮助键 [HELP]。显示应用指令一览表。在监视时，进行 10 进制数和 16 进制数的转换。

（5）空格键 [SP]。在输入时，用此键指定元件号和常数。

（6）步序键 [STEP]。用此键设定步序号。

（7）光标键［↑］、［↓］。用此键移动光标和提示符，指定当前元件的前一个或后一个元件，作行滚动。

（8）执行键［GO］。此键用于指令的确认、执行，显示后面的画面（滚动）和再搜索。

（9）指令、元件符号、数字键。上部为指令，下部为元件符号或数字。上、下部的功能是根据当前所执行的操作自动进行切换。下部的元件符号［Z/V］、［K/H］、［P/I］交替起作用。

2. 操作过程

在介绍编程器的操作之前，先简要介绍一下整个操作过程。它包括操作准备、方式选择、编程、监视和测试等。

（1）操作准备。

打开 PLC 上部连接 HPP 用的插座盖板，用 HPP 带的电缆 FX‐20P‐CAB（对于 FX0，用 FX‐20P‐CAB0）连接 HPP 和 PLC，接通 PLC 电源（由于 HPP 本身不带电源，通过电缆由 PLC 供电）。

（2）方式选择。

用 HPP 的键操作进行联机/脱机方式和功能选择。连接 HPP 和 PLC，接通 PLC 的电源，根据光标的指示选择联机或脱机方式，然后再进行功能选择。

（3）编程。

将 PLC 内部用户存储器的程序全部清除（在指定的范围内成批写入 NOP 指令），然后用编程器的编辑功能进行编程。

（4）监视。

监视写入的程序是否正确，确认所指定元件的动作和控制状态。

（5）测试。

对所指定元件进行强制 ON/OFF 以及进行常数修改。

3. 编程过程

程序的编制按下述步骤进行。

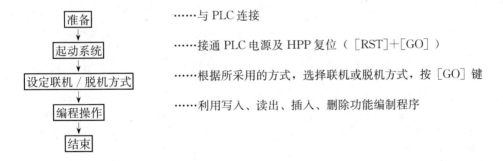

准备　　　……与 PLC 连接

起动系统　　　……接通 PLC 电源及 HPP 复位（［RST］+［GO］）

设定联机 / 脱机方式　　　……根据所采用的方式，选择联机或脱机方式，按［GO］键

编程操作　　　……利用写入、读出、插入、删除功能编制程序

结束

参 考 文 献

[1] 汤自春. PLC 原理及应用技术 [M]. 北京：高等教育出版社，2006.

[2] 王福成. 电气控制与 PLC 应用 [M]. 北京：冶金工业出版社，2011.

[3] 张伟林. 电气控制与 PLC 应用 [M]. 北京：人民邮电出版社，2007.

[4] 范永胜，王岷. 电气控制与 PLC 应用 [M]. 北京：中国电力出版社，2006.

[5] 周军. 电气控制及 PLC [M]. 北京：机械工业出版社，2007.

[6] 李建兴. 可编程序控制器应用技术 [M]. 北京：机械工业出版社，2004.

[7] 胡学林. 可编程控制应用技术 [M]. 北京：高等教育出版社，2001.

[8] 廖常初. 可编程序控制器应用技术 [M]. 重庆：重庆大学出版社，2004.

[9] 方承远. 工厂电气控制技术 [M]. 北京：机械工业出版社，2000.